POCHES ODILE JACOB

Le Cerveau, le Langage, le Sens

Université
de tous les savoirs 5

sous la direction
d'Yves Michaud

Le Cerveau, le Langage, le Sens

POCHES
ODILE JACOB

L'équipe de l'Université de tous les savoirs était composée de : Yves Michaud (conception et organisation), Gabriel Leroux (assistant à la conception et à l'organisation), Sébastien Gokalp (programmation et suivi éditorial), Audrey Techer (documentation et suivi éditorial), Juliette Roussel (rédaction et suivi éditorial), Agnès de Warenghien (communication et production audiovisuelle), Julie Navarro (gestion), Karim Badri Nasseri (logistique), Catherine Lawless (communication et études de la mission 2000 en France).

15, RUE SOUFFLOT, 75005 PARIS

www.odilejacob.fr

ISBN : 2-7381-1124-6
ISSN : 1621-0654

Introduction

Qu'est-ce que l'*Université de tous les savoirs* ? Une série de trois cent soixante-six conférences sur les sciences, les techniques, les sociétés, les productions de l'esprit et les cultures, données chaque jour de l'année 2000 par les plus grands spécialistes à l'attention d'un large public. Il s'agissait de parcourir les différents domaines de la connaissance dans un esprit qui est à la fois celui du bilan encyclopédique et celui du questionnement d'avenir.

La programmation a suivi trois étapes. D'abord il fut demandé à l'ensemble de la communauté savante quels thèmes devaient être traités. Dans un second temps, des groupes de spécialistes m'ont aidé à faire le tri des très nombreuses propositions faites (1 700). Finalement, j'ai organisé les suggestions retenues en un ordre à la fois thématique et narratif s'étendant sur toute l'année 2000.

L'ensemble du cycle des conférences a été publié une première fois en six forts volumes qui suivent exactement son déroulement. L'édition de poche reprend maintenant pour l'essentiel cet ordre en accentuant l'ordre thématique aux dépens du cycle narratif. On y retrouve donc l'essentiel des modules mais parfois complétés par des conférences données sur un autre objet. La contrainte du déroulement annuel imposait une forte linéarité et ces regroupements réintroduisent un ordre hypertextuel et des croisements souhaités dès le départ. À l'intérieur de chacun des nouveaux volumes, les conférences sont présentées dans la chronologie où elles furent données, sans redistribution des sujets.

Chaque fois que c'était possible, j'avais en effet privilégié des approches transversales portant sur des thèmes ou des objets comme la vie, les territoires, la ville, l'État, la population humaine, la matière, les thérapies, la production de la richesse, etc.

L'ensemble de ces leçons présenté maintenant sous cette nouvelle forme constitue une approche *contemporaine* des savoirs, des techniques et des pratiques tournée vers les questions qui nous importent en ce début de XXIe siècle. La réflexion est appelée par la rencontre de ces approches, leur dialectique, et même leurs contradictions.

Il faisait partie du concept de l'Université de tous les savoirs que son parcours soit régulièrement complété et redéfini en fonction du développement des recherches et des questions qui apparaissent. De nouvelles conférences de l'Université de tous les savoirs ont commencé en juillet 2001 et se poursuivent depuis octobre de la même année à un rythme hebdomadaire, tous les jeudis.

Elles feront l'objet de publications régulières et sont d'ores et déjà accessibles sur le site www.tous-les-savoirs.com qui est appelé à devenir le portail d'accès à cette connaissance en mouvement.

Yves Michaud

Le comité de choix de sujets pour les sciences était composé de : Jean Audouze (Palais de la découverte), Sébastien Balibar (École normale supérieure), Jean-Pierre Changeux (Collège de France), Alain Connes (Collège de France), Odile Eisenstein (Université Montpellier-II), Élisabeth Giacobino (École normale supérieure), Étienne Klein (CEA), Christian Minot (Université Paris-VI), Guy Ourisson (président de l'Académie des sciences). Pour les techniques et les technologies, le comité était composé de : Jean-Jacques Duby (École supérieure d'Électricité), Robert Ducluzeau (INRA), Jean-Claude Lehman (Saint-Gobain), Jacques Levy (École des mines de Paris), Joël Pijselman (EURODIF), Didier Roux (Rhône-Poulenc et CNRS). Pour les sciences humaines et sociales, le comité était composé de : Olivier Houdé (Université Paris-V), Françoise Héritier (Collège de France), Catherine Labrusse (Université Paris-I), Jean-Hervé Lorenzi (Université Paris-IX), Pascal Ory (Université Paris-I), Denise Pumain (Université Paris-I), François de Singly (Université Paris-V).

Le cerveau : de la biologie moléculaire aux sciences cognitives

par JEAN-PIERRE CHANGEUX

François Jacob a montré que les êtres vivants peuvent se décrire comme des états privilégiés d'organisation de la matière et qu'on peut rendre compte de leurs propriétés sans faire appel à d'autres forces que celles de la physique et de la chimie. Il a souligné que les progrès de la biologie moléculaire, la compréhension des êtres vivants au niveau des molécules et des atomes, ont signé, en quelque sorte, la mort du vitalisme, l'appel à des forces vitales immatérielles. Qu'en est-il de notre cerveau et de ses fonctions ? Qu'en est-il de l'esprit humain ?

Mon propos ne va pas être de répondre d'une manière définitive à cette question difficile, mais de tenter d'étendre ce raisonnement, amorcé par François Jacob, à cet état d'organisation de la matière, beaucoup plus complexe que celui de la cellule bactérienne ou de l'embryon : le cerveau de l'homme.

Je tenterai à mes risques et périls d'illustrer la notion suivante : notre cerveau, l'organe de la connaissance, est une machine chimique, un système matériel, en constante évolution, à la fois refermé sur lui-même en un système conscient et ouvert sur le monde physique, social et culturel. Mais sa complexité, son adaptabilité, sa créativité sont

Texte de la 3e conférence de l'Université de tous les savoirs donnée le 3 janvier 2000.

telles que pour progresser dans le déchiffrage de son organisation fonctionnelle, il est indispensable de faire appel, *simultanément*, aux concepts et aux méthodes de disciplines jusque-là souvent séparées, qui vont de la biologie moléculaire jusqu'à la psychologie ou la sociologie et, pourquoi pas, la philosophie. Ma conclusion sera qu'il n'est pas nécessaire de faire appel à des forces nouvelles, à de quelconques influences mystérieuses et immatérielles pour rendre compte de l'origine des productions les plus nobles de notre espèce et que l'on qualifie le plus souvent de « spirituelles ».

Nous ignorons beaucoup de choses : *ignoramus*, mais je refuse de dire *ignorabimus*, nous ignorerons. Certes, notre savoir sur le cerveau est extrêmement limité. Il le restera sans doute encore longtemps. Mais, aucun scientifique ne peut accepter l'idée qu'il existe une frontière où la connaissance s'arrête même si ses connaissances seront toujours limitées par les modèles théoriques et les techniques qu'il emploie. Une des caractéristiques uniques de la démarche scientifique, par rapport à toute autre activité humaine est qu'elle se trouve en perpétuel progrès. Nous sommes là pour participer à ce progrès de la connaissance. Le moment est venu de mettre à l'épreuve, un siècle après, cette proposition de Freud : « On doit se rappeler que toutes nos connaissances psychologiques sont provisoires et doivent un jour être établies sur le sol des substrats organiques. » Quels sont ces substrats organiques ? Des molécules, des processus physiques et chimiques ?

Après une brève présentation de quelques exemples de ces processus chimiques, je poursuivrai une démarche qui ne sera pas celle de la réduction mais celle de la reconstruction. Je choisirai parmi les molécules qui composent notre cerveau celles qui interviennent dans la signalisation entre les cellules qui composent ce cerveau. Je m'efforcerai de montrer comment on peut progressivement les réassembler, les recomposer pour obtenir, au moins d'une manière très schématique et encore provisoire, un système qui possède quelques propriétés caractéristiques du cerveau de l'homme.

Le cerveau humain est extrêmement complexe. Son anatomie, chacun la reconnaît avec ses deux hémisphères, et leurs multiples sillons et circonvolutions, la substance grise, la substance blanche. Il se compose d'un nombre extrêmement élevé de cellules nerveuses, environ cent milliards, auxquelles s'ajoutent un nombre équivalent de cellules de soutien, ou cellules gliales. Les connexions qui s'établissent entre ces cellules nerveuses sont, elles aussi, d'une extraordinaire richesse, environ un million de milliards.

Plusieurs traits de l'organisation de notre cerveau signent notre appartenance à l'espèce humaine. Le cerveau de l'homme diffère sur plusieurs points du cerveau du singe même s'il s'en rapproche. Certes de nombreux territoires se retrouvent chez les deux espèces, comme ceux présents dans la commande motrice, dans la perception visuelle. Toutefois, d'autres modules chez le singe « explosent », en quelque sorte, chez l'homme. C'est le cas en particulier des aires temporales et pariétales engagées dans la compréhension et la production du langage et, tout particulièrement, le cortex frontal, qualifié d'organe de la civilisation par le neurologue russe Alexandre Luria.

Notre cerveau est issu de l'évolution biologique, de l'évolution génétique qui fait descendre l'homme et le singe d'ancêtres communs. Mais il est aussi le siège d'autres types d'évolutions, de nature épigénétique : d'abord l'évolution de l'individu, puisque, au cours du développement, les cellules nerveuses se multiplient et s'interconnectent les unes avec les autres, mais aussi l'évolution de l'environnement social et culturel au milieu duquel le jeune enfant va se développer, et qui va laisser son empreinte dans son cerveau en développement ; enfin on peut dire qu'une évolution de nos états mentaux se produit dans les temps psychologiques. Toutes ces évolutions que chaque individu possède en propre, tant sur le plan anatomique que sur le plan fonctionnel se nouent, dans notre cerveau, en une synthèse complexe et singulière d'organisation et de fonctions.

Le neurone

À la fin du XIXe siècle une révolution sans précédent inaugure les développements fulgurants des sciences du cerveau qui suivront. Les progrès de la microscopie optique et des techniques de coloration des cellules nerveuses conduiront l'anatomiste espagnol Santiago Ramon y Cajal à proposer une conception de la cellule nerveuse qui allait, à l'époque, contre l'opinion générale. Le débat portait sur la manière dont les cellules nerveuses possèdent de longs prolongements ramifiés : les dendrites et l'axone avec ses branches collatérales et son arborescence terminale. Mais deux théories s'affrontaient au sujet de leurs ultimes contacts : la théorie dite réticulariste et la théorie dite neuroniste.

La théorie réticulariste voulait que toutes ces cellules nerveuses formaient les unes avec les autres un réseau continu, qu'il y avait, en quelque sorte, des minuscules canaux, des fibres particulières qui réunissaient ces cellules les unes aux autres d'une manière continue. La thèse opposée, qui était défendue par Ramon y Cajal, était que ces cellules nerveuses formaient des entités uniques et indépendantes ou neurones qui étaient simplement juxtaposées les unes aux autres. Ces deux théories avaient aussi un substrat idéologique. Si ce réseau était continu, bien entendu, l'esprit allait s'engouffrer dans le réseau et passer plus facilement d'une cellule à l'autre ; si ces cellules étaient juxtaposées les unes aux autres, il y avait discontinuité, il fallait franchir cette barrière et cela posait un problème pour ceux qui voulaient qu'un esprit volatil circule à travers tout cela.

L'expérience a donné raison à Ramon y Cajal : les cellules nerveuses sont effectivement en contiguïté et non pas en continuité les unes avec les autres. La cellule nerveuse est une unité anatomique et fonctionnelle. Les terminaisons nerveuses se juxtaposent les unes avec les autres au niveau de structures spécialisées, qui furent appelées synapses par Sherington.

La communication chimique entre neurones

Notre cerveau n'est pas une machine inerte. Divers types de signaux circulent à l'intérieur de la machine neurale. Les principaux signaux sont des impulsions électriques qui circulent à une vitesse qui est inférieure à la vitesse du son et se retrouvent de la méduse au cortex cérébral de l'homme. Celles-ci se propagent le long de l'axone d'une manière discrète, de « tout ou rien », du corps cellulaire jusqu'à la terminaison nerveuse. Cette onde électrique élémentaire peut être mesurée par des équipements d'électrophysiologie, et son amplitude est de l'ordre de 100 millivolts, c'est-à-dire 1/10 de volt. La somme des activités électriques qui ont lieu dans l'écorce cérébrale peut être enregistrée sous forme d'électroencéphalogramme. Celuici sert couramment pour détecter des troubles de fonctionnement cérébral comme ceux qui donnent lieu aux crises d'épilepsie. Chaque onde électrique individuelle peut ellemême être expliquée intégralement par des transports de particules chargées, des ions, à travers la membrane. L'activité électrique élémentaire du cerveau se réduit sans difficulté à des processus strictement physico-chimiques, conclusion importante sur le plan philosophique et idéologique, j'en prends le risque.

Ces ondes électriques élémentaires peuvent être évoquées par l'interaction avec le monde extérieur mais elles peuvent également apparaître spontanément. La pensée se manifeste comme un fonctionnement particulièrement complexe et élaboré de notre cerveau. Elle se produit de manière spontanée sans être nécessairement soumise à une interaction avec le monde extérieur. Cela est rendu possible par la propriété singulière que possèdent la cellule nerveuse et donc le cerveau de produire une activité spontanée, des impulsions électriques intrinsèques qui peuvent néanmoins s'organiser dans le temps en oscillations, régulières ou en successions discrètes. Dans tous les cas, il s'agit de processus physico-chimiques. Mais cela soulève un nouveau problème.

Si la théorie du neurone est exacte, que va-t-il se passer au niveau du contact entre cellules nerveuses ? Comment l'onde électrique va-t-elle se propager d'une cellule nerveuse à l'autre par le truchement de la synapse ?

Au microscope électronique, la synapse se reconnaît par la juxtaposition de deux structures distinctes. D'abord la terminaison nerveuse identifiable par de petites vésicules dont nous comprendrons le rôle dans un instant a une taille qui est de l'ordre de grandeur d'une bactérie soit environ un micromètre. Elle se trouve juxtaposée avec la cellule suivante au niveau d'une structure membranaire dense aux électrons. Il y a donc un espace à franchir entre les deux faces de la synapse. La distance est suffisamment grande, de l'ordre de 0,15 à 0,25 µm, pour que le courant ne puisse pas passer directement d'une cellule à l'autre à travers la synapse.

C'est là que la chimie va intervenir de manière quasiment obligée comme relais à l'électricité, dans la plupart des synapses de notre système nerveux et tout particulièrement dans notre cerveau. Celui-ci contient des substances chimiques qui ont été identifiées au début de ce siècle et servent dans la transmission des signaux entre cellules nerveuses. On les a appelés de ce fait : neurotransmetteurs.

L'un d'entre eux s'appelle l'acétylcholine. Celui-ci est synthétisé dans la terminaison nerveuse et est stocké au niveau de la terminaison nerveuse dans ces vésicules que je viens de mentionner. L'influx nerveux, lorsqu'il envahit la terminaison nerveuse, entraîne, par un mécanisme d'électrosécrétion, la libération de ce neurotransmetteur dans l'espace synaptique, sous forme d'une sorte d'impulsion chimique, un saut de concentration qui va monter brutalement de l'ordre de 10^{-9} molaires à environ 10^{-3} molaires. Ce saut de concentration transitoire, bref, d'environ une milliseconde correspond à la transmission du message chimique entre la terminaison nerveuse et la cellule suivante.

Cette impulsion chimique traverse l'espace synaptique par diffusion puis atteint la membrane postsynaptique. À ce niveau il va y avoir une conversion du signal chimique en signal électrique : une transduction chimio-électrique se produit. Ces synapses chimiques composent l'essentiel des synapses de notre cerveau. Ce mécanisme de relais chimique relativement simple dure de l'ordre de la milliseconde ou plus pour l'ensemble du processus. Cela crée une sorte de barrière temporelle, un temps critique dans le fonctionnement du cerveau. On peut s'étonner que le cerveau ne fonctionne pas avec des échelles de temps de l'ordre de la nanoseconde au lieu de la milliseconde ou même plus vite encore ? Parce que nos synapses, elles, ont des temps critiques de fonctionnement qui sont de l'ordre de la milliseconde et que la vitesse de propagation des signaux dans notre système nerveux impose des contraintes au fonctionnement de l'ensemble de notre cerveau. On ne réalise pas que ce qu'il est convenu d'appeler le temps psychologique est déterminé par des propriétés moléculaires aussi élémentaires.

Voilà quelques neurotransmetteurs : l'acétylcholine, la dopamine, la noradrénaline, l'acide gamma-aminobutyrique ou la glycine. Certains neurotransmetteurs, comme l'acétylcholine ou le glutamate sont des neurotransmetteurs excitateurs, c'est-à-dire qui vont provoquer la genèse d'un influx nerveux dans la membrane postsynaptique ; d'autres, comme l'acide gamma-aminobutyrique, sont des neurotransmetteurs inhibiteurs : ils vont bloquer le déclenchement d'un influx nerveux. Un même neurone peut synthétiser jusqu'à cinq ou six de ces neurotransmetteurs. Il dispose d'une palette chimique qui lui permet de communiquer avec un nombre relativement important de ses partenaires et de multiplier les possibilités d'interaction avec ces neurones.

Cette découverte suscite une question lourde de conséquences : dans quelle mesure ces substances chimiques interviennent-elles dans la régulation des grandes fonctions de notre cerveau ? dans notre psychisme ? On sait qu'un grand nombre de produits, auxquels on se réfère sous le terme de drogues sont actifs sur notre système nerveux, comme la morphine ou le tétrahydrocannabinol. Quel est leur mode d'action ? L'ensemble des résultats récents obtenus sur ce thème démontre que la morphine est un analogue de structure de la leu-enképhaline, le tétrahydrocannabinol de l'anandamide : l'un comme l'autre sont des neurotransmetteurs de notre système nerveux central.

L'homme est allé chercher dans le monde naturel des plantes, diverses substances qui agissent sur son système nerveux central au niveau de ces grandes fonctions comme la motivation, la douleur ou le plaisir. Ces drogues sont, en quelque sorte, des représentations sociales des substances chimiques que nous avons dans notre cerveau.

La chimie de ces communications entre cellules nerveuses a été étudiée très en détail au cours des dernières années, d'abord au niveau de la libération de neurotransmetteurs. Divers types de molécules contribuent non seulement à la synthèse, à l'accumulation des neurotransmetteurs mais aussi à leur libération lors de l'arrivée de l'influx nerveux dans la terminaison nerveuse. S'est posée aussi la question de comprendre ce qui se passe de l'autre côté de la fente synaptique, lorsque le neurotransmetteur entre en contact avec cette membrane pour créer un signal électrique, qui peut être un signal d'excitation — pour l'acétylcholine ou pour la dopamine — ou un signal d'inhibition, pour l'acide gamma-aminobutyrique ou la glycine.

Les récepteurs de neurotransmetteurs : de la chimie à l'électricité

La cible du neurotransmetteur, son récepteur, qui intervient dans la transduction chimio-électrique est aussi la cible de certaines substances pharmacologiquement actives, de drogues ou de poisons. C'est grâce à ces agents chimiques qu'elle a pu être identifiée dans la membrane postsynaptique.

Pour ce faire, il fallait trouver un tissu qui soit très riche en terminaisons nerveuses et homogène. Quel tissu utiliser pour isoler un de ces récepteurs de neurotransmetteurs ? Le travail initial a été réalisé avec le récepteur de l'acétylcholine qui est aussi celui d'une drogue fort utilisée, la nicotine. Notre cerveau est extrêmement hétérogène ; il contient plusieurs dizaines de neurotransmetteurs, il inclut des centaines de types de neurones. Un poisson électrique, connu depuis la plus haute Antiquité, la torpille, nous a offert ce tissu très homogène. L'organe électrique qui produit des décharges électriques de 20 à 50 volts et plusieurs dizaines d'ampères, se compose d'une immense collection de synapses toutes identiques entre elles et dont le nombre est du même ordre de grandeur que celui des neurones de notre cerveau. Nous sommes partis de cet organe électrique, mais nous avions besoin, en plus, d'une étiquette chimique qui nous permette de suivre le récepteur à la trace et de l'identifier. Un serpent venimeux très dangereux, le bungare, nous l'a offert.

La raison de la toxicité du venin du bungare ou du cobra est qu'il contient des toxines qui agissent de manière extrêmement sélective sur certaines cibles privilégiées dont les synapses. La toxine de venin de type alpha agit au niveau de la jonction neuromusculaire un peu comme le curare et la bloque d'une manière extrêmement spécifique et quasiment irréversible. Rendue radioactive elle nous a permis d'aller à la pêche au récepteur de l'acétylcholine qui intervient dans la transduction du signal chimio-électrique dans l'organe électrique.

En microscopie électronique, ce récepteur se présente comme une rosette de dix milliardièmes de mètre de diamètre, cinq pétales et un cœur hydrophile. Il s'agit d'une molécule de masse moléculaire 300 000, qui porte les sites de liaison du neurotransmetteur et qui contient également le canal ionique. C'est du couplage entre la liaison du neurotransmetteur et l'ouverture du canal ionique que résulte la transduction chimio-électrique.

Très récemment, le site actif d'un de ces récepteurs de neuromédiateurs, celui du glutamate, a pu être étudié par cristallographie et sa structure atomique résolue. La découverte importante faite par ces auteurs a été de se rendre compte qu'il existe une incroyable analogie de structure avec une protéine bactérienne qui fixe aussi des acides aminés comme le glutamate. Nous avons dans notre cerveau des molécules qui ont plus d'un milliard d'années puisqu'elles dérivent de protéines bactériennes qui ont conservé leur structure tout en changeant de fonction. Ceci illustre la proposition qu'avait faite François Jacob, dans son exposé introductif « qu'il y a une extraordinaire unité dans l'organisation moléculaire des êtres vivants ».

L'analyse de la structure du canal ionique qui est associé à ce site récepteur permet de comprendre ce qui fait qu'un canal peut reconnaître un cation, donc être excitateur comme celui du récepteur de l'acétylcholine, ou reconnaître un anion, donc être inhibiteur comme celui du récepteur de l'acide gamma-aminobutyrique. Ces deux types de canaux interviennent directement dans le contrôle de nos fonctions cérébrales. Une excellente preuve, qui convaincra un nombre malheureusement élevé d'usagers, est offerte par le mode d'action de tranquillisants comme le Valium ou le Librium. Ces agents pharmacologiques, des benzodiazépines, interviennent, non pas directement au niveau du canal mais sur l'ouverture du canal associé au récepteur de l'acide gamma-aminobutyrique. C'est par la potentialisation de l'effet inhibiteur de ce récepteur que ces tranquillisants agissent sur notre système nerveux central.

Cette observation qui nous étonne par sa simplicité soulève la question décisive du mécanisme par lequel le neurotransmetteur, lorsqu'il se fixe sur son site, va ouvrir le canal ionique ? L'hypothèse que j'ai formulée, il y a bien des années, est que l'ouverture du canal ionique fait intervenir une sorte de déclic moléculaire, une commutation qui se déclenche quand le neurotransmetteur se fixe sur son site. Ce mécanisme de commutation moléculaire ressemble, sur bien des points, à celui observé avec des enzymes régulatrices bactériennes et avec l'hémoglobine qui transporte l'oxygène dans nos globules rouges. Voilà donc le schéma qui est très largement validé, d'ouverture du canal ionique, de transduction du signal par le neurotransmetteur : un changement discret de conformation ouvre le canal quand le neurotransmetteur est présent, quand le neurotransmetteur disparaît, par diffusion, le canal se referme et le système retombe dans l'état de repos. C'est une sorte de serrure moléculaire qui s'ouvre et se ferme lorsque la clé neurotransmettrice y entre ou en ressort.

Il existe aussi d'autres états conformationnels des récepteurs qui sont importants pour des processus de plus longue durée, donc de mémoire. Ces états conformationnels n'apparaissent que quelques secondes à une minute après le début de l'application du neurotransmetteur. Les récepteurs de neurotransmetteurs interviennent donc non seulement dans des mécanismes de transduction qui servent à la transmission de signaux entre cellules nerveuses, mais aussi dans des mécanismes de mémorisation, de conservation de traces de l'activité de notre système nerveux central au niveau de ces molécules présentes dans les synapses.

Ces récepteurs sont présents en très grand nombre dans notre cerveau mais également dans nos systèmes sensoriels, visuel, auditif, olfactif et aussi gustatif. Une extraordinaire palette de molécules est susceptible non seulement d'intervenir dans la réception de signaux physiques et chimiques du monde extérieur, des signaux lumineux, de signaux mécaniques comme de signaux auditifs mais aussi de contribuer aux activités internes de notre système nerveux central et, par voie de conséquence, aux fonctions supérieures de notre cerveau.

En conclusion, de toutes ces recherches qui ont été réalisées sur le récepteur de l'acétylcholine, sur le récepteur du glutamate et sur d'autres récepteurs, même s'ils ne suivent pas exactement le même patron moléculaire, il apparaît que nos activités cérébrales sont le fait non seulement d'activités électriques qui se propagent dans nos nerfs, mais également de transductions chimio-électriques par des systèmes moléculaires de neurotransmetteurs et de leurs récepteurs.

Nous sommes descendus de la cellule nerveuse à la molécule et de la molécule à l'atome, et jusque-là, nous n'avons fait appel à d'autres mécanismes, ni à aucune autre force, qui ne puisse s'expliquer en termes matériels et physico-chimiques.

À partir de la connaissance du niveau moléculaire et de l'organisation des cellules nerveuses et de leur relation les unes avec les autres, je vais essayer, avec vous, et très rapidement, de remonter jusqu'aux grandes fonctions du système nerveux central.

Molécules et cognition

Ces processus cognitifs engagent des architectures neuronales qui se situent à un niveau d'organisation beaucoup plus élevé que le niveau moléculaire et cellulaire. On ne peut progresser dans la jungle des synapses cérébrales qu'en construisant des modèles simples, et nécessairement fragmentaires, des circuits mis en œuvre par un comportement ou une fonction psychologique définie. Le modèle sera minimal, il ne sera certainement pas exhaustif. Stanislas Dehaene et moi-même avons concentré nos efforts sur le cortex frontal, un territoire du cortex cérébral dont la surface s'accroît de manière fulgurante du singe à l'homme.

Les neurologues ont imaginé des tests pour déceler chez les patients des lésions du cortex frontal. Si un patient a une lésion du cortex visuel, il ne voit plus ; s'il a une lésion du cortex auditif, il n'entend plus. La situation est simple. Trouver un test qui mette à l'épreuve le bon fonctionnement de ce cortex frontal est difficile. Il a été mis au point par des chercheurs américains de l'université du Wisconsin — il a été appelé, de ce fait, le « test de tri de cartes du Wisconsin ».

Les cartes utilisées dans le test comportent des figures qui sont de couleurs, de formes et de nombres différents. Un ensemble de cartes de référence et une pile de cartes de réponse sont disposés devant le sujet. L'examinateur lui demande de classer les cartes de réponse suivant une règle. Le sujet prend une carte de réponse et essaie, par exemple, de la classer en fonction de la couleur. Si les croix sont de couleur rouge, il va donc classer cette carte avec la carte de référence qui a une couleur rouge. L'examinateur dit : « Oui, c'est bon. » Alors, il prend une deuxième carte dans la pile, qui est de couleur rouge. Il va la mettre en regard des cartes de couleur rouge, etc. jusqu'au moment où l'examinateur lui dit : « Non, ça ne va pas. » L'examinateur, en fait, change de règle sans prévenir le sujet. Le sujet doit découvrir que l'examinateur a changé de règle et qu'il applique une règle nouvelle qui va être, par exemple, le classement en fonction du nombre ou de la forme. Et ainsi de suite. Une sorte de jeu par essais et erreurs se réalise ainsi entre le sujet et l'examinateur pour découvrir la règle de classement cachée. Le sujet, au bout de quelques jeux de cartes, va découvrir la règle que l'examinateur applique de manière tacite. Un patient avec une lésion du cortex frontal a des difficultés pour découvrir la nouvelle règle. Il se trompe, souvent il persévère de manière erronée dans la règle précédente. Il ne va pas se rendre compte qu'il y a eu un changement de règle. Une opération cognitive de compréhension est perturbée chez ce patient avec une lésion frontale.

Nous avons essayé de construire un modèle neuronal des processus cérébraux qui interviennent dans ce test du tri de cartes. Pour que le sujet puisse reconnaître une règle, il faut déjà que cette règle soit présente dans son cerveau, par exemple sous la forme d'états d'activité d'ensemble de cellules nerveuses. La règle qui code pour la forme, la règle qui code pour la couleur et la règle qui code pour le nombre de ces figures sont « représentées » par ces états d'activité neuronaux. L'architecture du réseau a été conçue de manière telle que, à un moment donné, un seul groupe de neurones, qui code pour la règle en cours, est actif, les autres sont inhibés. Lorsque l'ensemble des cellules nerveuses codant pour la règle « couleur » va être actif, l'organisme donne une réponse telle que le choix de la carte va correspondre à la couleur, quelle que soit cette couleur. Si c'est la bonne carte, l'examinateur donne une réponse positive. Un autre système de cellules nerveuses intervient : les neurones de récompense qui vont transmettre au cerveau du sujet une réponse positive, en d'autres termes une récompense. Ces neurones dits de récompense libèrent un neurotransmetteur particulier, un neurotransmetteur qui stabilise le groupe de cellules nerveuses qui a codé pour la règle « couleur ». Comment cette stabilisation se produit-elle ? En changeant ses efficacités synaptiques au niveau moléculaire, les récepteurs de neurotransmetteur seront figés dans des états conformationnels qui maintiennent, par exemple, l'autoexcitation du groupe de neurones codant pour la règle « couleur ». Le modèle propose que le cerveau du sujet contienne un dispositif qui permet à l'organisme de mettre à l'épreuve une règle sur le monde extérieur, et si la réponse est positive, de consolider cette hypothèse. Voilà un schéma extrêmement simple d'un organisme artificiel qui réussit à passer le test de Wisconsin.

Les mécanismes de récompense que nous avons dans notre cerveau ont été explorés par Olds, il y a bien des années, à la suite d'une découverte faite quelque peu par hasard. Ce chercheur avait planté des électrodes de stimulation dans le cerveau d'un rat. Ayant noté une curieuse réaction de « plaisir » lorsqu'il envoyait une décharge électrique par l'électrode de stimulation, il construisit un dispositif par lequel le rat, en appuyant sur une pédale pouvait, lui-même, s'envoyer une décharge. Sa surprise fut grande lorsqu'il s'aperçut que le rat spontanément s'autostimulait. Si l'électrode est placée dans une zone correspondant à un certain nombre de neurones utilisant comme neurotransmetteur la dopamine, non seulement le rat prend plaisir à s'autostimuler, mais il ne s'arrête pas. Même s'il est privé de nourriture, même si un partenaire sexuel attractif lui est présenté, il continue de s'autostimuler. Il ne s'arrête que pour dormir et recommence pendant le restant de sa journée. Le même phénomène se produit si au lieu de se stimuler électriquement le rat s'injecte dans les veines une solution de cocaïne ou même... de nicotine.

Nous nous sommes intéressés évidemment à l'identification de la cible de la nicotine dans une expérience d'autostimulation. Nous avons utilisé pour cela une souris mutante qui a perdu un gène codant pour une sous-unité du récepteur de la nicotine. Cette souris est-elle modifiée ou pas dans ses capacités d'apprentissage et, en particulier, dans sa capacité de s'autoadministrer de la nicotine ? La souris est soumise à un test d'apprentissage dit d'évitement passif. Elle est placée dans un compartiment lumineux contigu à un compartiment obscur. Spontanément comme vous le savez les souris sortent la nuit. La souris entre dans le compartiment sombre. Et là, elle reçoit un choc électrique. Est-ce que la souris va se rappeler de son choc électrique le lendemain ? Si oui, elle va rester plus longtemps dans le compartiment éclairé et ne rentrera que plus tardivement dans le compartiment obscur. Si de la nicotine est injectée juste après que la souris a reçu le choc électrique et que l'on mesure le temps qu'elle met pour entrer dans le compartiment sombre le lendemain, on constate que ce temps est plus long que chez les contrôles qui n'ont pas reçu de nicotine. La nicotine favorise la mise en mémoire du choc électrique déplaisant. La nicotine facilite un apprentissage aversif.

Chez le mutant, l'effet de la nicotine est perdu. Plus surprenant, la souris mutante, en l'absence de nicotine, reste un peu plus longtemps dans le compartiment éclairé que la souris sauvage, comme si elle possédait une meilleure capacité d'apprentissage. Cette même souris mutante a été soumise au protocole d'autostimulation chimique. La souris normale s'auto-injecte facilement de la cocaïne de manière spontanée. Mais il faut l'entraîner sur la cocaïne pour qu'elle s'autoadministre de la nicotine. Chez la souris mutante, il y a perte de l'autoadministration de la nicotine sans perte d'auto-injection de cocaïne. La souris n'est plus sensible à l'effet hédonique de la nicotine. Il existe donc une relation entre la capacité de la souris à effectuer ces tâches d'apprentissage et celle de s'autoadministrer de la nicotine.

D'abord, ce résultat est en accord avec l'idée que les systèmes de récompense interviennent dans l'apprentissage, comme le propose le modèle. Ensuite il montre qu'une lésion moléculaire, ici la perte du récepteur de la nicotine, modifie la tâche d'apprentissage. C'est une première et très simple mise en correspondance entre le niveau moléculaire et le niveau cognitif. Nous sommes évidemment très loin de la compréhension de tous les liens qui peuvent exister entre niveau moléculaire et niveau cognitif. Mais c'est un début.

Conclusion : l'âme au corps

Qu'en est-il de fonctions encore plus élaborées du cerveau comme la conscience ? Nous sommes capables d'intervenir à ce niveau pour proposer des modèles, des schémas rudimentaires, mais nous sommes encore très loin d'avoir une parfaite compréhension des processus conscients. On peut dire qu'ils sont abordables sur le plan scientifique et c'est déjà beaucoup.

Ne nous laissons pas éblouir ni terroriser par ces recherches sur le cerveau. Pensons d'abord que le cerveau est extrêmement vulnérable et que cette connaissance de la chimie du cerveau nous permet d'évaluer cette vulnérabilité. De nombreuses maladies neurologiques et psychiatriques affectent notre cerveau. Maurice Tubiana, ce grand médecin, a écrit récemment que « les problèmes psychologiques et les maladies psychiatriques occuperont au XXIe siècle le devant de la scène médicale et heureusement les progrès des neurosciences donneront aux médecins des armes pour faire face à ces problèmes ». La chimie du cerveau se dérègle par exemple au cours du vieillissement, entraînant morts cellulaires et dégénérescence des voies nerveuses. Il faut espérer que nous arriverons à trouver des médicaments qui la ralentissent ou, au moins, en minimisent les effets.

Pourquoi être effrayé de ces connaissances sur le cerveau ? Une meilleure connaissance de notre propre nature devrait, au contraire, nous aider à mieux nous comprendre.

Le développement et l'évolution du système nerveux

par Alain Prochiantz

Notre propos traitera d'embryologie, pas d'embryologie humaine bien que certains aspects du développement des autres espèces soient aussi valables pour celui de l'homme. Nous avons, en effet, beaucoup à partager avec les autres animaux, voire avec les champignons et les plantes.

S'il fallait donner une définition de l'embryologie, elle serait relativement simple. L'embryologie est l'ensemble des processus qui mènent de l'œuf, à partir du moment où le spermatozoïde et l'ovule l'ont formé, à l'organisme adulte ou *imago*. Ainsi sous le terme d'embryologie, deux processus se confondent ou se superposent :

— Fabriquer l'*imago*, c'est-à-dire faire un individu dont la forme est représentative de l'espèce.

— Fabriquer un individu particulier qui diffère des autres membres de son espèce.

Ces deux processus sont inscrits l'un dans l'autre et, selon l'espèce ou l'embranchement — la place occupée dans l'histoire de l'évolution —, ils n'ont pas forcément la même importance.

Fondamentalement, l'embryologie est question de formes et question de temps. À partir d'un œuf se construit un individu dont la forme, l'*imago*, est spécifique de l'espèce.

Texte de la 24e conférence de l'Université de tous les savoirs donnée le 24 janvier 2000.

Un œuf, c'est une cellule, alors qu'un individu, c'est plusieurs milliards de cellules. Il y a donc une immense prolifération du nombre de cellules à partir de l'œuf. Par ailleurs, un individu est constitué de plusieurs types de tissus, musculaire, nerveux, hépatique. Ces tissus se forment à partir de trois feuillets embryonnaires : le mésoderme donnera les muscles et les os ; l'ectoderme, le système nerveux et la peau ; l'endoderme, le tube digestif, les poumons et les glandes annexes du tube digestif comme le foie, le pancréas, la thyroïde.

Les résultats sur la première étape de formation du tissu nerveux — l'induction neurale — ont été initialement obtenus chez le crapaud Xénope, mais ils sont également vrais pour le poulet, et dans les grandes lignes pour la souris et l'homme. Au départ, à partir de la cellule initiale, une phase de prolifération mène au stade de la morula, puis de la blastula qui précède la gastrulation et l'induction neurale. La blastula est une sorte de boule creuse avec des cellules à la surface. Le système nerveux va se développer à partir de la surface extérieure dorsale de cette boule. Au cours de la gastrulation, cet ectoderme dorsal est induit à devenir de l'ectoderme neural, c'est-à-dire à former du système nerveux.

L'induction neurale a été découverte dans les années 1930-1940 par Mangold et Spemann à la suite d'expériences dans lesquelles ils greffaient des morceaux d'embryon de triton blanc dans un embryon de triton noir, histoire de distinguer tissu receveur et tissu donneur. En prenant une région particulière du triton blanc et en la greffant dans la région ventrale d'un œuf de triton noir, ils se sont rendu compte qu'ils dorsalisaient la région ventrale de ce dernier. Au lieu d'avoir un triton normalement constitué, ils ont obtenu un triton à deux dos dans lequel il n'y avait pas de partie ventrale. Ils avaient induit la formation d'un deuxième système nerveux central.

À la suite de ces expériences, de nombreux chercheurs ont cherché à identifier la nature moléculaire de ces inducteurs neuraux présents dans cette petite région inductrice et mésodermique qui, mise au contact de la région ventrale, modifie le destin embryonnaire. Cette recherche des inducteurs neuraux qui dure depuis plus de 60 ans n'est — à ce jour — toujours pas totalement aboutie. Dans la suite du développement, le triton s'allonge et à la surface dorsale se constitue une plaque neurale. Cette plaque neurale ne va donner naissance au tube neural qu'après avoir été internalisée par l'embryon.

Dans le développement du système nerveux, comme dans le développement en général, l'information positionnelle joue un rôle très important. On peut voir le système nerveux comme une plaque, une feuille sur laquelle on peut tracer un quadrillage. Une fois qu'elle s'est refermée en tube, la plaque reste quadrillée. Il y a une orientation dorso-ventrale et une orientation antéro-postérieure. Si chacun de ces carrés était défini par l'expression d'une catégorie de gènes, d'un algorithme génétique, on serait capable de définir la position de n'importe quelle cellule à partir de la connaissance des gènes qu'elle exprime.

Considérer le système nerveux comme un plan et considérer ce problème de l'information positionnelle comme le problème d'un quadrillage du plan peut aider à comprendre énormément de questions qui sont posées sur la construction du système nerveux. L'information positionnelle signifie qu'une cellule dans une région donnée, quand le tube neural s'est fermé et différencié, donnera naissance à un type de cellules bien déterminé, par exemple spécifique du cortex frontal ou du bas de la moelle épinière. Pourtant, au départ, au moment où la plaque neurale se forme, les cellules sont extrêmement semblables.

Beaucoup plus tard, les réseaux neuronaux seront construits. Les neurones sont amenés à envoyer un axone, un prolongement, vers une autre région pour former une synapse, un contact neuronal. La navigation du cône de croissance, la tête chercheuse du neurone, doit être précise. Le cône de croissance doit être capable, dans l'espace tridimensionnel du système nerveux, de retrouver une cible parfois très éloignée. Le quadrillage de l'information positionnelle est fondamental pour que le cône de croissance connaisse sa position et sache où il doit se diriger et quand il doit s'arrêter, c'est-à-dire pour construire un système nerveux fonctionnel.

Nous allons maintenant faire une parenthèse sur le concept d'information positionnelle et ce qu'on appelle les gènes de développement. Les gènes sont d'importance variable. Ainsi, les gènes qui contrôlent la forme et la couleur des poils, la couleur des yeux, sont importants d'un point de vue esthétique, mais ne sont pas fondamentaux pour ce qui est du développement de l'embryon. Par contre, il existe des classes de gènes dits de développement, qui — eux — sont essentiels pour ce qui est de la forme de l'embryon et de son développement.

La découverte de gènes dont les mutations modifiaient la forme a constitué une avancée considérable dans la compréhension de comment se construit un organisme. La grande percée a eu lieu chez la mouche du vinaigre, drosophile, chez laquelle des généticiens du début du siècle, surtout l'école de Morgan, ont démontré que certaines mutations pouvaient transformer un organe en un autre, par exemple l'œil en aile (mutation ophtalmoptera). Ces mutations monstrueuses suggérèrent que les gènes mutés étaient responsables du développement morphogénétique de ces petits amas de cellules embryonnaires qu'on appelle des disques imaginaux à l'origine des différents organes de la mouche.

Ces gènes ont été clonés chez la mouche. Ils ont été appelés homéogènes parce que leur mutation entraîne la transformation de l'organe d'un segment de la mouche en l'organe homologue d'un autre segment (l'aile en œil ou l'antenne en patte, par exemple). L'existence de ces gènes lie le développement à l'évolution. En effet, la compréhension de la transformation d'un organe en un autre permet de comprendre comment se sont formés des monstres au cours de l'évolution. Il est probable que beaucoup de processus de création de nouvelles espèces (les monstres qui ont réussi) sont liés à des modifications du nombre, du lieu d'expression et surtout du temps d'expression de ces gènes qui influent sur le développement morphologique des animaux et des plantes.

Ces gènes homéotiques codent pour des facteurs de transcription, c'est-à-dire des protéines qui restent dans le noyau des cellules et qui régulent l'expression d'autres gènes. Ce sont des gènes architectes qui contiennent le plan de la mouche et décident de la position des différents organes. Ils régulent d'autres gènes qui, eux, fabriquent réellement les organes. Ces gènes de développement sont au centre de réseaux génétiques. Une des grandes difficultés de la biologie du développement aujourd'hui est de comprendre quels sont les gènes dont l'activité est régulée par les gènes de développement, lesquels sont maintenant pratiquement tous identifiés dans le règne animal.

Chez la mouche, ces gènes de développement sont disposés le long d'un chromosome. Une chose tout à fait étonnante est que les gènes « en avant » du chromosome, en 3', sont exprimés dans les régions les plus antérieures de l'animal et que les gènes en 5', « en arrière » du chromosome, sont exprimés dans les régions les plus postérieures. D'une certaine façon, la mouche est représentée sur le chromosome par la disposition des gènes de ce complexe homéotique. Quand le génome passe de la génération x à la génération x + 1, le plan de l'animal, de l'*imago*, qu'il va falloir construire est transmis.

Ces facteurs de transcription, produits de ces gènes de développement — gènes du complexe *HOM* — se fixent à l'ADN, car ils doivent réguler l'expression d'autres gènes. Ils se fixent par une petite séquence d'environ soixante acides aminés, appelée l'homéodomaine et codée par l'homéoboîte. Tous ces gènes chez la mouche ont pratiquement la même homéoboîte. Ils constituent donc une famille. Grâce à cette signature de l'homéoboîte, cette même famille a été retrouvée chez la souris et chez l'homme. Chez les vertébrés, ces gènes sont disposés non pas sur un, mais sur quatre chromosomes et les gènes de ces quatre complexes *HOM/Hox* ont à peu près les mêmes propriétés que ceux de la mouche. Ils sont exprimés à l'avant de l'embryon quand ils sont en 3' du chromosome et à l'arrière des axes embryonnaires quand ils sont en 5' du chromosome. En analysant les gènes de mouche et de souris, il a été observé que le remplacement d'un gène de mouche par un gène placé à la même position sur un des quatre chromosomes de la souris permet de réparer la mouche. Cette complémentation marque une homologie à travers l'évolution ou encore une orthologie.

À partir de la constatation de ces orthologies, on peut tirer la conclusion qu'il existe un ancêtre commun aux arthropodes et aux vertébrés. Cet ancêtre aurait vécu il y a 600 millions d'années, soit avant l'explosion du précambrien. L'évolution a alors suivi deux voies différentes, l'une vers l'embranchement des arthropodes, l'autre vers celui des vertébrés. Deux duplications chromosomiques ont probablement permis la formation des quatre complexes qui sont la signature des vertébrés.

Les gènes que nous venons de décrire n'influent pas directement sur le système nerveux antérieur. Les chercheurs qui s'intéressent au cerveau ont donc utilisé une stratégie très proche en cherchant des gènes s'exprimant dans les ganglions céphaliques de la mouche. Ils ont trouvé à nouveau des gènes de la même famille, codant pour des facteurs de transcription, par exemple orthodenticle ou *otd*. Ayant découvert ces gènes, ils ont regardé si des gènes homologues existaient dans le cerveau de la souris et en ont trouvé. Par exemple *otx 1* et *otx 2*, qui sont assez proches de *otd*, s'expriment aussi dans les régions antérieures du cortex de la souris et de l'homme et sont capables de complémenter *otd*. La suppression, chez la mouche, du gène *otd* entraîne la perte des structures céphaliques antérieures et, pour certains allèles de *otd*, des ocelles (trois « yeux » dorsaux). Son remplacement par *otx 1* ou *otx 2* de souris ou d'homme restitue à la mouche sa morphologie normale. À l'homologie de structure et de site d'expression dans les régions antérieures du système nerveux s'ajoute donc la complémentation fonctionnelle. Ceci suggère très fortement que les régions antérieures existaient chez l'ancêtre commun et peut-être même avant. Ainsi, l'idée très développée que la céphalisation est un processus tardif de l'évolution est une idée fausse. La génétique du développement nous démontre qu'en fait la tête était là depuis le départ, au moins depuis le moment où nous nous sommes séparés de nos lointains cousins les arthropodes.

Pourquoi avons-nous deux gènes *otx 1* et *otx 2* ? La génétique de la souris est suffisamment évoluée pour qu'on puisse retirer ou ajouter un gène à n'importe quel moment du développement. On parle de perte ou gain de fonction. La délétion de *otx 2* donne une souris sans tête, c'est-à-dire sans système nerveux antérieur. C'est létal. Celle de *otx 1* laisse un cerveau presque normal, mais aminci du côté temporal, et la souris fait des crises d'épilepsie. Surtout, elle perd le canal latéral semi-circulaire de l'oreille interne, structure qui au cours de l'évolution apparaît avec la transition des poissons sans mâchoires (agnathes) aux gnathostomes. Si on remplace *otx 2* par *otx 1*, la souris commence à faire son système nerveux mais elle ne le maintient pas. Si on remplace *otx 1* par *otx 2*, on restitue presque toutes les fonctions de *otx 1* sauf le développement du canal latéral semi-circulaire de l'oreille interne. Cela suggère qu'au départ il y avait uniquement *otx 2* (orthologue de *otd*). Une duplication de *otx 2* a rendu possible la formation de son paralogue *otx 1* dont l'évolution a apporté des gains de fonction associés au passage des agnathes aux gnathostomes.

L'étude des gènes de développement permet donc non seulement de comprendre le développement des organismes, mais aussi l'évolution des espèces. Une nouvelle discipline est née : « l'évodévo » ou développement/évolution.

Il existe une très grande quantité de gènes exprimés dans les régions antéro-postérieures et dorso-ventrales du système nerveux, de telle sorte que si on prend un système nerveux aplati sur lequel on trace un quadrillage, chaque région peut être définie par une combinatoire d'expression de gènes de développement. C'est en fonction de cette information positionnelle que les cellules vont donner naissance aux différents organes.

L'étape suivante dans la formation du système nerveux après la formation du tube neural à partir de la plaque neurale qui s'est refermée, c'est de le faire grossir. À partir d'une ou deux rangées de cellules, il faut construire, par exemple, un cortex de 2 m^2 chez *Homo sapiens*. Les différentes zones de cette surface ne sont pas homogènes, elles ne sont pas dévolues aux mêmes fonctions : il existe des aires olfactives, des aires associatives, des aires auditives, des aires visuelles, etc. Au cours de l'évolution, la surface du cortex a augmenté et s'est régionalisée. Plis et circonvolutions permettent de tout empaqueter dans la boîte crânienne. L'augmentation générale de surface et celle des surfaces dévolues aux fonctions spécifiques ont probablement varié à la suite de mutations de gènes de développement régulant prolifération et survie cellulaire dans des régions particulières. Par exemple, les surfaces allouées aux fonctions dites cognitives, associatives, ou permettant la maîtrise du langage, ont augmenté chez *Homo sapiens* plus que chez nos cousins les primates.

Après la régionalisation du système nerveux, la deuxième période de ce développement permet donc la multiplication des cellules, l'organisation du cortex en six couches, la formation de toutes les structures cérébrales, la navigation axonale, la formation des synapses. Les mécanismes d'orientation d'une cellule migrante ou du cône de croissance d'un axone d'une cellule nerveuse ne sont pas encore connus même si nous savons qu'ils ont partie liée avec la lecture de l'information positionnelle, donc l'expression des gènes de développement.

Nous allons maintenant passer à des aspects un peu plus généraux. Nous avons vu tout à l'heure que nous avions au niveau chromosomique quatre représentations du corps, ce qu'on appelle des homonculus génétiques ou représentations génomiques du plan du corps. Ce plan du corps est marqué par la localisation de ces gènes de développement le long des chromosomes et par leur domaine d'expression spatio-temporel. Le cerveau est lui-même l'objet d'une construction génétique soumise à une régulation épigénétique. Par exemple, il existe dans le cortex sensoriel — sous la forme de réseaux neuronaux — une représentation du corps (donc à caractère génétique car reproduisant l'*imago*), mais cette représentation est déformée épigénétiquement car les régions les plus innervées sur le plan sensoriel mobilisent le plus grand nombre de neurones. La stimulation sensorielle « anime et déforme » un ensemble de neurones qui sont, par exemple, « la main dans le cerveau ».

Les réseaux neuronaux sont construits en fonction, à la fois d'une contrainte génétique, il s'agit d'un homonculus spécifique de l'espèce, et d'un environnement sensoriel. Si on coupe les afférences sensorielles, on perd le développement correct des représentations du corps au niveau du cortex. Si, chez la souris, à la naissance, on ôte les vibrisses (récepteurs sensoriels sur le museau), ils ne seront pas représentés dans le cortex, le membre sera absent. L'usage et l'influence de l'environnement sur tous les systèmes sensoriels modifient donc pour chaque individu la construction de ses représentations au niveau du système nerveux central. C'est ce qu'on appelle l'épigenèse, processus par lequel, bien qu'appartenant à une même espèce, tous les individus sont différents. Le cerveau est capable d'engrammer une histoire individuelle, affective, sensorielle, une histoire de nos stimulations par le milieu. Plus nous sommes stimulés, plus nous développons des constructions épigénétiques variées. C'est vrai chez l'enfant, chez l'adolescent mais aussi chez l'adulte. En effet, une des grandes innovations des vertébrés est d'avoir gardé un système nerveux embryonnaire chez l'adulte. Ainsi, l'épigenèse se construit-elle à partir des nouveaux neurones, des arborisations neuritiques qui se déforment, des synapses qui se font et se défont. Elle est un processus d'adaptation qui se poursuit toute la vie.

Le fait d'être du côté des arthropodes ou de celui des vertébrés a des conséquences fondamentales sur les stratégies d'adaptation. Nous partageons beaucoup avec les mouches, avec les vers et toutes les études sur ces organismes sont extraordinairement importantes pour comprendre comment fonctionne et comment se construit le système nerveux des vertébrés. Mais les logiques de nos stratégies adaptatives sont très différentes. Dans l'embranchement des arthropodes, notre grand concurrent au niveau de l'évolution, l'adaptation se fait de façon presque purement génétique. Il y a très peu d'individuation. La construction de l'individu n'est jamais très éloignée de celle de son génome. Chez les vertébrés, et encore plus chez nous parce que nous avons des systèmes de communication qui sont très riches de sens, le langage en particulier, l'adaptation ne se fait pas au niveau de la sélection de clones, elle se fait au niveau de la variabilité de l'individu, de son évolution. L'adaptation se fait par individuation.

Le système nerveux d'un individu au temps t et au temps t + δt n'est pas le même, il a évolué. L'intensité des synapses, leur nombre, le nombre de cellules, l'organisation des réseaux auront varié. Cette variation de structure biologique correspond à une évolution de l'objet, une adaptation à son milieu, une réponse à son histoire. Il y a donc de la plasticité chez l'adulte, dans certaines limites bien entendu, et cette plasticité est très certainement liée à l'expression continuée de ces mêmes gènes de développement qui sont responsables non seulement de l'évolution, non seulement de la mise en place des grandes structures cérébrales (cortex, cervelet, moelle épinière), mais aussi de la plasticité permanente du système morphologique y compris à l'âge adulte.

La plasticité implique que de nombreuses cellules naissent, se différencient et meurent. Il existe des cellules souches dans la peau, le foie, le système hématopoïétique/immunitaire, mais aussi dans le système nerveux central. Les premières ont été trouvées dans le bulbe olfactif : les interneurones du bulbe olfactif se reproduisent environ une fois par mois à partir de la zone sous-ventriculaire qui est une structure corticale située à l'avant du cerveau dont les cellules migrent pour aller envahir le bulbe. Ces cellules souches prolifèrent, migrent, se différencient comme des neurones normaux au cours du développement embryonnaire. Puis des cellules souches ont été repérées dans l'hippocampe, une structure à l'arrière du cortex qui est d'une grande importance pour la mémoire spatiale. Dans nombre de maladies neurodégénératives, il y a perte de cellules au niveau de l'hippocampe. Très récemment, des cellules souches ont été trouvées dans le cortex associatif du macaque. C'est une des régions la plus importante pour la mémorisation, la construction de souvenirs, pour la pensée d'une certaine façon.

Le développement embryonnaire se poursuit donc sous une forme silencieuse chez l'adulte par la génération de nouvelles cellules souches qui vont migrer, se différencier et s'insérer dans des nouveaux réseaux neuronaux de la naissance à la mort. C'est une des bases de notre capacité à apprendre, de notre force d'adaptation, au niveau individuel, face aux défis qui nous sont apportés par les modifications de l'environnement physique et affectif. La question du vieillissement est donc à reposer. Pour certains, le vieillissement est une perte de fonctions à partir d'un âge idéal, une sorte de gain d'entropie catastrophique. Il peut être vu, aussi, comme l'accumulation d'accidents du développement chez l'adulte. La biologie du développement pourrait donc nous donner des clés pour comprendre ce qu'est le vieillissement chez l'animal adulte et ce que sont de nombreuses maladies neurodégénératives comme la maladie d'Alzheimer.

En conclusion, revenons sur ce que ces résultats rapportés de façon extrêmement schématique nous disent sur ce qu'on appelle « pensée ». Il existe beaucoup de confusions sur le terme de « pensée ». La pensée n'est pas une substance, elle n'est pas un mécanisme. Pour un biologiste, la pensée est le rapport adaptatif que tout corps vivant entretient avec son milieu. Les arthropodes, les invertébrés, ont une pensée qui est très génétique : leur rapport au milieu est fixé, très proche de leur génome. C'est une contrainte mais c'est peut-être aussi un succès parce qu'ils se développent de façon clonale. Des mutations favorables peuvent être reproduites très vite. La connaissance que nous avons des arthropodes, dans un certain sens soutient les thèses sociobiologiques. Si on veut bien admettre que la pensée est le rapport adaptatif à son milieu, alors tous les êtres, animaux et plantes, pensent.

Chez les vertébrés et au plus haut point chez *Homo sapiens*, le milieu modifie la structure. Nos gènes font que nous sommes *Homo sapiens*, mais ils nous donnent une très grande liberté par rapport au milieu. L'évolution a sélectionné une stratégie de développement qui fait que chaque individu peut se modifier au cours de sa vie, qu'il bénéficie d'une très grande liberté épigénétique. C'est une des bases du succès et de l'adaptation de l'espèce humaine, encore que, sans vouloir être pessimiste, après 200 000 ans d'existence à peine, nous ne savons pas vers quoi mènera ce perfectionnement extraordinaire des mécanismes épigénétiques.

Enfin, nous pouvons nous adapter par individuation, mais aussi par l'invention d'artefacts comme la culture qui est, avec la mémoire génétique et la mémoire individuelle, la troisième et dernière forme de mémoire à laquelle nous pouvons nous référer pour penser le vivant.

Le développement de l'intelligence chez l'enfant

par OLIVIER HOUDÉ

Dans sa leçon inaugurale, François Jacob s'est attaché à montrer que la vie est un processus, une organisation de la matière et qu'elle n'existe pas en tant qu'entité indépendante qu'on pourrait caractériser (quelque substance spéciale ou force vitale). Suivant la même logique, les sciences cognitives contemporaines, notamment la psychologie expérimentale et les neurosciences, considèrent que l'intelligence n'est autre qu'un processus, une organisation de la matière (corps, cerveau) et de la vie.

Il n'en fut toutefois pas toujours ainsi dans l'histoire des idées. On sait qu'à la question « D'où détenons-nous ce précieux trésor qu'est notre intelligence ? », René Descartes (1596-1650) répondait, avec une évidence qui semblait s'imposer à lui, « Dieu a déposé dans notre esprit, dès la naissance, des idées logico-mathématiques claires et distinctes, noyau de l'intelligence humaine ». Quatre siècles plus tard, en cette année 2000, quelle réponse précise apporte la science à cette question ?

Entre Descartes et nous, deux événements clés à retenir. Il s'agit d'abord de l'introduction par Charles Darwin (1809-1882) de l'idée d'une évolution progressive de l'intelligence animale et humaine (à travers la phylogenèse ou

---

Texte de la 25e conférence de l'Université de tous les savoirs donnée le 25 janvier 2000.

évolution des espèces), où s'imbriquent la Matière, la Vie et la Pensée — excluant Dieu de l'explication. Il s'agit ensuite de la reprise de cette idée dans l'étude de l'ontogenèse (l'intelligence se construit petit à petit du bébé à l'adulte) par Jean Piaget (1896-1980), en psychologie de l'enfant, et par Jean-Pierre Changeux en neurobiologie, avec le « darwinisme neural-mental ».

Selon Piaget, le développement de l'intelligence chez l'enfant se caractérise, comme l'histoire des sciences, par une succession de coordinations cognitives nouvelles, chacune définissant un stade[1]. Il s'agit d'étapes, datées en années et en mois, dans la construction de structures logico-mathématiques de plus en plus complexes, relatives à l'objet, au nombre, à la catégorisation (ou classification) et au raisonnement. Cette conception est linéaire et strictement cumulative en ce qu'elle est systématiquement liée à l'idée d'acquisition et de progrès : de l'intelligence sensori-motrice du bébé (sens et actions) à l'intelligence conceptuelle et abstraite de l'enfant et de l'adolescent.

En fait, les données expérimentales actuelles indiquent que les choses ne se passent pas ainsi[2]. D'une part, il existe déjà chez le bébé des capacités cognitives assez complexes (connaissances physiques, mathématiques et logiques) ignorées par Piaget et non réductibles à un fonctionnement strictement sensori-moteur. D'autre part, la suite du développement de l'intelligence, jusqu'à — et y compris — l'âge adulte, est jalonnée d'erreurs, de biais perceptifs, de décalages inattendus et d'apparentes régressions cognitives. Ainsi, plutôt que de suivre une ligne ou un plan du sensorimoteur à l'abstrait (les stades de Piaget), l'intelligence avance de façon tout à fait biscornue ! Mais cette forme de développement doit bien correspondre à une logique neurale et cognitive dans le cerveau humain. Laquelle ?

Le constat de compétences précoces chez le bébé, s'il peut amener à reconnaître le caractère inné de certaines d'entre elles (sans qu'il s'agisse pour autant d'un don de Dieu comme l'affirmait Descartes), conduit aussi et surtout à retenir l'idée de mécanismes de *raisonnement physique, numérique*, etc., associés à une faculté très précoce d'apprentissage par la perception, notamment visuelle, ou par les couplages perception-action (faculté du bébé humain partagée, sur certains aspects, avec les primates non humains comme l'avait pressenti Darwin). Et ce processus de construction cognitive — sans doute déjà conceptuel ou proto-conceptuel — est à l'évidence beaucoup plus rapide que ne le pensait Piaget.

Mais l'essentiel n'est pas là. Le plus intéressant tient à ce que le cerveau de l'homme, outre ses mécanismes innés, ses capacités puissantes d'apprentissage, de raisonnement, d'abstraction, etc., est une sorte de jungle où les multiples compétences du bébé, de l'enfant et de l'adulte, sont à tout moment susceptibles de se télescoper, d'entrer en compétition (en même temps qu'elles se construisent) : d'où les erreurs, les biais et les décalages inattendus (exactement comme dans l'histoire des sciences et des savants !). Il en ressort la nécessité — pour être intelligent — d'un mécanisme de blocage tout aussi puissant : *l'inhibition*. « Je pense, donc j'inhibe » ! (et non pas seulement, comme le suggérait Piaget, « je pense, donc j'active et je coordonne »)[3].

Un tel mécanisme inhibiteur est actuellement considéré, dans un cadre évolutionniste, comme un élément clé de l'adaptation comportementale et cognitive qui a conduit à *Homo sapiens sapiens* ; une forme « d'algorithme darwinien ». À l'échelle de l'ontogenèse de l'enfant, ce mécanisme doit aussi (re)devenir efficace — chez l'adulte, le rester — pour les domaines de la construction de l'objet, du nombre, de la catégorisation et du raisonnement.

Ainsi, l'une des façons actuelles de chercher à percer le mystère de l'intelligence est d'étudier, du bébé à l'adulte, le rôle de l'inhibition comme mécanisme de sélection. L'activation/inhibition étant une logique de fonctionnement tant neurale que cognitive, les techniques utilisées sont ici à la fois celles de la psychologie expérimentale et de la biologie humaine (l'imagerie cérébrale fonctionnelle). En voici deux exemples : le nombre chez le bébé et l'enfant, et le raisonnement logique chez l'adulte.

Selon Piaget, avant d'arriver à la notion de nombre, l'enfant doit maîtriser certaines capacités comme celles de classer, d'inclure et de sérier (aspects cardinal et ordinal du nombre). Il peut alors réussir l'épreuve dite de « conservation du nombre ». Dans ce test, qui introduit une interférence entre le nombre et la longueur (avec deux alignements d'objets de même nombre mais de longueur différente après l'écartement de l'un d'entre eux), l'enfant considère jusqu'à 6-7 ans que « longueur = nombre », donc « qu'il y en a plus là où c'est plus long » ! Cela signifie, selon Piaget, que l'enfant d'école maternelle est encore intuitif, au sens où il est « prisonnier » du cadre perceptif. Ce n'est qu'à 6-7 ans qu'il devient « conservant », critère de l'atteinte du concept de nombre.

Le développement de l'intelligence est donc ici long et laborieux : il faut attendre « l'âge de raison » cher aux philosophes. Mais les découvertes plus récentes d'une psychologue américaine, Karen Wynn, publiées dans la revue *Nature* en 1992, ont reposé avec force la question de l'émergence (précoce ou non) de la notion de nombre[4]. Ces travaux montrent que, dès 4-5 mois, des bébés observés au niveau de leur regard (enregistrement des temps de fixation visuelle) sont capables de détecter la transgression ou la « conservation » du nombre lorsqu'on leur présente des événements numériques impossibles, c'est-à-dire magiques, ou possibles (sans le piège perceptif de la longueur introduit par Piaget). Selon Wynn, ces résultats suggèrent que les bébés possèdent déjà de véritables concepts numériques (avec encodage de la relation d'ordre) — ce qui était inconcevable pour Piaget ! On sait aussi, depuis peu, que les singes rhésus ont des capacités numériques précises jusqu'à 9*.

Nos travaux, publiés en 1997 dans la revue *Cognitive Development*, ont par ailleurs montré, à partir d'une adaptation de l'expérience de Wynn au niveau verbal, que les jeunes enfants de 2 à 3 ans, observés en crèche, sont moins

* Les données de Brannon & Terrace publiées dans la revue *Science* en 1998 (n° 282 p. 746-749) ont, en effet, mis en évidence la capacité *non verbale* de singes rhésus à *ordonner précisément* des ensembles numériques de 1 à 9 objets, indépendamment de leurs caractéristiques physiques de taille, de forme et de couleur.

performants pour raisonner sur le nombre *à travers le langage cette fois* que ne l'étaient les bébés de 4-5 mois ! (ils font des erreurs que ne font pas les bébés dans leurs réactions visuelle[5]). Tout se passe donc comme si le tout début (2-3 ans) de l'apprentissage du vocabulaire des nombres et de la distinction linguistique singulier/pluriel (qui oppose 1 à tous les autres nombres considérés globalement) entraînait un décalage de performance, une régression cognitive, empêchant un jugement numérique exact et précis (d'où l'impression erronée qu'ont les éducateurs, face à l'enfant de cet âge, d'observer le tout début de l'acquisition du nombre !). En revanche, il apparaît qu'après une reconstruction cognitive (ou reconceptualisation), les enfants de 3-4 ans, observés à l'école maternelle, retrouvent, à travers le langage, le niveau de performance des bébés de 4-5 mois (avec, dans ce cas, la possibilité d'une argumentation numérique).

Mais comment expliquer alors que si l'on introduit, comme Piaget, une interférence entre le nombre et la longueur (deux alignements d'objets de même nombre mais de longueur différente), ces mêmes enfants sont à nouveau en situation d'échec, intuitifs, perceptifs, considérant qu'il y en a plus là où c'est plus long ? Les techniques de la psychologie expérimentale permettent aujourd'hui de démontrer que l'épreuve de Piaget teste avant tout la capacité d'*inhiber* la stratégie visuo-spatiale « longueur = nombre » (une heuristique de quantification perceptive souvent pertinente et encore utilisée par l'adulte) et non les capacités numériques *per se*. Le développement du nombre est donc à la fois beaucoup plus rapide et ensuite plus complexe (compétition entre stratégies) que ne l'imaginait Piaget. Au-delà des compétences précoces dans des situations optimales (les recherches de Wynn sur le bébé), être intelligent c'est non seulement « reformater » (reconstruire à travers le langage), mais c'est aussi inhiber.

Et cela reste vrai chez les adolescents et les adultes dont on peut montrer que face à des problèmes de raisonnement logique, ils redeviennent comme le jeune enfant, intuitifs et perceptifs — contrairement à l'intelligence abstraite et logico-mathématique décrite par Piaget à ce dernier stade du développement. Ainsi, une erreur classique de logique (plus de 90 % des réponses), mise en évidence par le psychologue anglais Jonathan Evans, est le biais d'appariement perceptif qui affecte le raisonnement déductif lors de tâches de réfutation ou de vérification de règles conditionnelles[6]. Pour l'exemple de la règle à réfuter « S'il n'y a pas de carré rouge à gauche, alors il y a un cercle jaune à droite », ce biais consiste à préférer les éléments cités dans la règle considérée (d'où la réponse erronée « carré rouge à gauche, cercle jaune à droite », soit antécédent faux et conséquent vrai : FV) et à négliger les éléments logiquement pertinents (une situation de type VF : par exemple, carré bleu et losange vert) dès lors qu'ils ne sont appariés ni à l'antécédent ni au conséquent. Nos travaux de psychologie expérimentale et d'imagerie cérébrale fonctionnelle, qui vont bientôt paraître dans le *Journal of Cognitive Neuroscience* (en collaboration avec l'équipe du Pr. Bernard Mazoyer et du Dr. Nathalie Tzourio-Mazoyer de l'Université de Caen, CEA et CNRS), indiquent qu'après un apprentissage à l'inhibition du biais d'appariement perceptif, les sujets interrogés donnent (à plus de 90 %) une réponse logique (autre stratégie de résolution disponible en mémoire[7]). Outre le fait que l'inhibition leur fait changer radicalement de mode de raisonnement lors d'une « microgenèse » (c'est-à-dire *avant* et *après* apprentissage), le plus intéressant tient à ce que s'opère simultanément une véritable « bascule cérébrale » de la partie postérieure du cerveau (un réseau perceptif à la fois ventral et dorsal) à la partie antérieure : un réseau préfrontal.

On peut penser qu'une telle dynamique neurale et cognitive doit être au cœur de ce qui se passe dans le développement de l'intelligence chez l'enfant (à démontrer par les techniques d'imagerie cérébrale), qu'il s'agisse de la construction de l'objet, du nombre, de la catégorisation, etc., à chaque fois que se posent des problèmes de sélection de stratégies en mémoire : par exemple, l'inhibition de la stratégie perceptive inadéquate « longueur = nombre » dans la tâche de Piaget. Sachant que la taille relative du cortex préfrontal est la plus importante chez les êtres humains et qu'elle diminue successivement chez les autres primates, carnivores et rongeurs, on peut aussi penser qu'une telle dynamique postéro-antérieure, marque de l'inhibition comportementale et cognitive, a dû jouer un rôle clé dans l'évolution (de la matière à l'intelligence) qui a conduit à l'homme moderne.

RÉFÉRENCES

1. Piaget (J.), Inhelder (B.), *La Psychologie de l'enfant*, Paris, PUF (Que sais-je ?), 1966.
2. Houdé (O.), « Développement cognitif » *in* Houdé (O.) et coll., *Vocabulaire de sciences cognitives*, Paris, PUF, 1998.
3. Houdé (O.), *Rationalité, développement et inhibition : Un nouveau cadre d'analyse*, Paris, PUF, 1995.
4. Wynn (K.), « Addition and Subtraction by Human Infants », *Nature*, n° 358, 1992, p. 749-750.
5. Houdé (O.), « Numerical development : From the infant to the child. Wynn's (1992) Paradigm in 2- and 3-year-olds », *Cognitive Development*, n° 12, 1997, p. 373-392. Voir aussi : Houdé (O.), « De la pensée du bébé à celle de l'enfant : l'exemple du nombre » *in* Dortier (J.-F.) (Ed.), *Le Cerveau et la pensée*, Auxerre, Sciences Humaines Éditions, 1999.
6. Evans (J.), *Biases in Human Reasoning*, Hove and London, Erlbaum, 1989.
7. Houdé (O.), Zago (L.), Mellet (E.), Moutier (S.), Pineau (A.), Mazoyer (B.), Tzourio-Mazoyer (N.), « Shifting from the perceptual brain to the logical brain : the neural impact of cognitive inhibition training », *Journal of Cognitive Neuroscience* (à paraître), 2000.

Les fonctions cérébrales

par Marc Jeannerod

Le cerveau est un ensemble de neurones. Ensemble structuré, organisé, où les neurones sont interconnectés selon un plan défini. Dans cet exposé, nous supposerons que les principales connexions entre neurones se sont mises en place de manière normale et que le mécanisme qui assure cette partie du développement a fonctionné correctement. Le processus de fabrication de nouvelles synapses n'est pas terminé pour autant : il va se prolonger pendant toute la vie, même si c'est avec une intensité décroissante. Toutefois, cette synaptogenèse ne concerne pas les connexions qui se sont établies pendant le développement embryonnaire et au début de la vie extra-utérine. Il ne s'agit plus de fibres parcourant un long trajet pour venir à la rencontre de leur cible : il s'agit de connexions de voisinage, qui restent labiles et qui peuvent se modifier en fonction des besoins, en fonction du trafic dans les voies nerveuses auxquelles appartiennent ces synapses. Il s'agit de variations qui restent locales et n'affectent pas la structure générale de l'ensemble.

Texte de la 32e conférence de l'Université de tous les savoirs donnée le 1er février 2000.

Les populations de neurones et la cartographie cérébrale

Les travaux des histologistes de la fin du XIXe siècle, au premier rang desquels Ramon y Cajal, ont abouti à la description des principales connexions du cerveau, grâce à un ensemble de techniques qui permettait de voir les neurones, leurs prolongements et même leurs synapses. De ces travaux ressortent un certain nombre de principes qui semblent gouverner l'organisation cérébrale. Un de ces principes pourrait se définir par : « qui se ressemble s'assemble ». Les neurones qui reçoivent les mêmes informations, qui sont connectées aux mêmes cibles, et qui ont une activité fonctionnelle semblable (ce qui définit ce qu'on appelle une « population » de neurones), se groupent les uns près des autres. Dans le cortex cérébral, une des premières formes de groupement reconnues par les histologistes est la « couche » cellulaire. Chaque couche corticale comporte des cellules en majorité du même type et, on le sait maintenant, possédant des connexions communes. Les types cellulaires et l'ordonnancement des couches sont communs à un grand nombre d'espèces chez les mammifères.

L'organisation du cortex en couches (la lamination) constitue une architecture complexe qui sert de critère pour délimiter des aires corticales, c'est-à-dire, les zones du cortex qui se distinguent les unes des autres par l'épaisseur relative de leurs couches cellulaires. Ces travaux sont à l'origine d'un résultat fondamental des neurosciences modernes, la réalisation d'une carte du cortex en fonction de la lamination. La carte sans doute la mieux connue (et la plus utilisée) est celle de Korbinian Brodman, dressée il y a exactement 100 ans *(Fig. 1)*. Cette carte porte des numéros auxquels on se réfère toujours. Les numéros ne sont pas placés au hasard : Brodman avait eu l'idée très originale d'organiser la numérotation à partir d'un repère anatomique pratiquement constant chez tous les mammifères, le

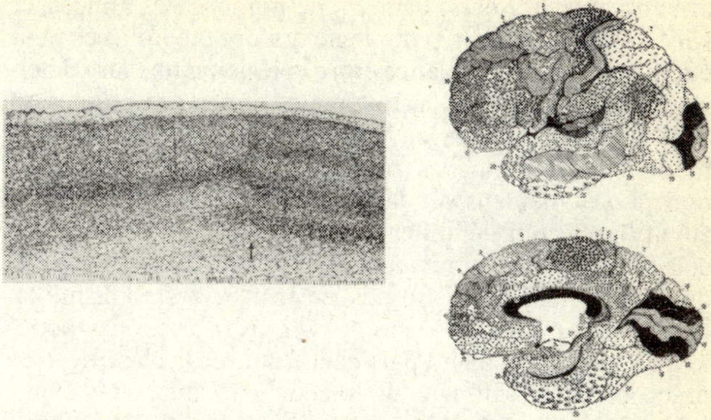

Figure 1 – Cartographie du cerveau à partir de la méthode histologique. À gauche, coupe d'une zone du cortex cérébral montrant la superposition des couches cellulaires. Noter la brusque transition entre deux aires corticales aire 18 à gauche, aire 17 à droite, marquée par une flèche. On voit les couches se subdiviser pour créer un aspect histologique très différent de l'aire voisine. À droite, carte réalisée par K. Brodmann en 1900 à partir de la méthode histologique. Le lobe frontal se trouve situé à gauche, le lobe occipital à droite, En haut, vue latérale de l'hémisphère, en bas, vue interne. Noter que les aires cérébrales portent des numéros selon une numérotation toujours en vigueur.

sillon central. C'est ainsi que les petits numéros concernent les aires qui entourent le sillon central. On peut de la sorte comparer les cartes corticales chez différentes espèces animales, ce qui est fort utile si l'on pense qu'une grande partie de nos connaissances sur le fonctionnement du cerveau ont été acquises chez l'animal.

Au début, lors de l'établissement des premières cartes, les méthodes histologiques utilisaient pour seul critère la morphologie des cellules. La fonction de chaque aire corticale ne pouvait être définie qu'au terme d'une confrontation avec d'autres données. Pendant de nombreuses années, ce sont les données de la pathologie qui ont été utilisées pour établir une correspondance entre la lésion d'une aire déterminée par les critères histologiques et des symptômes ou des déficits constatés en clinique. Plus récemment, des méthodes fonctionnelles (fondées sur le fonctionnement et non plus seulement sur la morphologie des cellules) ont été utilisées pour délimiter les populations de neurones du cortex cérébral. Ces travaux nous révèlent d'autres aspects du groupement des neurones, selon leur métabolisme ou leurs connexions, par exemple. On décrit ainsi des populations qui se recoupent partiellement avec la classification précédente : à l'intérieur de la couche IV du cortex visuel (aire 17), par exemple, les neurones qui reçoivent la plus grande partie de leurs connexions de l'un des deux yeux se groupent en « feuillets » de dominance oculaire ; ces mêmes neurones se répartissent selon encore une autre organisation, visible à l'aide d'un marquage métabolique : ce sont les blobs, où se regroupent les neurones sensibles à la couleur. Enfin, à l'intérieur de ces structures, on peut décrire des modules encore plus petits, les colonnes corticales, où les neurones sont assemblées selon le type de réponse qu'ils donnent à un objet présenté dans le champ visuel *(Fig. 2)*.

Un exemple de localisation cérébrale : le système moteur cortical

On comprend bien que la description anatomique de l'organisation des cellules et de leurs connexions ne peut suffire à elle seule à la compréhension des fonctions du cortex cérébral. La fonction réside dans les relations entre le fonctionnement interne de l'organe cérébral et ce qui se passe à l'extérieur du cerveau, dans le corps et dans le monde environnant. Pour définir ces relations, je prendrai comme premier exemple la fonction des aires cérébrales qui contrôlent l'exécution de nos mouvements. Les premiers neurologues avaient remarqué que des lésions d'un

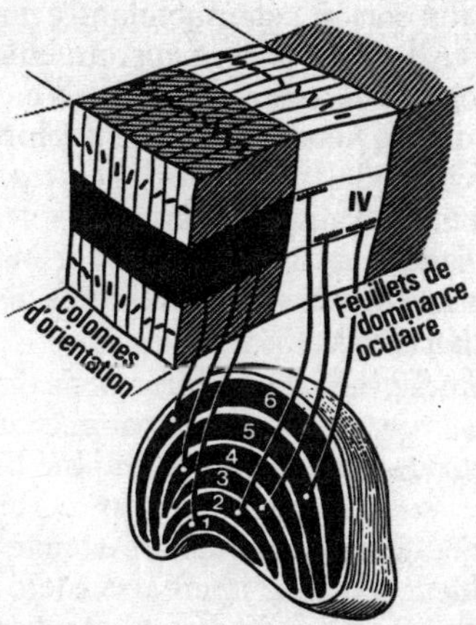

Figure 2 – Organisation du cortex visuel.
Sur un fragment de cortex sont représentées quelques-unes des modalités de classement des neurones du cortex.
Ces neurones sont rangés dans des colonnes d'orientation : au sein d'une colonne, tous les neurones enregistrés répondent préférentiellement à une orientation de l'objet visuel.
Les mêmes neurones sont également rangés en fonction des connexions qu'ils reçoivent de chaque œil : ce sont les feuillets de dominance oculaire. On voit ces connexions s'établir à partir d'un relais intermédiaire des voies visuelles, le corps géniculé latéral constitué lui-même de couches superposées.

hémisphère cérébral pouvaient provoquer des troubles de la motricité (paralysie ou convulsions) du côté opposé du corps, et que la localisation et l'étendue du déficit étaient conditionnées par la topographie de la lésion. Charcot, à partir de 1875, avait ainsi rassemblé de nombreuses observations qui lui avaient permis de dessiner une carte corticale des troubles de la motricité. Mais la description précise de cette carte est venue d'une autre source, la stimulation électrique directe du cortex, d'abord chez le chien, puis chez le singe, et finalement chez l'homme. Chez le singe, Charles Sherrington avait délimité avec une grande précision la zone motrice du cortex correspondant à chaque groupe musculaire. Tous les points dont la stimulation produit un mouvement sont situés en avant du sillon central, dans l'aire 4 de Brodman, lieu d'origine de la plupart des fibres du faisceau pyramidal qui relie le cortex à la moelle. Depuis Sherrington, d'autres expériences ont montré l'existence, au voisinage de la zone motrice « primaire », d'autres zones où les mouvements sont représentés de manière plus élaborée que dans l'aire 4.

Chez l'homme, les neurochirurgiens, en accumulant des observations sur de nombreux patients au cours d'opérations, ont retrouvé la même topographie *(Fig. 3)*. Actuellement, même si la stimulation du cortex est encore pratiquée (on peut maintenant la faire à crâne fermé par une méthode d'induction magnétique), il existe d'autres méthodes moins invasives pour étudier la fonction motrice. Ce sont les méthodes de neuro-imagerie fonctionnelle, qui permettent de visualiser chez un sujet (sain ou malade) les zones actives pour chaque mouvement : on obtient ainsi une autre carte fondée cette fois sur le métabolisme des zones du cerveau qui deviennent actives pour un certain type de mouvement. Grâce aux méthodes de reconstruction des images, on peut focaliser l'étude sur la seule zone corticale responsable des mouvements des doigts, ou au contraire visualiser l'ensemble des zones actives lors de l'exécution d'un mouvement du bras (dans le cortex et dans d'autres zones cérébrales comme le cervelet par exemple). Cette méthode permet également d'étudier, chez des malades, la désorganisation de la carte fonctionnelle du système moteur du fait de la lésion. On peut alors observer, avec le temps, une réorganisation partielle qui fait intervenir divers moyens de substitution, en particulier l'intervention de zones corticales dans l'hémisphère opposé, qui n'étaient en principe pas destinées à cet usage. Cette réorganisation montre bien les limites de la théorie de la localisation des fonctions cérébrales. La théorie fonctionne pour un équilibre donné entre les connexions qui s'établissent au cours du développement embryonnaire et tant que cet équilibre n'est pas perturbé par une lésion.

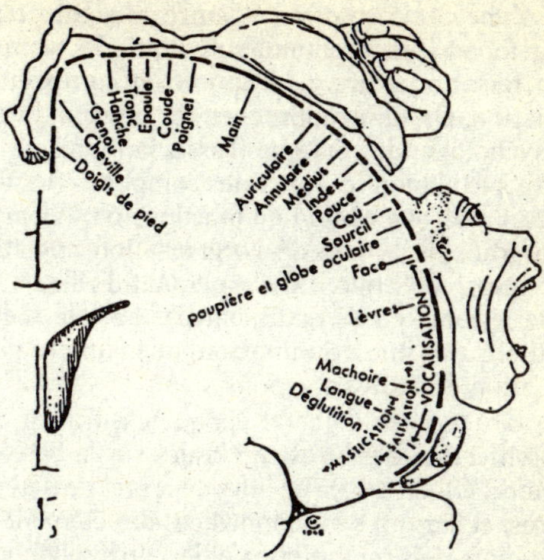

Figure 3 – Organisation du cortex moteur.
Sur une coupe verticale schématique du lobe frontal sont dessinées les régions du cortex moteur (aire 4) qui contrôlent la motricité des différents segments de la moitié du corps du côté opposé. Noter la faible proportion de cortex dévolue aux membres inférieurs et au tronc, par rapport aux régions qui contrôlent la motricité des doigts, de la face, et du tractus vocal.

Les associations entre aires cérébrales

Les localisations cérébrales nous donnent une image quelque peu appauvrie des fonctions cérébrales. La fonction du système moteur ne consiste pas seulement à faire bouger un doigt ; on bouge les doigts dans un but précis, comme pour écrire ou pour jouer du piano. Il n'existe pas de condition naturelle (en dehors, peut-être, d'une expérience de laboratoire) où une seule région est activée à la fois. Les anatomistes de l'époque classique (1850-1900) avaient mis l'accent sur une autre caractéristique du cortex, les fibres d'association entre aires cérébrales. Fibres d'association courtes d'une circonvolution à l'autre, faisceaux d'association d'un lobe à l'autre, commissures entre les hémisphères, on peut faire toute une description du cortex en termes d'association. On doit rapprocher ces travaux du contexte de la psychologie de l'époque (l'associationnisme) où l'on cherchait à expliquer les fonctions complexes (les fonctions cognitives) par l'association de fonctions plus élémentaires. De là à franchir le pas de l'organisation cognitive vers l'organisation cérébrale... On expliquait d'ailleurs certains effets de lésions qui ne cadraient pas avec la théorie des localisations par une déconnexion, une rupture des fibres d'association entre deux régions.

Un des mérites de cette époque est d'avoir abouti à une classification des aires cérébrales sur la base de leurs connexions. On distingue en effet depuis cette date les aires primaires, celles qui sont connectées directement avec les organes sensoriels ou moteurs, et les aires secondaires, ou associatives, dont les seules connexions proviennent d'autres aires cérébrales, qui reçoivent donc de l'information déjà traitée, au second degré, en quelque sorte. Les aires corticales associatives se distinguent nettement des aires primaires. Leur étendue est plus marquée chez l'homme que chez les autres animaux ; leur maturation est plus lente que celle des aires primaires ; enfin, leur lésion provoque des déficits d'ordre cognitif.

Aires associatives et activité cognitive : l'exemple du lobe frontal

Que sait-on aujourd'hui de ces aires associatives et de leur participation aux fonctions cognitives ? Pour discuter ce point, je propose l'exemple des fonctions du lobe frontal. Cette région du cortex représente le tiers de la masse corticale chez l'homme. Jusqu'à la fin des années 1930, on savait peu de choses sur sa fonction : c'était une zone silencieuse, où une lésion ne provoquait souvent aucun symptôme apparent ou parfois des symptômes peu caractéristiques, comme des troubles de la mémoire, une dépression ou au contraire une euphorie exagérée. Un cas fameux, celui de Phineas Gage avait attiré l'attention sur un ensemble de modifications du comportement qui constituent ce qu'on appelle maintenant le syndrome frontal : cet ouvrier sérieux et appliqué était devenu après son accident instable, blagueur, ne respectait plus la hiérarchie sociale, etc. Depuis une dizaine d'années nos connaissances sur le rôle du lobe frontal ont progressé dans deux directions principales. D'une part, l'étude de l'activité de neurones du lobe frontal chez le singe soumis à des tâches cognitives a permis de fragmenter cette vaste région en zones spécialisées dans des fonctions bien définies : dans certaines de ces zones, les neurones s'activent dans des tâches de mémoire à court terme, comme la réalisation de séquences temporelles ; dans d'autres zones, c'est la nouveauté de l'objet présenté qui déclenche l'activité des neurones. Chez l'homme, on tente, à l'aide de tests, de quantifier ces mêmes fonctions élémentaires chez des malades présentant des lésions de diverses régions du lobe frontal. Le test de la tour de Londres, par exemple, révèle bien les difficultés de ces malades lorsqu'ils doivent planifier une action en vue d'un but déterminé.

D'autre part, les travaux des neuropsychologues ont permis de redécrire le syndrome frontal humain dans des situations naturelles et non plus seulement à l'aide de tests de laboratoire. On donne au malade une liste de tâches familières à accomplir (aller acheter une cassette et préparer les éléments pour faire un enregistrement, confectionner une tarte aux pommes) avec un minimum de règles à respecter ; on note tous les détails de son comportement. Le malade frontal fait de nombreuses erreurs dans la séquence, oublie des étapes, enfreint les règles. C'est donc dans la planification de l'action, dans l'organisation du comportement à long terme, dans les prises de décision, le calcul des avantages et des inconvénients de tel ou tel acte que se manifeste le rôle du lobe frontal. On conçoit bien à quel point l'altération de ces capacités, au cours de maladies dégénératives par exemple, peut retentir sur l'adaptation aux situations de la vie courante.

La neuro-imagerie apporte ici encore une contribution essentielle, dans la mesure où elle peut être utilisée chez un sujet normal. On peut ainsi délimiter les réseaux d'activité nerveuse en relation avec des tâches cognitives qui mettent en jeu la mémoire ou le raisonnement, par exemple. Dans le cas du raisonnement, on observe que le réseau est différent selon la modalité logique que le sujet utilise pour résoudre le problème posé, selon qu'il s'agit d'un jugement de relation entre deux propositions, d'un syllogisme, etc. On est donc loin de l'associationnisme de la fin du XIXe siècle. Ce que nous révèlent les études modernes sur les fonctions cognitives, c'est qu'elles mettent en jeu des ensembles nerveux qui se recoupent partiellement entre les différentes tâches cognitives. Il faut de plus imaginer que ces réseaux ont une structure dynamique, qu'ils évoluent en fonction du temps et que, dans le cours normal de l'activité mentale (de la pensée), le cerveau passe en permanence, insensiblement, d'un réseau à l'autre.

La dualité hémisphérique : le cerveau dédoublé

Les études sur les fonctions cognitives, comme celles que nous venons d'examiner à propos du lobe frontal, montrent que l'activité des deux hémisphères cérébraux n'est pas symétrique. La notion d'une dualité fonctionnelle des hémisphères cérébraux avait été affirmée dès les années 1860 par Paul Broca. Broca avait observé que les lésions responsables de certains troubles du langage (aphasie) avaient en général leur siège dans la partie frontale de l'hémisphère gauche *(Fig. 4)*. Cette découverte avait d'abord soulevé l'incrédulité, mais les faits sont têtus : l'observation clinique de malades présentant des lésions latéralisées a amplement confirmé les vues de Broca. Par la suite, environ 100 ans plus tard, des travaux anatomiques utilisant des cerveaux normaux de sujets adultes décédés de cause

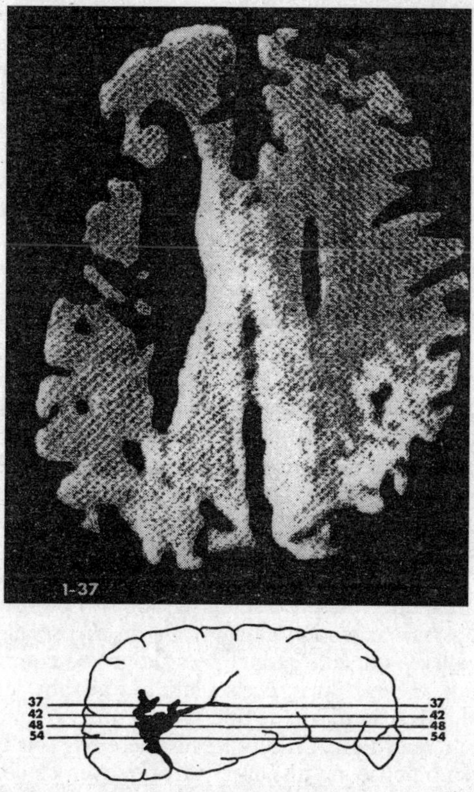

Figure 4 – Cerveau du malade princeps de P. Broca. Ce cerveau, prélevé en 1865, a été examiné à l'aide d'un tomographe à rayons X en 1980. Un dessin de la face latérale de l'hémisphère gauche est reproduit à la partie inférieure (lobe frontal à gauche). La lésion est visible dans la partie inférieure et postérieure du lobe frontal. Au-dessus, une des coupes (n° 37) réalisées par tomographie (lobe frontal en haut). On constate une importante lésion de la partie antérieure de l'hémisphère gauche.

non neurologique ont permis de montrer que les deux hémisphères ne sont pas identiques. Des différences notables sont visibles dans plusieurs aires corticales. La plus remarquable de ces différences s'observe dans une aire associative située dans la partie supérieure du lobe temporal : cette région se trouve être nettement plus étendue du côté gauche que du côté droit. Cette région correspond à une zone critique dont la lésion provoque une forme typique d'aphasie (aphasie de Wernicke).

La neuro-imagerie des fonctions du langage permet de dissocier les différents réseaux impliqués dans la compréhension ou l'expression des mots. Le réseau de la production de mots implique essentiellement l'aire de Broca dans la partie inférieure du lobe frontal gauche, ce qui est une autre confirmation de la découverte de Broca. La compréhension des mots lus et des mots entendus activent, respectivement, des régions situées dans le lobe occipital et le lobe temporal gauches.

À côté de l'observation des effets de lésions cérébrales et de la neuro-imagerie, il existe une autre source d'informations sur les fonctions complémentaires des deux hémisphères cérébraux : ce sont les expériences réalisées par Roger Sperry au début des années 1960. Sperry avait eu l'idée d'examiner un groupe de sujets vivant en Californie, qui avaient subi une section chirurgicale du corps calleux. Le corps calleux, on se le rappelle, est la grosse commissure qui contient les fibres d'association unissant les deux hémisphères. L'intuition de Sperry était que, si l'on pouvait poser une question à un seul hémisphère à la fois et enregistrer sa réponse, on disposerait d'un moyen de connaître ses capacités propres, indépendamment de celles de l'hémisphère opposé. L'organisation des voies nerveuses d'entrée et de sortie rend cette expérience possible. Les malades à cerveau dédoublé ont ainsi fourni une moisson abondante de données montrant que les deux hémisphères ne remplissent pas les mêmes fonctions, même si à l'état normal, compte tenu de l'abondance des liaisons qui les unissent, ils collaborent l'un avec l'autre et travaillent très rarement de façon isolée. D'une part, les travaux de Sperry et de son école confirment la suprématie de l'hémisphère gauche pour ce qui concerne le langage. D'autre part, ils mettent en évidence le rôle de l'hémisphère droit, longtemps considéré comme un passager silencieux. La reconnaissance et l'expression des émotions, l'organisation du comportement dans l'espace sont parmi ses fonctions principales.

Conclusion générale sur les fonctions cérébrales

Le cerveau doit d'abord ses fonctions à son organisation anatomique. Mais l'existence d'une plasticité des synapses, permettant d'accroître ou de diminuer la surface de contact entre neurones ou même de créer de nouveaux contacts, constitue une autre de ses propriétés fondamentales. Cette plasticité a un rôle fonctionnel important dans le processus d'apprentissage qui conduit à l'acquisition de capacités nouvelles. Le développement de nouvelles connexions pourrait peut-être aussi expliquer la récupération d'un déficit à la suite d'une lésion pathologique.

Toute explication du fonctionnement du cerveau doit aussi tenir compte de l'existence des multiples relations qui l'unissent au reste du corps. Le corps, par les organes sensoriels disposés sur toute sa surface (dans la peau, la rétine, la cochlée, etc.) et par les terminaisons sensibles situées dans les viscères, envoie au cerveau des informations sur l'état du monde extérieur et intérieur. En retour, le cerveau contrôle l'ensemble de l'organisme, non seulement par les fibres nerveuses qui le connectent aux muscles et à l'appareil végétatif, mais également par l'intermédiaire de signaux chimiques, comme les hormones, qu'il émet en direction des récepteurs placés dans les organes. C'est ainsi que des influences venues du reste du corps peuvent modifier l'état cérébral et créer des émotions, ou que, à l'inverse, le cerveau contribue à modifier l'état du corps pour le préparer à l'effort ou déclencher les réactions de stress, en un mot, pour l'adapter aux conditions de l'environnement.

Les signaux neuronaux

par PHILIPPE ASCHER

La notion que le système nerveux est constitué d'un réseau de neurones reliés par des synapses est déjà présente au début du XXe siècle, mais ce n'est que dans les années 1950 que va devenir explicite la comparaison du cerveau à une calculatrice, bientôt à un ordinateur. Cette comparaison, souvent faite et souvent critiquée, a le mérite de rappeler que le cerveau effectue des calculs et que ces calculs sont rapides. Ceci prédit que les neurones échangent des signaux brefs et à propagation rapide. On sait en 1950 que l'un de ces signaux est le potentiel d'action, c'est-à-dire un signal *électrique* et l'on soupçonne l'existence d'autres signaux permettant les opérations de calcul. Mais ces signaux sont mal connus et l'on ignore les structures moléculaires qui les engendrent. Cinquante ans plus tard ces lacunes sont comblées, et c'est aux progrès effectués dans l'analyse des signaux que je consacrerai l'exposé ci-dessous, en essayant d'établir trois points principaux.

Les signaux rapides (potentiel d'action, potentiel synaptique, potentiel de récepteur) sont aujourd'hui identifiés. Ils sont plus nombreux et plus variés que prévu, mais leur recensement s'achève. Ils impliquent tous des protéines membranaires spécifiques, les *canaux ioniques*, dont

---

Texte de la 33e conférence de l'Université de tous les savoirs donnée le 2 février 2000.

les séquences sont connues et dont on commence à comprendre la structure.

La compréhension des opérations de calcul qu'effectuent les neurones doit prendre en compte l'architecture du neurone, et en particulier l'hétérogénéité de la distribution des canaux ioniques sur les *dendrites*.

L'équipement en canaux ioniques d'un neurone ou d'une synapse varie en fonction de l'activité : neurones et synapses sont *plastiques*.

Les signaux électriques rapides. Le potentiel d'action

Le cerveau effectue ses opérations principales dans des temps qui se mesurent en millisecondes. Cette échelle est celle qui permet la rapidité des calculs « intégratifs ». Elle ne peut être utilisée que parce que le système nerveux dispose de signaux brefs, dont le plus caractéristique est le potentiel d'action.

On peut faire remonter le premier soupçon de l'existence de ces signaux à la fin du XVIIe siècle, pendant la controverse entre Galvani et Volta sur l'interprétation des expériences de Galvani sur la contraction de muscles de grenouille. L'an 2000 marque le 200e anniversaire de la publication où Volta décrit la fabrication de la « pile voltaïque ». L'immense succès scientifique et technique qu'a représenté l'invention de la pile a souvent conduit à estimer que Volta avait gagné dans sa controverse avec Galvani. Mais, comme l'a rappelé Piccolino[1] le succès de Volta ne signifiait pas la fin de l'hypothèse de Galvani suivant laquelle il existait une « électricité animale » accumulée dans les cellules et « libérée » par certaines stimulations. Certes, dans les expériences de Galvani, l'électricité intervenait à la fois comme stimulus et comme réponse et Volta avait raison en montrant que le stimulus électrique qu'utilisait Galvani dans les « expériences du balcon » n'était pas d'origine animale *(Fig. 1)*. Mais Galvani avait raison en proposant l'existence d'une

Figure 1 – La maison de Galvani[2].
Les grenouilles sont attachées à la balustrade de fer par des crochets métalliques qui étaient sans doute en bronze.
Le contact entre les deux métaux faisait apparaître une différence de potentiel qui était la cause de l'excitation des nerfs et (ou) des muscles.

« électricité animale ». Potentiel d'action et potentiels synaptiques sont les manifestations de cette électricité, et leur caractérisation va s'affiner dans les cent cinquante années suivantes jusqu'au moment où, grâce aux électrodes intracellulaires, ils vont être enfin correctement décrits. Le potentiel d'action est identifié comme un signal *tout ou rien*, de l'ordre de 100 mV, d'une durée se mesurant en ms. Il apparaît lorsque la cellule est dépolarisée au-delà d'un potentiel dit « seuil », par l'addition de signaux de plus petite amplitude, *gradués*, qui peuvent être dépolarisants (excitateurs) ou hyperpolarisants (inhibiteurs). Le neurone est perçu comme un « intégrateur » capable de faire la somme (algébrique) des potentiels gradués. Si cette addition permet au potentiel de membrane d'atteindre le seuil du potentiel d'action celui-ci est émis. Sinon, le système revient au repos.

De la description du potentiel d'action à la caractérisation des canaux ioniques sensibles au potentiel

La contribution majeure des auteurs des années 1950 (Hodgkin et Huxley en particulier) a été de montrer que le potentiel d'action implique des « changements de conductance » : sous l'influence d'une dépolarisation, la membrane du neurone modifie sa perméabilité aux ions et laisse passer certains d'entre eux de manière préférentielle. Il existe deux changements de conductance enchaînés : le premier est une augmentation de conductance aux ions Na qui déclenche une boucle de rétroaction positive (l'entrée d'ions Na, en dépolarisant la cellule, augmente la conductance au Na et ainsi de suite). Le deuxième est une augmentation de conductance aux ions K et cette fois la boucle de rétroaction est négative : la sortie des ions K tend à s'opposer à la dépolarisation qui lui a donné naissance *(Fig. 2)*. Cette description permet de rendre compte quantitativement de la genèse et de la propagation du potentiel d'action, mais le support physique des changements de conductance reste inconnu. On se convainc peu à peu que les ions ne traversent les membranes qu'à travers les protéines (et non à travers les lipides), mais comment savoir si ces protéines sont des transporteurs ou des canaux ? Le

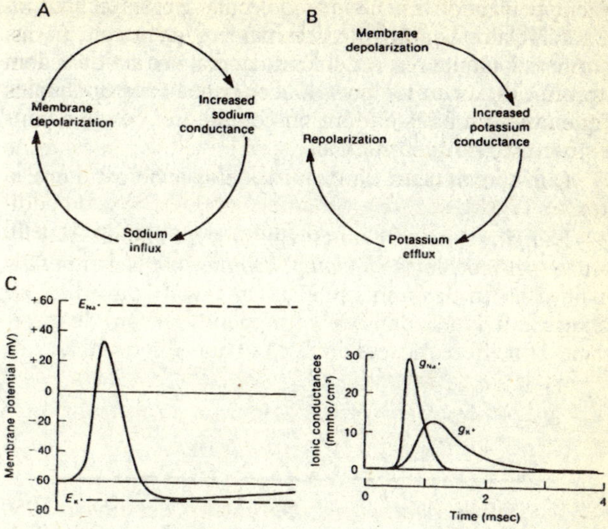

Figure 2 – Les deux changements de conductance responsables du potentiel d'action[3].
C'est aux travaux de Hodgkin et Huxley sur l'axone de Calmar que l'on doit la compréhension des mécanismes du potentiel d'action. Deux conductances activées par une dépolarisation déclenchent deux boucles de rétroaction opposées.
Un circuit de rétroaction positive : *la dépolarisation de la membrane augmente la conductance aux ions Na ; ceci entraîne une entrée de Na dans la cellule, et donc une dépolarisation. S'il se poursuit seul, ce processus ne s'arrêtera que lorsque la dépolarisation aura porté la membrane au potentiel d'équilibre des ions Na.*
Un circuit de rétroaction négative : *la dépolarisation de la membrane augmente la conductance aux ions K, ce qui produit un efflux d'ions K et donc une hyperpolarisation de la membrane. Ce processus s'opposerait complètement au précédent (et donc au départ du potentiel d'action) s'il n'était « retardé » : il ne se déclenche qu'alors que le potentiel d'action a déjà commencé, et va de ce fait contribuer à terminer le potentiel d'action en repolarisant la cellule.*

développement de la génétique moléculaire et les techniques de patch-clamp vont montrer de manière irréfutable que les transferts ioniques responsables du potentiel d'action se font à travers des canaux ioniques dont on connaît aujourd'hui les séquences primaires et dont on commence à comprendre la structure tridimensionnelle.

Quelques images illustrent les étapes de cette évolution.

La *figure 3* montre un enregistrement obtenu en utilisant la méthode de *patch-clamp*, inventée par Neher et Sakmann à la fin des années 1970. On y voit l'ouverture de canaux individuels dans un « fragment » (patch) de membrane d'une fibre musculaire. Le fait que le courant ait une

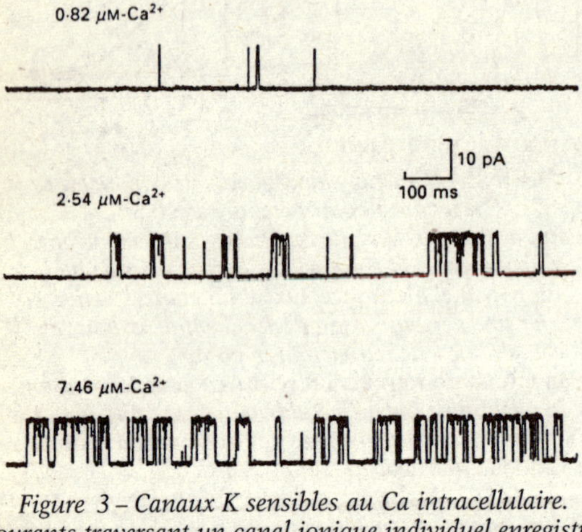

Figure 3 – Canaux K sensibles au Ca intracellulaire. Courants traversant un canal ionique individuel enregistrés dans un patch inside out *prélevé sur une fibre musculaire striée et placé à un potentiel positif. Les ions K traversant le canal donnent lieu à un courant sortant (dirigé vers le haut). Lorsqu'on fait varier la concentration de Ca sur la face « intracellulaire » de 0,82 μM à 7,46 μM, l'amplitude des courants ne change pas mais le nombre d'ouvertures et leur durée augmentent. La probabilité d'ouverture du canal augmente donc en fonction du Ca.*

intensité identique dans tous les cas montre qu'il implique une seule molécule. Le fait que le courant se mesure en pA indique que cette molécule permet le transfert de plusieurs milliers d'ions par milliseconde : ceci est possible à travers le pore d'un « canal » aqueux, ce ne le serait pas si un transporteur devait faire des allers-retours d'une face à l'autre de la membrane.

Notre vision de ces canaux ioniques a dû longtemps se contenter de schémas, dont les plus fameux sont sans doute ceux dus à Clay Armstrong qui les regroupa dans un article de 1992 (Physiological Reviews) sous la rubrique des représentations de l'époque « héroïque » : il y présentait ses conceptions du filtre de sélectivité (qui discriminent ions perméants et imperméants) et des éléments contrôlant fermeture et ouverture des canaux : « porte » responsable de l'ouverture, « balle » attachée à une « chaîne » qui dans certains canaux vient bloquer le canal après son ouverture, barrette chargée dont le déplacement dans le champ électrique pouvait rendre compte de l'ouverture des canaux par une dépolarisation. À ces schémas sont venues se substituer d'abord des données de biologie moléculaire qui ont identifié et la barrette et la balle, puis en 1998 l'image cristallographique de la structure du canal K obtenue par le groupe de R. MacKinnon à partir du premier canal cristallisé, le canal KcsA. Le canal comporte sur la face interne un vestibule dans lequel les ions entrent à l'état hydraté, et un filtre étroit que les ions ne peuvent traverser qu'à l'état déshydraté. Ainsi des croquis, « dessinés sur le coin d'une nappe » dans les années 1970 se trouvent avoir anticipé avec une prescience étonnante les données « dures » de la biologie moléculaire et de la biologie structurale.

Signaux gradués et signaux périodiques

Si le potentiel d'action est le plus spectaculaire des signaux rapides, ce n'est pas le seul et le fait qu'il est « tout ou rien » ne lui permet pas d'être utilisé à des opérations de calcul qui impliquent addition, soustraction, multiplication, intégration[5].

La même batterie de techniques qui a permis de comprendre le potentiel d'action et conduit à l'identification des protéines qui le construisent a été appliquée à l'analyse des autres signaux, et en particulier des potentiels synaptiques. Au point de contact entre neurones, à la synapse, la microscopie électronique montre la présence dans la terminaison « présynaptique » de vésicules synaptiques (remplies de neurotransmetteurs) et de l'autre côté de la fente synaptique, on observe très fréquemment des épaississements qui traduisent la présence de complexes macromoléculaires organisés autour des protéines (récepteurs) sur lesquelles va se fixer le neurotransmetteur. L'arrivée du potentiel d'action induit l'éclatement (l'exocytose) des vésicules synaptiques. Le neurotransmetteur diffuse à travers l'espace synaptique (de 200 Å) pour se fixer sur les récepteurs postsynaptiques et y déclencher l'ouverture de canaux ioniques. Suivant la sélectivité ionique de ces canaux ceci peut conduire soit à des dépolarisations (et donc créer un potentiel synaptique excitateur) soit à une hyperpolarisation (et donc à un potentiel synaptique inhibiteur). Un neurone donné reçoit souvent plusieurs dizaines de milliers de contacts synaptiques et sa principale opération de calcul consiste à effectuer la somme algébrique des effets dépolarisants et hyperpolarisants.

Les récepteurs aux neurotransmetteurs à effets « rapides » (acétylcholine, acide gama-amino-butyrique, glycine, glutamate, ATP, etc.) ont presque tous été clonés. Aucun n'a encore été cristallisé mais on sait qu'il s'agit de multimères (pentamères ou tétramères). Leurs canaux ressemblent aux canaux ioniques ouverts par des changements de potentiel. Ils diffèrent de ces derniers par le fait que les « portes » qui contrôlent l'ouverture des canaux sont contrôlées par la liaison du neurotransmetteur et non par le potentiel. Dans certains récepteurs cependant, il existe un double contrôle. C'est le cas en particulier des récepteurs du glutamate dits « NMDA » qui ne s'ouvrent que si deux conditions simultanées sont satisfaites : liaison du glutamate et dépolarisation, cette dernière ayant pour effet de déloger du canal un ion Mg qui a tendance à s'y fixer aux potentiels négatifs.

Le nombre de canaux ioniques clonés a crû très rapidement (ils se comptent aujourd'hui en centaines) mais il est en train de se stabiliser : il n'existe pratiquement plus de changement de conductance identifié par les électrophysiologistes en regard duquel on ne puisse mettre un ou plusieurs candidats de séquence connue.

Les signaux périodiques utilisent eux aussi des canaux ioniques

Les émissions rythmiques de potentiels d'action impliquées dans de nombreux phénomènes physiologiques ou pathologiques — c'est le cas du sommeil, où l'on sait depuis longtemps que des oscillations synchrones des neurones corticaux « signent » les différents états de sommeil ; c'est le cas des activités motrices rythmiques comme la marche, la nage ou la respiration ; c'est le cas des foyers épileptiques. Au-delà, le rôle attribué aux oscillations dans le fonctionnement cérébral croît régulièrement.

Les mécanismes des oscillations du potentiel de membrane sont extrêmement variés, certains impliquant des propriétés associées dans un seul neurone, d'autres dépendant des interactions entre neurones dans des « circuits oscillants ». Dans le cas des oscillations liées aux rythmes du sommeil, un des éléments essentiels du rythme est l'association dans un même neurone thalamique de deux canaux ioniques, I_T et I_h, qui sont les deux derniers canaux clonés (1998). Dans le cas de nombreuses oscillations déclenchant des activités motrices, c'est un autre couple de canaux qui intervient : le canal du récepteur NMDA que sa sensibilité au potentiel rend capable d'enclencher un processus de dépolarisation régénératif, et un canal K activé par le Ca intracellulaire, à l'origine d'un processus de rétroaction négative *(Fig. 4)*.

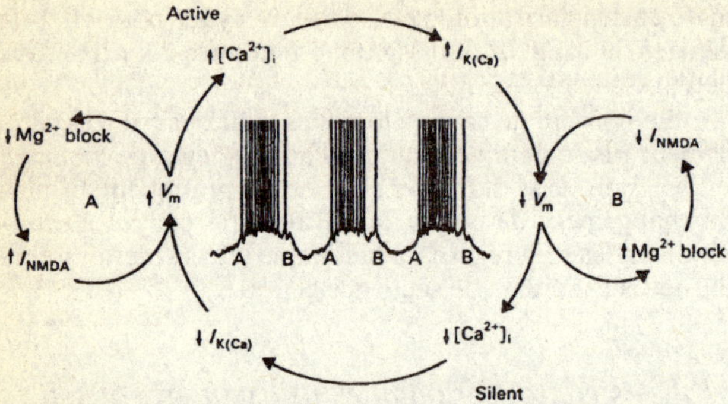

Figure 4 – Diagramme d'un modèle minimum de la genèse d'une activité rythmique par activation des récepteurs NMDA[6]. *Le petit cercle de gauche illustre l'effet du potentiel sur les canaux NMDA : la dépolarisation lève le bloc Mg ce qui débloque les canaux et augmente la dépolarisation (boucle de rétroaction positive). Le grand cercle indique les effets liés aux variations des concentrations intracellulaires de Ca : l'entrée de Ca augmente lorsque la dépolarisation débloque les canaux NMDA, perméables au Ca. Mais lorsque la concentration de Ca intracellulaire devient élevée, elle déclenche l'ouverture des canaux K sensibles au Ca* (fig. 3) *et ceci repolarise la cellule. Cette repolarisation referme les canaux NMDA et (petit cercle de droite) la boucle de rétroaction joue maintenant pour accentuer la repolarisation.*

Les dendrites peuvent amplifier les potentiels synaptiques et peuvent même induire des potentiels d'action

Le modèle le plus ancien du neurone, souvent appelé *integrate and fire* (« intègre et décharge »), est caractérisé par l'existence de deux zones de potentiel : une zone située sous le seuil, où se fait la somme des entrées ; une zone au-dessus du seuil où il y a émission d'un potentiel d'action « tout ou rien ». Le résultat de l'addition des potentiels synaptiques dépend non seulement de leur amplitude mais aussi de leur cinétique (montée rapide, décours plus lent) et de l'intervalle auquel se succèdent les messages. Le décours dépend à son tour de plusieurs paramètres (résistance d'entrée de la cellule, cinétique de la liaison entre transmetteur et récepteur et les premiers essais de modélisation) mais aussi de la géométrie du neurone.

Dès les années 1950 on avait réalisé que la réception des signaux et leur émission se faisaient en des régions différentes : chez les vertébrés les contacts synaptiques se font sur le soma et les dendrites, alors que le potentiel d'action naît au point de départ de l'axone (cône axonique). On avait très tôt noté le problème posé par l'intégration, au niveau du cône axonique, des signaux reçus par les branches les plus lointaines des dendrites *(Fig. 5)* : ces signaux devaient être si considérablement atténués entre dendrite et axone qu'on avait peine à comprendre quel rôle physiologique ils pouvaient jouer. Au cours de ces dernières années le problème a été résolu par la démonstration que les dendrites possèdent des canaux sensibles au potentiel et ne sont pas (ou rarement) passifs. Un potentiel synaptique dépolarisant (excitateur) peut être amplifié par la présence de courants actifs (courants Na, courants Ca) ; il peut aussi être atténué, ou raccourci, par d'autres courants sensibles au potentiel (courants K^+, courants I_h). Il apparaît désormais nécessaire d'établir des calculs « locaux » de l'évolution des courants. Qui plus est, les dendrites sont capables de développer des potentiels d'action, ce qui résout le problème de la transmission des messages venus des territoires dendritiques les plus lointains. Enfin dans beaucoup de neurones les dendrites sont le siège de potentiels d'action « antidromiques », se propageant du soma vers les dendrites, en violation de la « loi de polarisation dynamique » selon laquelle le potentiel d'action ne devait pouvoir se propager, dans les conditions physiologiques, que dans le sens « orthodromique » (des dendrites vers l'axone). La rétropropagation du potentiel d'action informe les synapses excitatrices activées que leur action a conduit à l'émission d'un potentiel d'action.

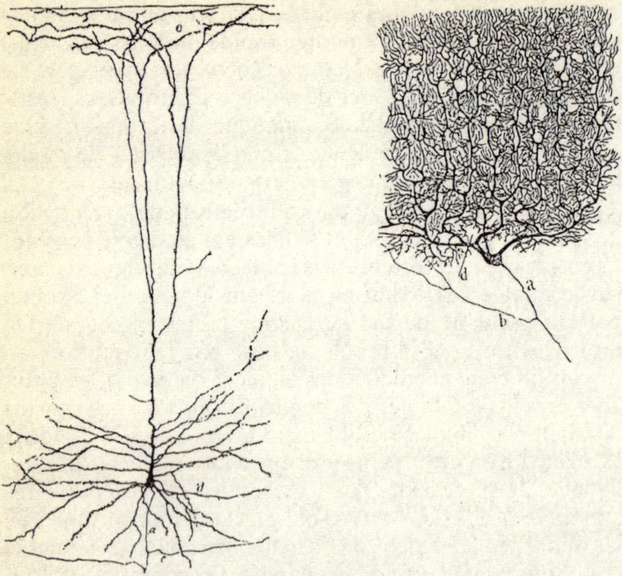

Figure 5 – Arbres dendritiques de deux des neurones les plus étudiés du système nerveux central des vertébrés : une cellule pyramidale de l'écorce cérébrale, à gauche ; une cellule de Purkinje du cervelet, à droite[7].

Plasticité synaptique. Détection de coïncidence

Le système nerveux est plastique. Une des premières tentatives d'interprétation de cette plasticité par des processus cellulaires a été tentée par le psychologue canadien Donald Hebb en 1949. Elle est devenue fameuse après la découverte de la « potentialisation de longue durée » (LTP). À certaines synapses identifiées, une stimulation à haute fréquence de quelques secondes peut modifier l'efficacité synaptique pour une durée de plusieurs heures, et même de plusieurs jours. Dans la synapse la plus étudiée, une synapse de l'hippocampe, on sait que :

— Les contacts synaptiques se font sur les dendrites au niveau d'« épines dendritiques » qui portent deux types de récepteurs au glutamate, des récepteurs AMPA et des récepteurs NMDA.

— Lorsque la fibre présynaptique est stimulée à faible cadence, le potentiel synaptique est dû à l'activation de récepteurs au glutamate de type AMPA-R. Il est de taille constante et dans la majorité des cas, trop petit pour permettre au potentiel de membrane d'atteindre le seuil du potentiel d'action. Les récepteurs NMDA sont bloqués par les ions Mg.

— Si la libération de glutamate par la fibre présynaptique coïncide avec une dépolarisation de la dendrite, les canaux du récepteur NMDA peuvent s'ouvrir. L'entrée de Ca qui résulte de cette ouverture va conduire à une potentialisation de la réponse des récepteurs AMPA, en partie par incorporation à la membrane postsynaptique de récepteurs AMPA préassemblés sous la membrane postsynaptique.

Le récepteur NMDA apparaît ici comme un « détecteur de coïncidence » : l'entrée de Ca ne se produit que lorsque la liaison de glutamate sur les récepteurs NMDA coïncide dans le temps avec la dépolarisation de la dendrite. Cette dépolarisation est induite par le potentiel d'action « antidromique » qui remonte du corps cellulaire, et qui signale donc à la synapse qu'il y a eu émission du potentiel d'action — soit du fait de l'activation répétée de la synapse étudiée (potentialisation homosynaptique), soit du fait de l'association dans le temps de l'activation de cette synapse avec celle d'une autre entrée synaptique (potentialisation associative). Le premier cas est précisément ce qu'avait prédit Hebb en écrivant : « Lorsque l'axone d'une cellule A est prêt de l'excitation de la cellule B et que de manière répétée ou persistante il contribue à faire décharger celle-ci, il se produit dans l'une des cellules ou dans les deux un processus de croissance ou de changement métabolique qui, à l'intérieur du groupe des cellules capable d'activer B, augmente l'efficacité de A. »

Notons qu'un processus symétrique de la potentialisation, la dépression de long terme, est présent dans les mêmes synapses et permet d'expliquer qu'au cours de la vie de l'animal, le système ne se sature pas.

Où va l'analyse des signaux neuronaux ?

Nous entrons dans le XXIe siècle avec une image solide de ce qu'est un neurone, et une conscience aiguë de leur diversité. Un des développements prévisibles des recherches à venir est de comprendre le fonctionnement des dendrites et, au-delà, des synapses individuelles. Une grande partie des synapses se font sur les *épines dendritiques*. Ces protubérances d'une fraction de µm, identifiées dès le début du siècle (1909) par Cajal, se comptent en dizaines de milliers sur les cellules pyramidales de l'écorce cérébrale, en centaines de milliers sur les dendrites des cellules de Purkinje. Les épines dendritiques sont trop petites pour être accessibles aux électrophysiologistes. Mais leur étude est entrée récemment dans une nouvelle phase grâce à la combinaison de deux méthodes complémentaires : les développements de *l'imagerie calcique*, qui permet de suivre « en direct » l'évolution de la concentration de Ca cytoplasmique, et le développement de *nouvelles microscopies* (microscopie confocale, microscope à deux photons) qui ont permis d'aborder l'échelle jusque-là « interdite » du micromètre.

Un texte célèbre de Sherrington décrit le cerveau comme un « métier enchanté » (métier étant pris ici au sens de métier à tisser) *an enchanted loom where millions of flashing shuttles weave a dissolving pattern, always a meaningful pattern though never an abiding one ; a shifting harmony of subpatterns*[8] « un métier enchanté où des millions de navettes clignotantes tissent un patron changeant, toujours significatif même s'il n'est jamais persistant ». Nous sommes peut-être à la veille de voir se matérialiser cette vision prophétique.

RÉFÉRENCES

1. PICCOLINO, *Trends in Neurosciences*, n° 23, 2000, p. 147-151.
2. DU BOIS REYMOND (E.), *Reden*, Leipzig, vol. 2, 1887.
3. BULLOCK (T.-H.), ORKAND (R.) et GRINNELL (A.), *Introduction to nervous systems*, San Francisco, Freeman, 1977 (fig. 4.8, 4.9 et 4.10).
4. MCMANUS et MAGLEBY, *J. Physiol.*, London, n° 443, 1991, p. 739-777 (fig. 2A).
5. KOCH (C.), *Biophysics of computation*, Oxford University Press, 1999.
6. HU (B.) et BOURQUE (C.-W.), *J. Physiol.*, London, n° 458, 1992, p. 667-687 (fig. 16).
7. RAMON Y CAJAL (S.), *Histology of the Nervous System of Man and Vertebrates*, Oxford University Press, 1995 (fig. 369 et fig. 6).
8. SHERRINGTON (C.), *Man and His Nature*, 1940.

Le cerveau de la connaissance : physiologie de la cognition et images du cerveau

par BERNARD MAZOYER

Les relations entre cerveau et pensée ont fait pendant 2 500 ans l'objet d'incessantes spéculations et débats théoriques passionnés entre matérialistes et dualistes. Les premiers (Platon, de La Mettrie, Gall,...) admettent que le cerveau est l'origine et le siège de nos pensées et émotions, alors que les seconds (Aristote, Descartes,...), tout en reconnaissant au cerveau un certain rôle dans nos actions, attribuent nos pensées et émotions à un substrat immatériel, voire transcendantal, qui permet éventuellement à notre esprit de nous survivre après la mort. L'absence de méthodes d'observation du cerveau en fonctionnement a permis à ce débat de traverser les siècles et il a fallu attendre le XXe siècle pour que le cerveau humain devienne accessible à l'expérimentation. Le développement des méthodes de biologie moléculaire et cellulaire du neurone, ainsi que la mise au point de techniques permettant d'en étudier les propriétés électriques et métaboliques ont ainsi permis de faire des avancées considérables dans la compréhension des fonctions de ses composants élémentaires. La plupart de nos connaissances sur l'architecture et le fonctionnement du cerveau humain ont donc été obtenues au niveau microscopique soit par l'analyse post-mortem de

Texte de la 34e conférence de l'Université de tous les savoirs donnée le 3 février 2000.

sa structure, soit par extrapolation de résultats d'études réalisées *in vivo* chez l'animal à l'aide d'enregistrements de l'activité électrique ou métabolique des neurones.

Une caractéristique fondamentale du cerveau, cependant, est la multiplicité de ses niveaux d'organisation qui s'étendent sur une double échelle spatiale et temporelle. L'examen microscopique et macroscopique du cortex révèle en effet différents éléments structuraux dont la taille va de quelques angströms à plusieurs centimètres : molécules, synapses, cellules, colonnes, assemblages de colonnes en réseaux locaux formant des aires macroscopiques, réseaux d'aires macroscopiques.

À ces différents niveaux d'architecture correspondent des propriétés fonctionnelles dites émergentes, c'est-à-dire non directement explicables par les propriétés des niveaux sous-jacents. Les événements cérébraux se produisent en effet à des échelles de temps différentes : en dessous de la milliseconde en ce qui concerne des événements moléculaires comme les interactions entre neurotransmetteur et récepteur, quelques millisecondes en ce qui concerne les potentiels de membrane, plusieurs centaines de millisecondes pour la dynamique de réseaux d'aires à distance, plusieurs minutes à plusieurs années lorsqu'on s'intéresse à l'acquisition de compétences cognitives comme le langage ou la mémoire.

Hors, la difficulté de l'étude au niveau macroscopique du fonctionnement du cerveau humain vient de ce qu'il s'agit d'un organe vital, protégé par la boîte crânienne qui le rend inaccessible à l'observation externe, et dont l'étude directe a nécessité jusque récemment une approche traumatique chez l'animal ou au décours d'interventions neurochirurgicales. L'étude de l'architecture fonctionnelle macroscopique du cerveau humain, support de ses fonctions les plus supérieures, appelées également fonctions cognitives ou fonctions intégrées, est de ce fait restée jusqu'à la fin du XIXe siècle l'objet de spéculations et de débats passionnés. On peut attribuer à Paul Broca la première étude expérimentale sur les localisations des processus cognitifs en 1861, grâce à l'observation d'un patient porteur d'un trouble du langage et dont l'examen post-mortem du cerveau quelques jours après l'apparition du trouble, révéla une destruction d'une partie de la partie inférieure de son lobe frontal gauche. Cette observation constitua le point de départ d'une approche expérimentale dite anatomoclinique, ou lésionnelle, qui consiste à mettre en rapport un trouble d'une fonction cognitive et le siège d'une lésion cérébrale. Initialement limitée par la nécessité d'attendre le décès du patient pour établir par autopsie du cerveau le siège de la lésion responsable du dysfonctionnement cognitif, cette approche, appelée également neuropsychologie, a connu ses heures de gloire avec l'apparition de la scannographie aux rayons X dans les années 1970, puis de l'imagerie par résonance magnétique (IRM) dans les années 1980. Ces deux méthodes d'imagerie non traumatique permettent en effet l'observation chez l'homme vivant de la structure macroscopique du cerveau et d'éventuelles lésions sous la forme de séries de coupes. Bien qu'ayant fourni la base de nos connaissances sur l'architecture des fonctions cognitives jusqu'à une date récente, la neuropsychologie reste marquée par de nombreuses limites quant à la possibilité d'extrapoler au cerveau sain les résultats déduits de l'observation de cerveaux lésés et présentant un dysfonctionnement : il existe en effet une grande variabilité d'un patient à l'autre de la nature exacte et de l'étendue des troubles cognitifs, des sites et des tailles des lésions, de leur évolution dans le temps, de l'importance de phénomènes de plasticité et de récupération.

Dans ce contexte, la mise au point au cours des années 1990 de nouvelles techniques d'imagerie permettant une étude au niveau macroscopique du fonctionnement, et non plus seulement de la structure, du cerveau humain vivant et ce de façon totalement non traumatique, constitue une véritable révolution. Ces différentes techniques permettent d'obtenir des images en trois dimensions d'un paramètre physiologique en relation directe ou indirecte avec l'activité synaptique locale. Il existe schématiquement deux groupes de techniques : les méthodes électromagnétiques (électroencéphalographie ou EEG et magnétoencéphalographie MEG), et les méthodes hémodynamiques et métaboliques (tomographie par émission de positons ou TEP et imagerie par résonance magnétique fonctionnelle ou IRMF).

Les méthodes électromagnétiques sont basées sur l'observation de phénomènes qui sont en rapport direct avec l'échange d'informations entre neurones. Certaines propriétés de la membrane des neurones permettent en effet à ceux-ci d'échanger des informations sous la forme de trains d'impulsions électriques, appelés potentiels d'action, qui se propagent le long des axones jusqu'aux synapses où ils déclenchent la libération dans la fente synaptique d'une molécule appelée neurotransmetteur. Une fois le neurotransmetteur fixé sur des récepteurs de la membrane postsynaptique du neurone recevant l'information, il apparaît soit une dépolarisation (dans le cas d'une synapse excitatrice) soit une hyperpolarisation (dans le cas d'une synapse inhibitrice) de la membrane du neurone postsynaptique. L'intégration à chaque instant par un neurone d'environ un millier de telles informations conditionne l'apparition ou non d'un potentiel d'action qui à son tour se propage vers le millier de neurones auxquels il est connecté. Ce sont des mouvements d'ions (Ca^{++}, Cl^-, Na^+, K^+) à travers des canaux transmembranaires qui génèrent les variations de potentiel de membrane et modifient de façon instantanée le champ électromagnétique local. Ces variations se propagent à la vitesse de la lumière à travers les tissus, et peuvent être enregistrées de façon instantanée à l'extérieur de la tête soit sous forme de modifications du potentiel électrique (EEG), à l'aide d'électrodes placées sur le scalp, soit du champ magnétique (MEG), à l'aide de magnétomètres. Les signaux d'EEG, bien que distordus par les différents tissus à travers lesquels se propage le champ électrique sont plus faciles à enregistrer (ils sont de l'ordre de quelques microvolts) que les signaux en MEG, qui sont de l'ordre de quelques femtoteslas (soit cent milliards de fois plus faibles que le champ magnétique terrestre !), pour lesquels des capteurs spéciaux appelés SQUIDS (pour Super Quantum Interference Device) et une cage de Faraday sont nécessaires. Les techniques électromagnétiques ont pour avantages principaux de donner un reflet direct de l'activité synaptique, d'en permettre un suivi en temps réel, c'est-à-dire à la milliseconde près, et d'être totalement inoffensives puisqu'elles consistent à observer le champ EM spontanément produit par le cerveau du sujet. Leur limite fondamentale se situe dans leur incapacité à donner de façon non équivoque la localisation exacte et le nombre d'aires neurales à l'origine des variations de champ EM observées. Cette limite théorique vient de ce que le problème consistant à calculer la distribution des sources électriques neurales susceptibles de créer les variations de champ EM observées en surface du scalp admet une infinité de solutions. Ces méthodes sont donc susceptibles de fournir des informations essentielles sur la chronométrie et les rythmes des activités neurales, mais doivent impérativement être couplées à d'autres approches pour qu'une information sur la localisation de ces activités puissent être obtenue de façon fiable.

Le second groupe de méthodes d'imagerie cérébrale est basé sur l'observation de signaux qui ne proviennent pas directement de l'activité électrique des neurones et de la neurotransmission elles-mêmes mais qui en sont une conséquence. Les variations d'activité synaptique (de polarisation des membranes) engendrent en effet une consommation locale d'énergie (sous forme de dégradation dans les terminaisons synaptiques d'adénosine triphosphate ou ATP) qui sert au rétablissement des potentiels de membrane, à la néosynthèse de neurotransmetteur, etc. Dans les cellules nerveuses, la néosynthèse d'ATP passe nécessairement par le catabolisme de glucose en présence ou non d'oxygène, réaction qui s'effectue dans les mitochondries, microstructures situées dans les boutons synaptiques. Les cellules nerveuses n'ayant pas de réserve de glucose à long terme, toute consommation locale d'ATP requiert une livraison au même endroit d'un surcroît de glucose et d'oxygène. Cette livraison est assurée par une augmentation du débit sanguin cérébral local par un mécanisme qui n'est pas encore entièrement élucidé mais qui fait vraisemblablement intervenir à la fois des phénomènes neurogéniques, et des médiateurs chimiques. Les techniques hémodynamiques (TEP et IRMF) sont ainsi appelées car elles permettent d'obtenir des cartes de débit sanguin cérébral régional (DSCR), grâce à la mesure par voie externe de la concentration d'une substance qui se distribue en fonction du DSCR. Il est important de noter qu'il s'agit là d'une mesure indirecte de l'activité synaptique, et qu'en particulier la réponse hémodynamique à une activité neurale se trouve à la fois retardée (d'une à deux secondes) et étalée (pendant une à vingt secondes) par rapport à celle-ci, du fait de l'inertie du système vasculaire.

En TEP, technique apparue à la fin des années 1980, cette substance est de l'eau rendue radioactive par substitution à l'oxygène-16 naturel, d'un oxygène-15 émetteur de positons (les positons sont les antiparticules des électrons), qui est injectée par voie intraveineuse au sujet et se distribue selon le débit sanguin. Dans le tissu cérébral, la distribution d'eau radioactive, et donc le nombre d'émissions de positons, sont proportionnels au DSCR. Chaque émission de positon donne ensuite naissance à un couple de photons gamma antiparallèles qui traversent le cerveau, et qui sont détectés grâce à un ensemble de plusieurs milliers de détecteurs disposés en anneaux autour de la tête du sujet. À partir de l'enregistrement de l'ensemble des émissions de positons pendant une durée d'environ une minute, il est possible de reconstruire la distribution de la radioactivité et donc du DSCR dans le cerveau. Pour mettre en évidence le réseau d'aires cérébrales mis en jeu par une tâche cognitive, on effectue des mesures répétées du DSCR pendant que le sujet effectue la tâche ainsi que pendant une condition de contrôle (un délai d'environ dix minutes est nécessaire entre deux mesures consécutives pour que la radioactivité cérébrale d'une mesure ait pratiquement disparu car l'oxygène-15 a une demi-vie radioactive de cent vingt-trois secondes). Par exemple, pour étudier les aires cérébrales mises en jeu dans la compréhension d'une histoire, on présente au sujet une courte histoire par le biais d'écouteurs et on effectue un enregistrement pendant qu'il l'écoute. Puis, dix minutes plus tard, on effectue un nouvel enregistrement pendant que le sujet est au repos. Cette paire de conditions peut être répétée jusqu'à six fois chez un même sujet. La différence des cartes de débit correspondant aux deux conditions (écoute d'histoire moins repos), appelée carte d'activation cérébrale, révèle les aires dont le débit, et donc l'activité synaptique, s'est modifié pendant l'exécution de la fonction cognitive considérée. Le grand nombre de détecteurs permet de cartographier l'ensemble du cerveau en trois dimensions avec une précision de l'ordre de 0,2 cm^3, mais la TEP présente plusieurs limites pratiques et technologiques. En premier lieu, elle nécessite l'injection d'un produit radioactif au sujet, en très faible quantité certes, mais suffisamment pour que le nombre total de mesures chez un même sujet soit limité à une douzaine. Comme la qualité statistique des images TEP obtenues chez un seul sujet est le plus souvent insuffisante, les cartes d'activation de plusieurs sujets doivent être moyennées pour qu'une analyse fiable puisse en être faite. Effectuer la moyenne d'images cérébrales de différents sujets pose de nombreux problèmes théoriques et pratiques, en raison de la variabilité anatomique et fonctionnelle existant entre les sujets ; ces problèmes n'ont été qu'en partie résolus au prix d'une dégradation de la précision spatiale de la technique qui se situe autour de 1 cm^3. En second lieu, la TEP a une précision temporelle faible, de l'ordre de la minute, ce qui contraint le sujet à effectuer la fonction cognitive étudiée à un niveau constant pendant une minute, et interdit de ce fait l'étude de processus cognitifs dont la durée serait plus brève. Enfin, bien qu'ayant été la technique de référence pendant une dizaine d'années dans ce domaine de recherche, sa diffusion s'est trouvée restreinte du fait de son coût (un cyclotron est nécessaire au voisinage de la caméra à positons pour produire l'oxygène-15 compte tenu de sa brève demi-vie).

Bien qu'encore utilisée, la TEP a été supplantée à la fin des années 1990 par l'imagerie par résonance magnétique fonctionnelle (IRMF). Bien que présentant certaines similitudes avec la TEP, notamment le fait qu'elle permet d'obtenir une cartographie des événements hémodynamiques liés aux activités neurales, son principe et ses caractéristiques sont très différentes. Pour comprendre le principe de l'IRMF, il est nécessaire de rappeler le principe de l'imagerie par résonance magnétique, qu'elle soit anatomique ou fonctionnelle. Lorsqu'on place un sujet dans un champ magnétique stable, les moments magnétiques (on parle de spins) des protons des molécules d'eau s'orientent selon la direction de ce champ. Si l'on soumet alors l'ensemble de ces spins à une onde radio de fréquence caractéristique (de l'ordre de 63 mégahertz pour les aimants de 1,5 tesla couramment utilisés), il est possible de les faire basculer de 90°, et de mesurer le moment magnétique (l'aimantation) résultant de l'ensemble des spins après arrêt de l'onde radio. Ce moment magnétique crée en effet par induction un courant électrique sinusoïdal dans une antenne placée autour de la tête du sujet. En fait, l'aimantation et donc le courant disparaît rapidement du fait d'interactions locales entre spins, la vitesse de disparition suivant une loi exponentielle caractérisée par un temps dit de relaxation, noté T2, est de l'ordre de quelques dizaines de millisecondes. Le temps de relaxation T2 varie localement dans le cerveau en fonction de la composition des tissus, et notamment en fonction de la présence d'agents dits paramagnétiques, qui réduisent sa valeur. L'IRM permet ainsi d'obtenir des cartes de la valeur de T2 de grande précision spatiale (de l'ordre de 0,05 cm^3 couramment). Le principe de base de l'IRM fonctionnelle, est de cartographier les variations de T2 induites par les variations locales de concentration sanguine d'un agent paramagnétique naturel, la désoxyhémoglobine (dHb), qui se produisent lorsque le débit sanguin cérébral varie. L'hémoglobine est un composé intravasculaire qui transporte l'oxygène des poumons aux tissus. Le sang artériel est saturé en oxyhémoglobine et après livraison au tissu, le sang veineux comporte une certaine quantité de désoxyhémoglobine. Lorsqu'une aire cérébrale est le siège d'une activité neurale, le débit sanguin cérébral régional augmente dans une proportion plus large que les besoins en oxygène, entraînant une diminution relative de la concentration veineuse en dHb. Or, lorsqu'elle n'est pas liée à de l'oxygène, la dHb laisse apparaître en son centre un atome de fer, ce qui rend cette molécule paramagnétique. En résumé, lorsque l'activité neurale augmente dans une aire cérébrale, il apparaît dans cette aire une augmentation du temps de relaxation T2 due à une diminution de concentration en dHb dans le compartiment veineux qui la draine. Les avantages de cette technique sur la TEP sont nombreux. Il n'y a pas d'utilisation de radioactivité, ni d'injection à effectuer puisque la substance permettant de suivre les variations de DSCR est endogène. Cette propriété permet par ailleurs de suivre en continu ces variations (et non toutes les dix minutes comme en TEP) ce qui ouvre la voie non seulement à de nombreuses mesures chez le même sujet, mais également à l'étude de processus cognitifs de brève durée. Outre le gain en précision spatiale déjà noté, l'IRMF est donc également caractérisée par une précision temporelle meilleure que la TEP et qui n'est en fait limitée que par celle de la réponse vasculaire, à savoir quelques secondes. Enfin, il existe de nombreux appareils d'IRM déjà installés ce qui a permis une dissémination rapide de la technique dans le domaine des neurosciences cognitives.

Nous disposons donc désormais de méthodes permettant d'observer à la fois la dynamique temporelle des activités de réseaux neuraux, EEG et MEG, et leur localisation spatiale, TEP et surtout IRMF*.

Pour obtenir des cartes spatio-temporelles des activités neurales, il sera indispensable de coupler les deux types d'approches. Ceci est moins simple qu'il n'y paraît :

---

* Pour être complet, il faut mentionner qu'il est également possible d'obtenir avec la TEP des cartes de la distribution de certains neurotransmetteurs et de leurs récepteurs membranaires au niveau des synapses. Cependant, il n'est pas encore possible d'observer les variations de concentration intrasynaptique de ces neurotransmetteurs et de liaison à leurs récepteurs au décours de processus cognitifs. De plus, il n'est pas exclu théoriquement que l'IRM puisse être également utilisée dans l'avenir pour obtenir des images à très haute résolution spatiale et temporelle d'événements neuraux comme les mouvements ioniques.

sur le plan instrumental, par exemple, il n'est pas envisageable d'obtenir des enregistrements simultanés en IRM et en MEG, et des enregistrements EEG dans un aimant puissant sont difficiles à réaliser. Il est donc nécessaire d'étudier chaque sujet dans les deux modalités séparément. De plus, pour que les résultats soient comparables, il importe que les tâches soient exécutées de façon identique dans les deux approches, ce qui pose également des problèmes techniques. Enfin, et plus fondamentalement, il existe plusieurs situations où des activités neurales peuvent donner lieu à des activités électriques et hémodynamiques qui ne sont pas colocalisées : il a ainsi été démontré que certains processus cognitifs étaient associés à des synchronisations d'activités électriques entre des aires distantes sans qu'il y ait d'augmentation d'activité énergétique dans ces régions. De la même façon, il existe des aires corticales dont l'orientation est telle que leur activité électrique est difficilement détectable alors même que l'on peut y observer une réponse hémodynamique.

En dépit de ces limites, ces nouveaux outils d'observation de l'activité cérébrale ont déjà permis la constitution d'un important corpus de connaissances qui a profondément modifié notre vision de l'architecture fonctionnelle macroscopique qui sous-tend les fonctions cognitives humaines. Ces méthodes ont permis en particulier d'aborder l'étude chez l'homme sain des bases neurales de fonctions qui sont particulièrement développées chez l'homme, comme le langage, le calcul ou le raisonnement, ou difficilement accessibles à l'expérimentation animale, comme l'imagerie mentale, par exemple. Toutes les activités cognitives sont désormais l'objet d'investigations par neuro-imagerie et il est d'ores et déjà impossible de faire une synthèse des résultats majeurs qui ont été obtenus depuis moins de cinq ans par une communauté internationale d'environ deux mille chercheurs. Sur un plan général, on peut considérer que l'apport majeur de ces méthodes est de démontrer que les fonctions cognitives sont basées sur la mise en jeu non pas d'une, mais d'un réseau distribué d'aires corticales possédant une dynamique temporelle. De même, une aire corticale ou un même réseau d'aires peut contribuer à plusieurs fonctions cognitives, et l'on peut dire que ces méthodes ont fait évoluer l'idée que l'on se faisait du fonctionnement cognitif d'une conception modulaire vers une conception de réseaux.

Dans le domaine du langage, où l'essentiel de nos connaissances provenait de l'étude de patients aphasiques, les études en neuro-imagerie ont par exemple démontré que l'aire dite de Broca (cf. *supra*) n'était pas la région de l'articulation mais qu'elle est composée d'au moins deux aires fonctionnelles distinctes, l'une impliquée dans la rétention des informations en mémoire à court terme, l'autre dans la préparation de la production des sons du langage. Un autre exemple typique de ce que peuvent amener ces méthodes porte sur le rôle d'une aire corticale particulière, appelée gyrus angulaire, à laquelle la neuropsychologie attribue une fonction dans le langage. Les études d'imagerie fonctionnelle chez l'homme sain ont démontré que cette aire corticale n'était en fait pas impliquée dans le langage et que les aphasies engendrées par des lésions de cette aire proviennent vraisemblablement de lésions des fibres blanches situées en dessous. Un dernier exemple de l'apport de ces méthodes au domaine du langage est celui de la dominance hémisphérique. Les études neuropsychologiques nous ont appris que la grande majorité des sujets droitiers avaient une prédominance de leur hémisphère gauche pour le langage. Les études chez le témoin volontaire sain en TEP et IRMF ont montré qu'il existe en fait une grande variabilité de la représentation du langage entre les individus et que la relation entre latéralité manuelle et dominance hémisphérique gauche pour le langage était plus lâche qu'on ne le pensait. En particulier, d'autres facteurs tels que le genre par exemple, ont une influence sur celle-ci. Ces méthodes ont de ce fait déjà trouvé leurs premières applications médicales, d'une part, pour étudier les phénomènes de récupération du langage après lésion cérébrale, d'autre part dans le cadre de la neurochirurgie fonctionnelle pour définir chez un individu donné les aires du langage et permettre leur préservation lors d'une intervention, ainsi que pour aider à la définition des foyers épileptogènes.

Dans le domaine de l'imagerie mentale, qui est la capacité que nous avons à nous représenter mentalement sous forme d'images des objets, des scènes, des actions..., et ce sans les percevoir, la neuropsychologie n'avait fourni que peu de données. Plusieurs équipes ont abordé l'étude de cette activité cognitive majeure du cerveau humain, avec la TEP et l'IRMF, et en ont établi les bases neurales. En particulier, il a été démontré que deux tâches telles que produire l'image mentale d'un objet et se représenter sa position dans l'espace étaient basées sur des réseaux d'aires différents, respectant la même dichotomie observée lorsqu'on perçoit l'image. Il est tout à fait remarquable qu'il soit ainsi possible d'observer le fonctionnement cérébral dans un mode autonome, c'est-à-dire sans que le sujet ne reçoive une quelconque entrée sensorielle et ne produise une sortie sous forme d'un comportement moteur. Cette possibilité peut être en effet exploitée pour étudier des phénomènes cérébraux que l'on pensait il y a peu inaccessibles à l'observation scientifique tels que les rêves, la conscience et l'introspection.

RÉFÉRENCES

– *La Recherche*, n° spécial 289, « Voir dans le cerveau », juillet/août 1996.
– POSNER (M.) et RAICHLE (M.), *Images of the Mind*, New York, Scientific American Library, 1994.

Évolution des états du sommeil

par MICHEL JOUVET

Je vais parler d'un phénomène dans lequel nous sommes tous experts : le sommeil. J'ai consulté un moteur de recherche sur Internet : j'ai trouvé quarante-six mille références sur le sommeil. Il est clair qu'un phénomène sur lequel il y a quarante-six mille références est un phénomène mal connu, qui peut soulever des hypothèses contradictoires.

Néanmoins, si l'on tentait d'élaborer un consensus sur le sommeil, les quatre constatations suivantes feraient certainement l'unanimité :

— L'homme a tendance à dormir plutôt la nuit que le jour.

— Lorsque l'on dort, on n'est pas conscient de ce qui se passe autour de nous ; la meilleure preuve de cela, c'est que le ronfleur ne sait jamais qu'il ronfle.

— Il y a une adaptation du sommeil à l'éveil : plus le temps de la veille est long, plus, durant la nuit suivante, le sommeil est long et profond.

— Même si l'on est inconscient de ce qui se passe autour de nous pendant le sommeil, il n'en existe pas moins une conscience onirique « endogène », déclenchée périodiquement au cours du sommeil, et que 80 % d'entre nous

---

Texte de la 35e conférence de l'Université de tous les savoirs donnée le 4 février 2000.

ont expérimentée. Cette conscience onirique, ce sont les rêves.

Voilà quatre phénomènes qui s'organisent dans une nuit de sommeil, et qui ont commencé, pour le premier, il y a 3 milliards d'années. Dans notre sommeil en effet, nous récapitulons des acquisitions très importantes et très anciennes. Cette récapitulation s'organise, d'une manière compliquée, en fonction du milieu et du profil génétique, si bien que l'on ne peut parler d'*un* sommeil que pour *une seule* personne.

Pourquoi l'homme dort-il la nuit ?

On pourrait penser que la raison en est que cela revient moins cher, car on n'a pas à s'éclairer ni à se chauffer la nuit, si l'on dort. Pendant très longtemps, cette explication a été acceptée mais elle est fausse. Le fait que l'homme dorme la nuit n'est pas dû au cycle soleil/obscurité.

Comment savoir si l'homme s'endort la nuit en vertu de l'alternance lumière/obscurité ? Des expériences ont été réalisées pour le savoir. On place quelqu'un dans un bunker complètement fermé, sans aucun contact avec le soleil, sans montre, en lui permettant d'allumer et d'éteindre la lumière électrique quand il veut ou bien, tout simplement dans une grotte (expérience de Michel Siffre, le spéléonaute). On observe les moments où il est endormi et les moments où il est éveillé. Dans ces conditions de *free-running*, ou de totale désynchronisation, ou encore hors du temps, le soleil ne peut plus jouer son rôle de « donneur du temps » ou de *Zeitgeber* (*Zeitgeber* signifiant en allemand « qui donne le temps »). Donc, en dehors de tout *Zeitgeber*, le sujet se couche chaque jour un peu plus tard, si bien qu'après une dizaine de jours, il a manqué un jour. Pour les gens qui sont hors de la grotte, il est resté 20 jours dans celle-ci ; pour lui, il n'y est demeuré que 19 jours. Comment expliquer cela ?

Première explication : le cycle soleil/obscurité ne joue aucun rôle dans l'entretien de ce rythme. Deuxième élément d'explication : le rythme n'est pas tout à fait de 24 heures, il est d'un peu plus de 24 heures. Il varie selon les sujets, mais on admet actuellement que la période endogène d'un sujet que l'on met dans une grotte ou dans un bunker est de 24,3 heures, ce qui n'est pas exactement un jour. En latin, on dit « à peu près un jour » : *circa diem*. Le qualificatif de « circadien » est en fait apparu dans la littérature récemment, dans les années 1960, sous la plume de Halberg. Comment expliquer ce rythme « circadien » ?

La raison en est la suivante : nous avons une « horloge » dans la tête. Cette idée d'avoir une horloge dans la tête est née au XVIIIe siècle, dans l'esprit de l'astronome François Ortous de Mairan. Cet amoureux des plantes possédait chez lui un *Mimosa pudica*. Les feuilles de mimosa ont ceci de particulier qu'elles se redressent le jour et se replient la nuit, d'une façon tout à fait remarquable. L'astronome eut un jour l'idée d'enfermer son mimosa dans un placard obscur : lorsqu'il l'ouvrit à midi, il constata que le mimosa *savait* qu'il y avait du soleil à cette heure-là, puisque ses feuilles étaient ouvertes ; il l'ouvrit à nouveau à minuit, et remarqua que les feuilles étaient fermées. Il décrivit cette expérience dans une note d'une page parue dans les *Comptes rendus de l'Académie des sciences*, en 1729, dans laquelle il concluait : « Il y a une horloge à l'intérieur du mimosa. » Personne ne l'a cru. Il a fallu attendre 100 ans, en 1820, pour que l'un des meilleurs botanistes, de Candolle, enregistre les mouvements des feuilles du mimosa la nuit et le jour, puis dans l'obscurité totale, et constate les mêmes mouvements des feuilles. La seule explication, conclut-il également, c'est qu'il se trouve une sorte d'horloge dans la plante. Cette horloge, qui nous permet d'aller nous coucher le soir, même sans connaître l'heure, joue un rôle fondamental.

Où se trouve cette horloge dans notre cerveau ? Et pourquoi a-t-on une horloge ? Cette horloge est présente en effet dans tous les êtres vivants, de l'unicellulaire à l'homme ; c'est sans doute l'une des plus grandes « inventions » de l'évolution, car elle est responsable de ce que l'on l'appelle « l'homéostasie prédictive ». Où se trouve l'horloge ? On s'est aperçu, en travaillant sur les plantes et les animaux, que lorsqu'ils avaient un rythme de 23 ou 24,3 heures, il suffisait de leur projeter un bref éclair de lumière pour que leur horloge vienne se remettre à 24 heures. Autrement dit, le rôle du *Zeitgeber* solaire, de la lumière, est très important pour que l'horloge que nous avons dans la tête vienne se remettre à un rythme de 24 heures. L'horloge est donc en rapport avec la lumière, et surtout avec la lumière bleue chez l'homme. L'horloge se trouve dans les yeux de la mouche. Chez les oiseaux, l'horloge est située dans la « glande pinéale » ou l'*épiphyse*, qui est juste sous l'os du crâne, lequel laisse passer suffisamment de photons pour que le soleil vienne agir sur l'horloge. Le chat, pour sa part, a une horloge qui fonctionne très mal, il n'a pas de rythme *circadien*, et il dort autant le jour que la nuit.

L'horloge, chez l'homme, n'a été découverte que dans les années 1970. En regardant certaines projections de la rétine, on s'est aperçu qu'il y avait deux systèmes dans le cerveau : *un système visuel*, qui passe par la rétine, qui va dans le cerveau, et se termine au niveau du cortex occipital : c'est le système dit *visuel*, qui fait que je vois que vous êtes là. Mais depuis, on a découvert le *système photique* : certaines cellules ganglionnaires de la rétine se projettent au niveau du noyau supra-chiasmatique (qui est l'horloge chez l'homme et les mammifères). À partir de ce noyau, tout un système va prévenir le cerveau qu'il fait jour. Ce n'est pas parce que nous sommes conscients qu'il fait jour, grâce à notre système visuel, que notre cerveau, lui, le sait. Il y a même un rat complètement aveugle, mais à qui il reste quelques petites cellules sous la peau, qui forment un système suffisant pour venir activer son noyau supra-chiasmatique. On peut donc être totalement aveugle, et avoir notre cerveau capable de savoir qu'il fait jour. Certains se demandent même si certaines maladies psychiatriques ne pourraient pas être dues à l'inverse : on peut très bien voir, mais avoir notre système photique défectueux, de telle sorte que l'horloge se recale mal le matin. Ainsi, à certains moments, tandis qu'il sera 3 heures de l'après-midi, elle peut dire à l'organisme qu'il est 3 heures du matin. C'est pourquoi, pour traiter certaines maladies dépressives, on fait regarder aux patients, le matin, des tubes fluorescents pour exciter leur système photique. En dehors du système photique, la glande pinéale (ou épiphyse) est reliée aux noyaux supra-chiasmatiques. À l'obscurité, elle sécréte une hormone, la mélatonine, qui favorise l'endormissement. En conclusion, il faut retenir que l'horloge circadienne organise notre sommeil dans le temps, mais elle n'est pas responsable du sommeil. La preuve en est donnée par l'expérience suivante. Un rat est placé dans l'obscurité continue, son *noyau supra-chiasmatique* lui « dit » d'être éveillé ou de dormir toutes les 24 heures. Ensuite, si on détruit l'horloge des noyaux supra-chiasmatiques (par coagulation avec des électrodes), le rythme circadien est détruit, puisqu'on n'a plus d'horloge ; et le rat va dormir selon un rythme *plus rapide* que le rythme circadien, c'est-à-dire selon un rythme *ultradien* (à peu près toutes les trois heures). L'explication de ce rythme ultradien dans la physiologie du sommeil n'a pas encore été apportée. Le sommeil est un mystère dans lequel il reste encore beaucoup à découvrir.

Maintenant que l'on sait où est l'horloge et que l'on sait que ce n'est pas le centre du sommeil, et qu'elle sert à installer des périodes de sommeil, posons-nous la question suivante : pourquoi a-t-on une horloge ? À quoi cela peut-il servir ? Permettez-moi la métaphore suivante : au commencement du monde, dans l'océan primitif, il n'y avait que des algues bleues. Elles se groupent dans le fond de l'océan et montent à la surface de la mer pour absorber les photons, c'est-à-dire à la lumière du soleil, déclenchant une chaîne de réactions chimiques produisant des sucres. Supposons que certaines d'entre elles, « pas très intelligentes », mettent en jeu les synthèses protéiques lorsque le soleil est à son zénith, pendant 5 ou 6 heures pour fabriquer des sucres à partir du soleil : lorsque tout sera prêt pour qu'elles fabriquent des sucres, le soleil sera malheureusement couché. Ce sera donc un échec lamentable. C'est après bien des essais et des erreurs de cette sorte, que les algues se sont enfin mises à fabriquer tous les mécanismes de synthèse des protéines *avant 6 heures du matin* (prenant ainsi en compte l'aspect très prédictif de la courbe de la Terre autour du soleil), afin que, le soleil étant à son zénith, toutes les choses soient prêtes, et que tout marche. Cette invention, on lui a donné le nom d'*homéostasie prédictive*. Sans ce système, la vie serait impossible. Tout système vivant entre en réaction avec les milieux extérieurs, et il se produit des réactions chimiques plus ou moins rapides, et si elles ne sont pas préparées par la synthèse des protéines qui doit avoir eu lieu avant, le système ne peut pas fonctionner, en particulier le système qui dépend du jour et de la nuit.

L'*homéostasie prédictive* a également lieu chez l'homme : le matin, il faut que notre système corticosurrénalien, nos muscles, soient en parfait état. Or, cela ne peut pas se faire instantanément le matin : ça doit être mis en jeu la nuit. Sous l'influence de notre horloge circadienne, vers 2 h du matin, l'hypothalamus se met à libérer certains facteurs (CRF), qui vont agir sur l'ACTH, lequel va agir sur la corticosurrénale, laquelle va augmenter le taux de cortisone le matin. Si ces phénomènes ne se déroulaient pas durant la nuit, on aurait un taux de cortisone trop faible le matin. Ainsi, c'est au cours du sommeil le plus profond, vers 2-3 heures du matin que se met en route le véritable mécanisme dont on a besoin lorsque l'on se réveille.

Quittons maintenant les algues bleues pour remonter l'arbre de l'Évolution jusqu'aux *Ectothermes*, c'est-à-dire les lézards, les batraciens, certains reptiles. Qu'est-ce que le sommeil pour ces animaux-là ? À vrai dire, les physiologistes n'osent pas parler de « sommeil » chez une grenouille, chez un lézard ; ils parlent plutôt de « repos », de « cycle activité/repos ». La température ambiante est le principal facteur qui va entretenir le repos et l'activité. La température, lorsqu'elle monte, rend l'animal actif, lorsqu'elle descend, le rend inactif. On peut très bien aller chercher une vipère dans le bois de Saint-Cloud à minuit : elle ne mordra pas, parce qu'il fait froid.

Tout ceci résulte de l'application d'un principe : le principe du Q10. Admettons que la fréquence cardiaque de l'animal à 37° C soit de 100 ; à 27° C, elle sera de 50 ; et le Q10 sera le quotient de 37/27 : ce sera 2. Chez tous les animaux, tous les phénomènes biologiques quels qu'ils soient ont un Q10 compris entre 2 et 3. Une baisse de température de l'ordre de 5° est suffisante pour que ces animaux qui dépendent de la température extérieure, ne puissent pas être éveillés et restent dans leur abri. L'homéostasie prédictive joue toujours un jeu : l'horloge circadienne vers 5 heures de l'après-midi, « dit » au lézard : « mets-toi vite à l'ombre, autrement, plus tard, tu ne pourras pas rentrer car il fera trop froid ». Avec les oiseaux et les autres mammifères, nous sommes des animaux *homéothermes*. Nous possédons suffisamment de mitochondries pour que notre chaleur animale nous permette de nous promener lorsqu'il fait froid. Les variations de la température extérieure ne sont donc pas suffisantes pour expliquer le rythme éveil-sommeil.

Il faut maintenant essayer d'expliquer pourquoi on est inconscient pendant le sommeil

Pourquoi le ronfleur ne sait-il pas qu'il ronfle ? Que se passe-t-il dans le sommeil des oiseaux et des mammifères que nous sommes, pour que nous perdions conscience au cours du sommeil ?

C'est facile à comprendre pour une grenouille : si elle est à basse température, son système nerveux ne marche pas très bien. Mais, chez les mammifères, chez l'homme, la température reste la même, donc il faut chercher une autre explication. Qu'est-ce que les mammifères et les oiseaux ont acquis de plus par rapport aux reptiles et batraciens ? Ils ont acquis le manteau cortical — le cortex cérébral avec lequel on pense —, et un système qui est le thalamus. À l'intérieur du thalamus, il y a une espèce de « machine automatique » qui nous rend inconscients lorsque nous dormons.

Que se passe-t-il quand nous sommes éveillés ? Ce cortex cérébral est excité par un réseau de neurones (comme le Web). Cette excitation provoque une activité électrique rapide qui est nécessaire à la conscience.

Comment s'endort-on ? Normalement : lorsque l'horloge — le noyau supra-chiasmatique — va envoyer le signal « il est 10 heures du soir », on va bâiller, avoir sommeil. Des mécanismes compliqués vont commencer à baisser notre température centrale. Elle descend avant que l'on dorme. Ordre est alors donné à un nouveau système situé dans l'hypothalamus — le système du sommeil — d'entrer en jeu. Ce système va venir bloquer les systèmes de l'éveil, avec un neurotransmetteur qui est le « GABA ». Étant donné que les systèmes de l'éveil bloquent cette machine automatique qui est située au cœur du thalamus, le thalamus envoie alors cette activité vers le cortex où elle vient « brouiller » les processus de la conscience. On a donné à cette activité électrique le nom de « fuseaux », ou, comme elle a été découverte par les Américains, de *spindle*.

Voilà les grandes acquisitions des homéothermes : ce n'est pas la baisse de la température centrale, qui est minime, qui fait qu'ils ne peuvent pas réagir au bruit, et qu'ils ne savent pas qu'ils ronflent. C'est le système de sommeil qui bloque les informations de l'éveil, et, bloquant les informations de l'éveil, libère le système thalamo-cortical responsable des « fuseaux ». L'apparition de ces « fuseaux » au niveau du cortex est l'indice du sommeil et de la perte de conscience. Les « fuseaux » sont ensuite suivis par l'apparition d'ondes lentes qui sont l'indice d'un sommeil très profond.

Il y a une adaptation du sommeil à l'éveil :
plus le temps de la veille est long,
plus, durant la nuit suivante,
le sommeil est long et profond

Ceci est dû à une autre homéostasie dite « réactive ». Plus nous sommes éveillés, plus notre période de repos va durer. De plus, si on prive un rat de dormir pendant 24 heures, on voit que les ondes lentes du sommeil sont beaucoup plus grandes, c'est-à-dire qu'il y a non seulement un facteur de *durée*, mais il y a un facteur d'*intensité*. Cet ajustement de la durée du sommeil à la durée de la veille, c'est ce qu'on appelle l'*homéostasie réactive*. Pendant l'éveil, il y a quelque chose qui s'accumule dans le cerveau, ce sont des « facteurs hypnogènes » encore inconnus. Ils rendent plus facile l'endormissement et plus profond le sommeil.

Même si l'on est inconscient de ce qui se passe autour de nous pendant le sommeil, il n'en existe pas moins une conscience automatique « endogène », déclenchée périodiquement au cours du sommeil, et que 80 % d'entre nous ont expérimentée. Cette conscience onirique, ce sont les rêves

Les rêves apparaissent surtout au cours du sommeil paradoxal qui survient par périodes de 20 minutes toutes les 90 minutes au cours du sommeil chez l'homme. On sait que le sommeil paradoxal n'existe pas chez les animaux qui ne règlent pas leur température. C'est une acquisition de l'évolution phylogénétique qui a été faite, il y a 65 millions d'années, pour des raisons qu'on ignore, par les oiseaux et les mammifères. Le sommeil paradoxal est très important après la naissance. Sa relation avec le « sommeil sismique », qui existe chez les fœtus (avant la naissance) est toujours discutée.

Le sommeil orthodoxe (avec fuseaux et ondes lentes) part de l'hypothalamus ; le sommeil paradoxal dépend du pont et du bulbe. Il commande un système qui bloque les muscles. Lorsque nous rêvons, que nous courons, nous envoyons des informations motrices à notre moelle épinière, mais nous ne bougeons pas, parce qu'il y a un système qui vient bloquer nos mouvements. Un autre système active le cortex cérébral et surtout le système limbique qui est responsable des émotions, de la mémoire et de la programmation de l'individuation. Nous venons ainsi, en une heure, de remonter toute l'évolution du sommeil et d'en tracer un schéma idéal.

Tout se passait effectivement selon ce schéma idéal avant qu'Edison ait inventé la lampe à incandescence en 1879 ! Depuis, il y a interpénétration du rythme circadien et de l'homéostasie réactive. Et vouloir faire travailler les gens la nuit, au moment où leur température est la plus basse et où ils ne sont pas préparés par l'homéostasie prédictive pour être en pleine forme, provoque des accidents. On a la preuve que les facteurs humains responsables de Tchernobyl et de l'explosion de la navette Challenger sont dus à des problèmes de manque de vigilance de la part de responsables qui avaient veillé trop longtemps.

En conclusion, une nuit de sommeil manquée devra être « remboursée ». Si elle ne l'est pas, le manque de sommeil s'accumule, et les risques d'accidents se profilent alors à l'horizon.

Terminons en citant deux progrès effectués par la médecine du sommeil, dans le traitement de certains troubles :

— Certains d'entre nous ne vont pas se coucher avant 2 ou 3 heures du matin, et ne se réveillent qu'à 10 ou 11 heures du matin : c'est ce qu'on appelle un « retard de phase », l'horloge retarde sur le soleil. On peut guérir 80 % des malades avec 2 ou 3 mg de mélatonine absorbée une demi-heure avant l'heure normale du coucher : 22 heures.

— L'autre maladie sur laquelle il y a eu beaucoup de progrès concerne la pathologie du rêve. Pendant le rêve, le tonus musculaire est bloqué. Il existe une maladie qui mêle à la fois une envie invincible de dormir à un blocage du tonus musculaire : *la cataplexie*. La cataplexie fait tomber et peut être provoquée par une émotion, par un rire : elle est soit complète, soit incomplète (on se contente de lâcher un objet, ou bien les muscles de notre mâchoire). Quand on a ces symptômes, on est atteint de la « maladie de Gélineau » ou la *narcolepsie*, et il faut vite consulter, car on peut être guéri avec une nouvelle drogue, le Modafinil®.

Le cerveau des affects et des émotions

par Pierre Karli

Il suffit d'évoquer les héros de Sophocle, de Racine et de Shakespeare, ou plus simplement de réfléchir à ce qui anime notre propre existence, pour réaliser qu'à l'évidence, les affects et les émotions font partie intégrante des structures générales et essentielles de la réalité humaine, comme éléments constitutifs signifiants et motivants. Plus précisément, les processus affectifs participent très largement au rôle de médiation assumé par le cerveau dans le dialogue complexe que conduit l'être humain et qui s'incarne dans un corps, qui s'inscrit dans un contexte, et qui est à la fois reflet et moteur d'une histoire individuelle.

La vie humaine peut difficilement être appréhendée d'une façon englobante, car elle se déroule à différents niveaux de réalité qui ne se laissent pas réduire les uns aux autres. En effet, l'être humain est à la fois un individu biologique, un acteur social, et un sujet en quête de sens et de liberté intérieure. Ces trois facettes se déploient, chacune, dans un environnement différent ; elles se constituent, chacune, dans — et par — un ensemble d'interactions, à la fois adaptées et adaptatives, avec un environnement particulier : l'environnement matériel, le milieu social, et un monde intérieur privé. L'être humain conduit ainsi un triple dialogue

Texte de la 36e conférence de l'Université de tous les savoirs donnée le 5 février 2000.

avec des environnements qu'il se construit et qu'il s'approprie. Et c'est dans ce triple dialogue, dont la médiation est assurée par un seul et même cerveau, que se forgent trois identités qui sont à la fois distinctes et interdépendantes : une identité biologique, une identité psychosociale, et une identité personnelle, plus profonde.

Cette tripartition est pertinente à bien des égards, car les trois dialogues visent des objectifs qui sont différents, ils sont gouvernés par des normes qui ne sont pas de même origine, ils sont confrontés à des contraintes qui ne sont pas de même nature, et ils requièrent donc, chacun, des facultés, des compétences, des performances particulières. Ils entretiennent des rapports différents avec le temps et avec la production du sens. Au sein du cerveau, ils correspondent — schématiquement — à des niveaux d'intégration et d'organisation distincts qui traitent, de manière différenciée, des informations qui leur sont propres. Bien évidemment, il y a des interactions complexes entre ces trois dialogues et entre les processus cérébraux qui les sous-tendent. L'unification et la cohérence sont assurées, en particulier, par les processus affectifs, car ces derniers interviennent dans la médiation de chacun des dialogues, comme éléments de signification et de motivation ; et les systèmes neuronaux qui en constituent le substrat matériel, sont distribués à travers les différents étages fonctionnels de l'entité dynamique qu'est le cerveau.

S'ils ont en commun une qualité essentielle, sur laquelle on reviendra, les processus affectifs se laissent néanmoins distinguer sur la base de leur intensité et de leur durée. Il peut s'agir d'un simple signal qui vient s'intégrer, de façon transitoire et sous la forme d'un attribut d'ordre affectif, à une sensation extéroceptive ou intéroceptive et qui lui confère ainsi une connotation affective. Il peut aussi y avoir induction d'un état affectif plus durable qui va colorer d'une façon plus globale la perception du monde extérieur comme celle du monde intérieur. En fonction de la signification, innée ou acquise, qu'il revêt pour l'individu, un objet ou un événement peut même mobiliser l'être tout entier dans l'ébranlement d'une émotion qui se manifeste par un comportement et par des modifications viscéromotrices et humorales qui lui sont propres.

Quelles qu'en soient l'origine et la forme, chacun de ces processus s'accompagne d'une expérience subjective qui est universellement ressentie comme étant « agréable, plaisante, gratifiante » ou, au contraire, « désagréable, déplaisante, frustrante ». Cette qualité particulière de l'expérience vécue (qu'elle soit induite de l'extérieur, ou évoquée, ou imaginée) détermine l'une ou l'autre des deux attitudes fondamentales face à tout objet ou événement : une attitude d'appétence et d'approche (aller vers...) ou, au contraire, une attitude d'aversion et de retrait (éviter, fuir...). Dans tous les cas, la fonction du processus affectif est de signaler, de signifier quelque chose, d'orienter l'attention et l'action, et d'optimiser ainsi les chances qu'a l'individu de s'engager dans des interactions qui soient adaptées et adaptatives, dans le sens de la satisfaction de ses besoins et/ou de la réalisation de ses désirs.

Satisfaction des besoins biologiques

Pour l'individu biologique, il est vital qu'il soit à même de préserver son intégrité physique et ses structures internes, et de maintenir la constance de son milieu intérieur qui est nécessaire au fonctionnement optimal de la communauté cellulaire qui le constitue. Les échanges de matière, d'énergie et d'information avec le milieu de vie sont assurés par des comportements qui s'inscrivent dans le moment présent pour répondre à la signification biologique première du stimulus ou de la situation (qu'il s'agit de rechercher ou, au contraire, de fuir). À ce niveau de réalité, le « sens » n'est encore que l'expression — dans les schémas d'action de l'individu biologique — d'un « programme » qui est commun à tous les membres de l'espèce. Dans les conditions normales, l'individu biologique fonctionne d'une façon stable, cohérente et efficace, grâce à la « sagesse (innée) de l'organisme » (Cannon 1932), conformément aux

« lois de la nature » qui sont universelles. Il s'agit de lois descriptives qui rendent compte d'une organisation biologique qui nous est commune à tous. Au sein du cerveau, les comportements qui assurent la satisfaction des besoins biologiques élémentaires de l'individu mettent en jeu, pour l'essentiel, un niveau fonctionnel mésencéphalo-diencéphalique.

C'est à ce même niveau anatomo-fonctionnel, phylogénétiquement le plus ancien du cerveau des mammifères, que deux systèmes neuronaux jouent un rôle essentiel dans la genèse des attributs d'ordre affectif qui viennent s'intégrer aux données objectives de l'information sensorielle. Un système latéral qui s'étend de la région ventrale du mésencéphale (partie haute du tronc cérébral), à travers l'aire hypothalamique latérale, vers un ensemble de structures du cerveau antérieur (en particulier : le septum, l'amygdale, le cortex préfrontal), peut être considéré — d'un point de vue fonctionnel — comme un système d'appétence, de récompense et de renforcement positif. L'activation de ce système, par l'application d'une stimulation électrique, produit des effets « appétitifs » que l'animal recherche et qui renforcent positivement tout comportement qui leur donne naissance. On observe, en effet, que si l'on implante une électrode dans l'aire hypothalamique latérale et qu'on donne à l'animal la possibilité de s'y stimuler lui-même (par exemple, en appuyant sur un levier, ou en introduisant le museau dans un orifice ménagé dans l'une des parois de la cage), il pratique l'« autostimulation » à en perdre haleine. Si l'on associe cette stimulation à la présentation d'une saveur jusque-là inconnue, le rat développe à son égard une préférence marquée.

Chez le macaque, la téléstimulation du système de récompense atténue les réactions de peur provoquées par un serpent, et elle accentue nettement le degré de dominance manifesté à l'égard d'un congénère. On peut développer une agressivité marquée chez un rat qui ne la manifeste nullement de façon spontanée, dès lors qu'on « récompense » toute velléité d'agression à l'égard d'un congénère en associant régulièrement une stimulation électrique du système d'appétence à cette ébauche de comportement agressif. Lorsqu'on provoque une douleur chronique chez le rat, on constate que — par rapport à la période « témoin » — l'animal augmente spontanément le nombre et la durée totale des appuis sur le levier d'autostimulation ; on peut penser que la sensation de « bien-être » produite par l'autostimulation atténue le caractère « aversif » de la douleur chronique. De nombreuses données font clairement apparaître que la mise en jeu — par voie naturelle ou expérimentale — de ce système neuronal modifie la façon dont un individu perçoit un stimulus ou une situation et partant, l'attitude qu'il manifeste à son égard (dans le sens de l'appétence et de l'approche). Les recherches d'ordre neurochimique ont montré que la dopamine et les morphines endogènes jouent un rôle important dans les neurotransmissions au sein du système d'appétence et de récompense. Et l'animal s'administre lui-même une substance morphinique au niveau de différentes régions de ce système. S'il peut choisir entre deux sites d'injection, il préfère s'injecter de la morphine dans la région ventrale du mésencéphale plutôt que dans l'amygdale, ce qui semble indiquer que les états affectifs ainsi induits sont quantitativement et/ou qualitativement différents. De plus, des manipulations pharmacologiques de ce système permettent de réaliser une dissociation expérimentale entre l'appréciation immédiate du caractère « plaisant » d'un stimulus et l'appétence qui porte l'individu vers ce qui peut satisfaire un besoin.

En situation plus médiane, un système périventriculaire (comprenant la région dorsale de la substance grise périaqueducale et l'hypothalamus médian) joue le rôle d'un système neuronal d'aversion, de punition et de renforcement négatif. Si on l'active par une stimulation électrique ou par une micro-injection locale d'un acide aminé excitateur, on produit — chez l'animal — un état affectif de nature aversive qui s'exprime par un comportement de fuite ou de défense. Il y a bien production d'une expérience nettement déplaisante, car l'animal apprend rapidement tout comportement qui lui permet d'interrompre la stimulation électrique qu'on lui applique. De plus, on peut renforcer ou, au contraire, atténuer ce comportement d'auto-interruption en associant à la stimulation électrique l'administration d'une substance qui a un effet anxiogène ou, au contraire, un effet anxiolytique. Si, dans le cas de deux stimulations combinées, les effets aversifs induits s'additionnent dans leur expression comportementale quantifiable, les signaux ainsi générés ne sont pas qualitativement indifférenciés ; bien au contraire, le rat apprend rapidement à faire la discrimination entre l'une et l'autre de ces stimulations, car il les interrompt en utilisant — pour chacune — le levier approprié. De nombreuses données expérimentales montrent que l'état affectif induit par l'activation du système neuronal d'aversion modifie profondément le traitement des informations provenant de l'environnement et partant, l'attitude de l'animal à leur égard. Chez l'homme, la stimulation électrique de la substance grise périaqueducale induit également des états affectifs de nature aversive, en particulier des sensations de peur.

Le niveau d'activité et le degré de réactivité du système périventriculaire d'aversion sont contrôlés par des afférences modératrices qui agissent par la libération de divers neurotransmetteurs (GABA, morphines endogènes, sérotonine). En bloquant expérimentalement la mise en jeu de l'influence modératrice GABAergique, on provoque des réactions de fuite et une attitude générale de retrait. Si l'on associe ce blocage à la présence de l'animal dans une certaine région de l'espace, l'animal va très rapidement éviter de pénétrer dans cette région-là. De façon plus générale, on peut modifier à volonté le traitement des informations sensorielles et l'attitude de l'animal à leur égard (dans le sens de l'appétence et de l'approche ou, au contraire, de l'aversion et du retrait) en manipulant ces neurotransmissions modératrices et partant, la nature et l'intensité des attributs et états affectifs qui sont générés.

Puisque la mise en jeu de ces réseaux neuronaux joue un rôle aussi important dans l'induction des attitudes d'appétence ou d'aversion et dans la genèse des comportements qui en sont l'expression, il importe de souligner que ces déterminations, loin d'être unidirectionnelles, sont circulaires. En effet, les interactions avec l'environnement retentissent, en retour, sur le fonctionnement de ces réseaux, ce qui se laisse illustrer par quelques exemples. C'est ainsi que l'exposition à diverses situations stressantes a pour effet de réduire, chez le rat, la sensibilité des récepteurs de la dopamine au sein du noyau accumbens, relais important du système de récompense ; et cette modification d'ordre neurochimique s'accompagne d'une réduction de la sensibilité de l'animal à l'effet de récompense et de renforcement positif de diverses stimulations. Le fonctionnement des systèmes à morphines endogènes qui sont profondément impliqués dans la genèse des émotions sociales et de l'attachement interindividuel, est affecté par le stress maternel au cours de la vie fœtale et par une privation maternelle répétée pendant la période néonatale. Des mécanismes qui font intervenir la sérotonine et qui participent au contrôle des états affectifs, sont altérés, eux aussi, par diverses conditions de l'environnement.

Socialisation et interactions sociales

C'est l'actualisation de potentialités biologiques inhérentes au génome humain qui fournit les fondements nécessaires au développement des diverses « compétences » sociales et qui permet ainsi que l'acteur social soit d'abord, à bien des égards, l'acteur de sa propre socialisation. Les premières communications entre l'enfant et sa mère correspondent à des échanges d'ordre affectif : à l'expression intentionnelle d'un état affectif et à la « lecture » active de l'état affectif tel qu'il est exprimé par l'autre. Ces interactions se poursuivent tout en s'affinant, et c'est en particulier par ce processus d'apprentissage émotionnel que se constituent les structures élémentaires de la cognition sociale de l'individu et le « style » général de ses relations interpersonnelles. Le jeune enfant acquiert rapidement une bonne compréhension des sentiments d'autrui, et cette capacité joue un rôle important dans le développement de nombre de conduites sociales. Les affects et les émotions contribuent largement à la construction en commun de la signification d'un ensemble d'expériences vécues ainsi qu'à la constitution de bien des attentes partagées ; et une maturation déficiente dans ce domaine peut conduire à l'« isolement autistique ».

Tout au long de son devenir, l'acteur social élabore et défend une identité psychosociale, en même temps qu'il développe et qu'il s'efforce de préserver un équilibre relationnel et affectif. Il ne s'agit plus, comme dans l'homéostasie du milieu intérieur, de corriger des écarts par rapport à des points de consigne innés. Nombreuses sont ici les références faites au passé, à l'histoire individuelle : plus précisément, aux conventions et aux normes intériorisées, aux conditionnements subis, aux expériences relationnelles précédemment vécues. Les lois qui s'imposent à l'acteur social sont celles de la vie en société, lois normatives qui correspondent à un lieu donné et à un moment donné d'une histoire culturelle collective. Dans l'évaluation des incitations comme dans celle de la pertinence des réponses qui y sont apportées, les processus d'ordre affectif jouent un rôle médiateur essentiel. Grâce à l'interprétation et à la symbolisation du vécu social, l'histoire individuelle crée du sens qui lui est propre et qui n'est plus préprogrammé. Mais, dans la mesure où le mouvement de l'existence s'écoule au gré des conventions et des modes qui prévalent, ce sens peut rester très largement implicite, puisqu'il ne fait pas l'objet d'une quête et d'une réflexion délibérées.

Étant donné le rôle important joué par les processus d'ordre mnésique et d'ordre affectif qui sont à la fois le produit et le moteur des échanges avec le milieu social, il n'est guère surprenant que des structures cérébrales telles que la formation hippocampique et le complexe nucléaire amygdalien (interconnectées l'une avec l'autre au sein du lobe temporal) soient profondément impliquées dans le devenir et le fonctionnement de l'acteur social. Il faut signaler d'emblée l'existence d'une spécialisation fonctionnelle de chacune de ces structures qui interagissent étroitement : alors que la formation hippocampique prend une part essentielle dans la mémorisation des informations concrètes d'ordre spatial, temporel, configurationnel et contextuel, l'amygdale intervient tout particulièrement dans la « mémoire émotionnelle ». C'est ainsi que l'amygdale est mise en jeu dans l'acquisition et l'expression d'une peur conditionnée, dans la genèse de l'anxiété liée à l'anticipation d'événements déplaisants, dans la détection d'un changement qui affecte la grandeur d'une récompense, et dans la reconnaissance des émotions telles qu'elles se manifestent dans des expressions faciales.

Des investigations d'ordre électrophysiologique ont montré que certains neurones amygdaliens répondent d'une manière sélective à un stimulus dès lors qu'il aura été associé au préalable avec un renforcement positif (nourriture) ou négatif (choc électrique douloureux) ; et l'activité de ces neurones peut être manipulée, modulée, par des changements affectant la valence affective de ce stimulus. D'autre part, les lésions bilatérales de l'amygdale perturbent profondément la constitution — et l'expression dans le comportement — de l'association d'une « récompense » ou d'un « événement aversif » à un stimulus. De plus, ces lésions ont pour effet de réduire la sensibilité de l'animal à tout changement survenant dans la récompense qu'un stimulus laisse anticiper, et il aura donc tendance à persévérer dans un comportement devenu inadéquat.

De façon générale, l'amygdale est profondément impliquée non seulement dans l'acquisition et la reconnaissance de la signification affective d'un objet ou d'une situation, mais également dans l'évolution de cette signification sous l'influence structurante de l'expérience, en réalisant l'« algèbre interne » des connotations plaisantes et déplaisantes des conséquences qui découlent d'un comportement. On conçoit donc aisément qu'en interaction avec un ensemble de structures cérébrales, l'amygdale joue un rôle important dans l'adaptation du comportement au vécu de l'individu, dans l'expression des nuances individuelles du comportement qui reflètent les conditionnements forgés par ce même vécu. On comprend également pourquoi des lésions bilatérales de l'amygdale perturbent tout spécialement les conduites socio-affectives, puisque l'individu ne saurait adopter des comportements appropriés qu'en se référant à son propre vécu au sein du groupe. Si de semblables lésions sont pratiquées chez des singes vivant en liberté, les animaux ainsi opérés deviennent incapables de reconnaître la signification des signaux sociaux émanant de leurs congénères ; de ce fait, ils sont incapables de se réinsérer dans leur groupe ou dans un groupe voisin : ils s'isolent et ne survivent pas longtemps. Chez des singes femelles, l'amygdalectomie bilatérale perturbe gravement le comportement maternel et les jeunes meurent s'ils ne sont pas séparés de leur mère et élevés de façon artificielle.

Au cours de l'ontogenèse, ces mêmes structures du lobe temporal jouent un rôle important dans le développement des comportements sociaux. Chez le macaque, des lésions précoces de l'amygdale provoquent des troubles du comportement qui apparaissent progressivement et qui s'accentuent avec l'âge : les animaux sont hyperactifs, ils persistent dans des comportements devenus inappropriés, et ils s'avèrent incapables de s'imposer dans le groupe. Si des lésions de l'ensemble amygdale-hippocampe sont pratiquées chez le singe nouveau-né, on observe également par la suite, en plus des déficits d'ordre mnésique, une perturbation profonde des conduites socio-affectives, avec un extrême appauvrissement des interactions sociales et un comportement assez compulsif et rigide. On peut ajouter (avec toute la prudence qui s'impose !) qu'une maturation déficiente de neurones amygdaliens et hippocampiques a été décelée au sein du cerveau d'enfants atteints d'autisme, et qu'un dysfonctionnement de certains récepteurs de ces mêmes neurones est susceptible de contribuer à la genèse des difficultés de la communication sociale et à celle de l'attitude de retrait social caractéristiques de l'autisme.

Constitution et animation d'une vie intérieure

Par-delà les impératifs proprement biologiques du moment, par-delà les multiples sollicitations et pressions sociales qui tirent leur pleine signification de l'histoire passée de l'individu, le sujet en quête de sens peut prendre du recul grâce au dialogue qu'il conduit avec lui-même, grâce au travail qu'il fait sur lui-même. Des représentations internes activement élaborées et constamment retravaillées, grâce au maniement maîtrisé du langage, viennent ainsi s'intercaler entre la réalité du monde et le sujet qui l'appréhende. Du fait des interactions complexes d'une élaboration cognitive de plus en plus poussée avec une dynamique affective qui s'affine et qui se diversifie, ces représentations sont des structures à la fois évolutives et « vectorisées » : face au monde réel actuel, elles génèrent des « motivations » (au double sens de « motif d'action » et de « moteur de l'action »), et elles donnent à l'action tout son « sens » (au double sens de « direction » et de « signification »). Soucieux de se réaliser, d'actualiser ses potentialités, le sujet se projette dans l'avenir et il élabore un projet de vie de façon consciente et délibérée. À mesure qu'il développe une intériorité autonome (mais largement ouverte sur le monde et sur l'Autre), il s'efforce de donner sens et cohérence à sa vie. De plus, il peut avoir le souci et la joie de participer aux entreprises de la créativité humaine.

Du fait de la prise en charge des affects et des émotions bruts par le discours intérieur et du développement à la fois de la réflexion sur le passé et de la projection dans l'avenir, des sentiments et des émotions beaucoup plus complexes se créent, tout au long de l'ontogenèse, à partir d'états affectifs élémentaires tels que la peur, la colère, le dégoût, la tristesse et le plaisir. Au fur et à mesure que le « soi » se construit et qu'il évolue, il donne lieu à des retours sur le passé (avec des sentiments de regret, de culpabilité, de fierté...), à des projections dans l'avenir (avec des sentiments d'espoir confiant ou d'appréhension) et à des confrontations avec d'autres « soi » en devenir (avec des sentiments d'envie, de joie prise au malheur d'autrui, de pitié, de compassion...). Dans la genèse de ces sentiments complexes, l'élaboration intrasubjective et les échanges intersubjectifs se nourrissent et s'enrichissent mutuellement.

Tant l'évolution phylogénique du cerveau que sa maturation proprement biologique chez l'individu culminent dans la connectivité et la plasticité toutes particulières du cortex préfrontal. De nombreuses données obtenues chez l'homme et chez l'animal conduisent à penser que ce cortex (en interaction étroite avec tout un ensemble de structures corticales et sous-corticales) apporte une contribution essentielle aux intégrations les plus poussées non seulement entre diverses fonctions et opérations cognitives, mais également entre ces dernières et des processus d'ordre affectif et d'ordre conatif. Cette région du cerveau joue un rôle important dans la planification, le contrôle et l'adaptation des actes intentionnels. Elle reçoit des signaux susceptibles d'influencer l'élaboration des prédictions et le choix d'une stratégie qui maximise l'effet de récompense. Des lésions du cortex préfrontal provoquent une perte de la « spontanéité », de la « motivation » endogène, de la projection dans l'avenir, en même temps qu'une certaine perte d'autonomie du sujet à l'égard de son milieu de vie.

Les expériences de lésion localisée ainsi que l'enregistrement d'activités neuronales unitaires ont montré que certaines régions du cortex préfrontal (cortex orbito-frontal, cortex cingulaire antérieur), interconnectées avec l'amygdale, sont impliquées dans le traitement des informations de nature affective dans le jeu de la « mémoire de travail » et dans la détection des changements qui affectent toute signification affective. Dans ces conditions, il n'est guère surprenant que des lésions du cortex orbito-frontal provoquent, chez le singe, des altérations profondes de la « personnalité » et du comportement social : perception déficiente des émotions exprimées par les autres, appauvrissement des mimiques spontanées, tendance à l'isolement social. Chez des patients porteurs de lésions du cortex préfrontal (ou des noyaux gris de la base qui reçoivent des projections du cortex préfrontal et de l'amygdale), on observe également une indifférence affective, une perte de l'« élan vital » et une attitude de retrait social. Ces lésions perturbent profondément la reconnaissance et l'interprétation des signes sociaux et partant, l'adaptation du comportement à des situations sociales diverses et changeantes. Chez le sujet normal, l'imagerie cérébrale met en évidence une nette activation du cortex cingulaire antérieur lors d'un épisode de tristesse ou de joie, ou encore lorsque le sujet observe des expressions faciales chargées d'émotions positives ou négatives.

Quelques remarques pour conclure

Il importe de souligner à la fois la réalité autonome (même si cette autonomie est bien évidemment relative) et l'importance vitale des attributs, états et processus d'ordre affectif. Les affects et les émotions ne se laissent d'aucune façon résorber (ni comme simples épiphénomènes, ni comme processus induits « en parallèle ») dans les fonctions et opérations proprement cognitives. L'étude du fonctionnement cérébral montre clairement qu'un signal ou un état doué d'une valence affective spécifique peut être généré par l'activation — par voie électrique ou chimique — de l'un ou de l'autre de deux systèmes neuronaux anatomiquement et fonctionnellement distincts. Comme ces deux systèmes se recouvrent en partie dans une région de l'hypothalamus, on peut induire simultanément des effets appétitifs et des effets aversifs ; mais on constate alors que la fréquence de décharge de certains neurones est étroitement corrélée avec la vigueur des réponses d'approche, alors que celle d'autres neurones est étroitement corrélée avec la vigueur des réponses de fuite. La différenciation fonctionnelle et la ségrégation spatiale des deux systèmes se retrouvent jusqu'au niveau du cortex préfrontal. C'est ainsi que la stimulation électrique de différentes parties du cortex cingulaire antérieur induit des émotions de nature différente. De plus, l'imagerie fonctionnelle du cerveau a permis de constater qu'un épisode de tristesse ou, au contraire, de joie affecte de façon distincte des régions différentes du cortex cérébral et que ces états affectifs ne correspondent pas simplement à des activations en sens opposé d'une même région du cortex.

Le signal ou l'état affectif, induit de façon naturelle ou expérimentale, peut se combiner — de façon immédiate ou par conditionnement — avec l'information sensorielle, quel que soit le niveau où elle est traitée. Et ces processus peuvent être manipulés à volonté par des micro-injections locales de molécules neuroactives qui ne modifient guère les fonctions et opérations cognitives en tant que telles. C'est comme « variables intermédiaires » que les processus d'ordre affectif assurent une importante fonction de médiation entre la perception et l'action. Cette médiation bidirectionnelle confère une grande flexibilité au fonctionnement cérébral, ce qui permet au cerveau de planifier et d'organiser des interactions qui soient adaptées et adaptatives dans le triple dialogue que l'être humain conduit avec les environnements qui lui sont propres. Dans notre rapport au monde et à nous-mêmes, la dimension affective de la conscience joue un rôle essentiel, car elle anime, oriente et enrichit la pensée, elle aide à fixer des priorités, à en changer et à faire des choix. Cette façon de voir les choses est en parfait accord avec celle des psychologues qui préconisent une conception fonctionnelle, dynamique et évolutive de la « personnalité », avec une cohérence qui est elle-même réalisée de façon dynamique et dialectique, et qui évolue dans le temps. Les intégrations, coordinations et régulations que cela implique au sein du cerveau sont assurées, en particulier, par des systèmes neuronaux à fonction « permissive » tels que le système mésocorticolimbique.

Ce n'est pas méconnaître le grand intérêt des « neurosciences cognitives » que de plaider en faveur du développement hautement souhaitable d'une « neuroscience affective ». Cela s'impose d'autant plus que la dimension affective des processus mentaux naît, s'élabore et se déploie au sein même du cerveau, sans aucune correspondance dans le monde physique extérieur ; alors que la structuration des processus cognitifs se fait en interaction avec des structures homologues de ce même monde. C'est dire qu'on ne saurait ignorer les données fournies par la « neuroscience affective » si l'on veut conduire une réflexion critique sur la nature et la fonction des processus d'ordre affectif, processus sans lesquels l'existence humaine se trouverait amputée de l'une de ses dimensions majeures.

RÉFÉRENCE

– KARLI (P.), « Cerveau et efficacité », *Revue internationale de philosophie*, n° 209, mars 1999, p. 347-363.

Cartographie cérébrale du désir sexuel masculin

par Serge Stoléru

Les cours dans le cadre de l'éducation sexuelle aux enfants sont très souvent centrés sur les organes génitaux externes, sur les organes génitaux internes, ou sur la physiologie de la reproduction, mais certains éducateurs disent que l'organe sexuel le plus important c'est celui qui est entre les deux oreilles. C'est-à-dire le cerveau.

D'un point de vue éthologique, la thématique du comportement sexuel est fondamentale, puisque les grandes fonctions du comportement animal sont : trouver de la nourriture, trouver une niche écologique, échapper aux prédateurs et trouver un partenaire sexuel. Le comportement copulatoire chez l'animal n'est que le point culminant de toute une série de stades préalables où à chaque fois le cerveau est impliqué. L'état d'excitation sexuelle est un état à la fois psychique et physique qui rend l'individu prêt à exécuter le comportement sexuel. L'état d'excitation sexuelle est en relation avec des facteurs internes, en particulier hormonaux, et des facteurs externes qui tiennent aux stimulations, aux afférences venant de l'environnement. Le concept d'excitabilité sexuelle est voisin de celui d'excitation sexuelle. Ce concept d'excitabilité définit la propension d'un individu à rentrer à un moment donné

Texte de la 37e conférence de l'Université de tous les savoirs donnée le 6 février 2000.

dans un état d'excitation sexuelle en fonction d'un ou de plusieurs stimuli dans l'environnement.

Des développements récents dans le domaine de la psychologie évolutionniste amènent à penser que la sélection naturelle a sélectionné dans le cerveau des systèmes qui font que le comportement sexuel est une source de plaisir pour l'individu, le comportement sexuel copulatoire mais aussi la phase appétitive, c'est-à-dire la recherche et l'approche du (ou de la) partenaire sexuel(le). La sélection naturelle a probablement joué un rôle dans la construction d'un cerveau qui gouverne des processus d'excitation sexuelle et l'expression d'un comportement de copulation qui aboutissent à la transmission de ses gènes à la génération suivante.

Le cerveau est probablement impliqué dans tous les stades successifs des comportements sexuels, du début (phase appétitive) jusqu'à la fin (phase dite consommatoire). L'un des premiers stades est le traitement cognitif des stimuli de l'environnement. Ce qui est générateur d'excitation sexuelle pour un individu ne l'est pas forcément pour un autre, il n'y a rien de plus variable que l'objet qui génère cet état. Le cerveau est impliqué dans ce traitement des stimuli externes, les objets des pulsions, comme on dit en psychanalyse, qui vont être générateurs des états d'excitation sexuelle.

Chez les singes, des caractéristiques des femelles telles que l'odeur ou des signaux visuels, sont traités par le cerveau et promeuvent, favorisent un comportement sexuel. Ces caractéristiques sont évaluées à travers le traitement cérébral d'une information sensorielle. Chez les êtres humains aussi, l'attirance sexuelle est basée sur beaucoup de facteurs qui doivent être évalués pour qu'une réponse sexuelle se développe. Chez l'homme, il y a des facteurs probablement beaucoup plus développés que chez les animaux, ce sont les facteurs motivationnels, en particulier la perception consciente du désir sexuel, les facteurs affectifs avec toutes leurs dimensions et le plaisir attaché à la sexualité. Il est plus que vraisemblable que le cerveau intervient pour générer chez l'individu, d'une part cette perception d'un désir sexuel et d'autre part cette perception affective des sentiments et du plaisir qui vont de pair avec ce comportement.

Ainsi, il est clair que nous ne pouvons pas nous contenter, si nous voulons comprendre le comportement sexuel humain, d'études chez l'animal, puisqu'il y a dans le comportement sexuel humain des caractéristiques qui sont tout à fait spécifiques et que nous ne pourrons sans doute jamais comprendre si nous nous limitons à des études chez le rat ou même chez le singe.

Un certain nombre de connaissances sur les corrélats anatomiques de l'excitation sexuelle humaine ont été acquises. L'électroencéphalographie, une technique très banale, montre que le lobe temporal droit est probablement impliqué dans l'excitation sexuelle. Ceci a été suggéré par des expériences où des électroencéphalogrammes étaient pratiqués chez des personnes en train d'observer des photographies à contenu sexuellement explicite. Une étude finlandaise, basée sur une technique d'imagerie que l'on appelle le SPECT, rapporte qu'au moment de la phase de l'orgasme il y a une réduction du débit sanguin cérébral dans toutes les régions sauf dans la région préfrontale droite, donc la partie antérieure du lobe frontal du côté droit. L'épileptologie nous apprend que, chez certains sujets, il y a lors des crises épileptiques, des comportements sexuels élémentaires. C'est un phénomène rare, mais qui a l'intérêt de pointer quelles régions du cerveau pourraient être en relation avec la sexualité. Il y a, par exemple, des crises où le sujet va avoir des sensations génitales des deux côtés et, en plus, il va simultanément ressentir des manifestations affectives comme la peur ou le plaisir. Dans ces crises-là, les régions temporales sont à nouveau impliquées, en particulier les amygdales cérébrales et la région hippocampique. Il y a d'autres crises épileptiques avec comportements sexuels, où les manifestations ne sont plus affectives ou sensitives, mais motrices. Ces patients saisissent leurs organes génitaux et peuvent commencer à avoir des mouvements de poussée pelvienne, c'est-à-dire du bassin, et ces crises semblent en relation avec un point de départ dans le cortex cingulaire. Le cortex cingulaire est une espèce de ceinture de matière grise située au-dessus du corps calleux qui est une bande de substance blanche unissant les hémisphères cérébraux. Le cortex cingulaire est donc une région très profonde à la face interne des hémisphères cérébraux.

Des lésions résultant de la pathologie ou occasionnées par des interventions neurochirurgicales ont apporté des données complémentaires. Il y a même eu un cas d'épilepsie rebelle au traitement, où les chirurgiens avaient enlevé tout le lobe temporal des deux côtés et, en particulier, la partie interne, donc les amygdales cérébrales et les hippocampes, et ce patient a présenté, à la suite de cette opération, une hypersexualité avec masturbation face à autrui, et l'apparition d'un comportement homosexuel alors qu'il était exclusivement hétérosexuel auparavant. L'ablation des lobes temporaux a ainsi provoqué une sorte de désinhibition de son comportement sexuel. Lorsque cette intervention est faite chez le singe, il se produit une hypersexualité extrêmement impressionnante.

Les lobotomies frontales ont montré que, dans beaucoup de cas, il y avait apparition d'une désinhibition sexuelle. En Allemagne de l'Ouest, dans les années 1960, pour essayer de résoudre les problèmes posés par les auteurs d'agressions sexuelles, donc les problèmes de viol, il y a eu des interventions sur l'hypothalamus. Chez l'animal, l'hypothalamus est très impliqué dans le comportement sexuel. Les patients opérés disaient avoir une réduction de leur comportement sexuel et de leur désir sexuel. Les résultats de ces interventions sont cependant très difficiles à interpréter parce qu'il est clair que le fait d'avoir subi l'intervention a évidemment en soi un effet psychologique très puissant.

L'apparition, au cours des années 1980, de techniques nouvelles d'imagerie cérébrale, dont la tomographie par émission de positons ou TEP, a permis d'avoir une vision chez l'individu sain, en dehors de toute intervention chirurgicale, du fonctionnement des différentes parties du cerveau. Nous avons essayé avec la TEP de montrer quelles étaient les régions du cerveau qui s'activaient lorsqu'un individu de sexe masculin en bonne santé réagit à des stimuli visuels sexuellement explicites.

Première étude

Tant dans la première que dans la deuxième étude, les sujets donnèrent par écrit leur accord pour participer à la recherche, après avoir été informés de manière détaillée sur les buts et les méthodes de celle-ci. Ces deux études furent soumises à un comité consultatif de protection des personnes se prêtant à des recherches biomédicales et celui-ci donna un avis favorable. Dans une première étude, nous avons montré la faisabilité et la validité de notre méthodologie. En effet, à cette époque, nous ne savions pas si un état d'excitation sexuelle, état mettant en jeu l'intimité du sujet, pourrait être déclenché dans l'environnement, *a priori* peu propice, d'une caméra TEP. Nous avons étudié huit sujets volontaires sains, masculins, droitiers à cause de la latéralisation droite ou gauche des phénomènes émotionnels dans le cerveau, et enfin d'orientation hétérosexuelle puisque nous ne savions pas, et nous ne savons toujours pas très bien d'ailleurs, si l'orientation sexuelle peut influer sur les phénomènes que nous étudions. Ces jeunes gens, âgés de 21 à 25 ans, ont été étudiés au préalable sur le plan psychologique pour vérifier qu'ils étaient susceptibles d'avoir des réponses prononcées face à des images sexuellement explicites. Ils ont ainsi rempli des questionnaires psychologiques destinés à étudier leur excitabilité sexuelle.

Sur le plan expérimental, il y avait trois conditions. Dans la condition sexuelle, nous présentions un extrait de film représentant un rapport hétérosexuel. Cet extrait avait été sélectionné au préalable pour qu'il remplisse deux conditions : premièrement, qu'il n'ait pas de caractère choquant, donc qu'il n'induise ni dégoût, ni tout autre sentiment désagréable et, deuxièmement, pour qu'il induise un état d'excitation sexuelle. Préalablement, des jeunes gens volontaires avaient donc en quelque sorte évalué ces films sur ces deux critères. Dans la deuxième condition, il y avait un film « neutre émotionnellement ». Il est très difficile de sélectionner un tel film, car il faut aussi éviter qu'il n'engendre un sentiment d'ennui. Il s'agissait d'un documentaire où une personne explorait une forêt ou marchait dans une île. Pour la troisième condition, nous avons pensé qu'il était très important qu'il y ait une condition émotionnelle plaisante, mais non sexuelle, de manière à distinguer une activation cérébrale caractéristique de l'excitation sexuelle, d'une part, et une réaction émotionnelle non sexuelle, d'autre part. Ainsi, nous avons inclus un film de nature humoristique, l'humour étant une émotion de type plaisant et sans caractère sexuel dans l'extrait retenu.

Nous avons essayé de mesurer la réponse des sujets en leur présentant après chaque film des échelles d'évaluation de leur réponse subjective. Nous leur avons donc demandé : « Au cours du film que vous venez de voir, quelle a été l'intensité de l'excitation sexuelle que vous avez ressentie ? » Nous leur présentions neuf niveaux possibles, allant d'extrêmement forte jusqu'à extrêmement faible. Nous leur demandions la même chose pour l'intensité de l'humour perçu. Et, comme nous ne savions pas très bien quelles seraient leurs réactions, nous leur présentions un bref questionnaire d'anxiété, pour nous assurer que le protocole ne déclenchait pas d'anxiété. De plus, le protocole ne commençait jamais si l'anxiété dépassait un niveau défini comme trop élevé par les auteurs de ce questionnaire. De fait, les sujets n'ont jamais présenté une anxiété dépassant ce niveau et le protocole s'est donc déroulé dans des conditions qui ne posaient pas de problème de ce type.

Nous avons tenu à avoir, de plus, une mesure objective de l'excitation sexuelle et enregistré la tumescence pénienne avec un pléthysmographe. Le sujet mettait lui-même un petit anneau en silicone qui se distendait en cas d'érection et cette réponse objective était transmise à un appareil enregistreur.

Enfin, nous avons enregistré des réponses psychophysiologiques autres, objectives également, comme le rythme cardiaque, le rythme respiratoire et le niveau de la testostérone plasmatique.

Des logiciels *ad hoc* permettent de savoir quelles sont les régions du cerveau où se produit une augmentation de l'activité cérébrale à un moment donné. Très schématiquement, nous considérons la condition qui nous intéresse, en l'occurrence la condition sexuelle. La TEP nous fournit pour chaque point du cerveau une mesure du débit sanguin local ; ensuite nous prenons la mesure correspondante aux mêmes points du cerveau, mais pour la condition de référence qui est la condition neutre, et le logiciel effectue, en chaque point du cerveau une soustraction des deux mesures. La méthode statistique permet de déterminer si cette différence est aléatoire, si c'est simplement du bruit, qui n'a pas de sens, ou bien au contraire, si cet écart a une signification et est vraiment dû à un effet physiologique. Nous avons ainsi soustrait sexuel-neutre pour identifier les régions cérébrales s'activant lors de l'excitation sexuelle, mais aussi neutre-sexuel pour savoir s'il y avait des régions qui se désactivaient. Nous avons aussi soustrait humour-sexuel, et sexuel-humour, pour savoir s'il y avait des régions qui s'activaient (ou se désactivaient) plus dans la sexualité que devant un film humoristique.

Devant un film sexuel, la fréquence cardiaque moyenne a augmenté un peu et, comme tous les sujets ont présenté cette augmentation, elle s'est révélée statistiquement significative. La fréquence respiratoire augmente un petit peu, là encore d'une façon significative car cela se passe chez chacun. Le taux de testostérone monte dans le sang. Il y a chez l'homme, et chez tous les mammifères étudiés, une réponse de la testostérone sanguine à l'état d'excitation sexuelle et encore plus à la copulation. Évidemment, la réponse à ce type d'excitation sexuelle subjective a été très forte. La réponse « grande intensité » a été donnée devant les films sexuels. Cette réponse a été extrêmement faible ou nulle pour les films neutres et les films humoristiques. L'humour perçu est très faible pour les films neutres et sexuels, et son intensité est moyenne en réponse aux films humoristiques. Tous les sujets ont réagi à la présentation des films sexuels par un phénomène de tumescence pénienne. Enfin, le niveau de la testostérone plasmatique mesuré après les films sexuels s'est révélé être supérieur au niveau mesuré après les films neutres. Donc, nous pouvons dire que nous avons induit l'état que nous cherchions à induire.

Le débit sanguin augmente dans les régions suivantes lorsque les films sexuels sont présentés, par rapport à son niveau lors de la présentation des films neutres : le gyrus cingulaire gauche, la circonvolution temporale inférieure droite, l'insula droite (située entre le lobe frontal et le lobe temporal), le noyau caudé droit. Nous retrouvons donc le lobe temporal et la région frontale que nous avions mentionnée à propos des lobotomies. Nous retrouvons aussi le gyrus cingulaire que nous avions mentionné à propos des crises épileptiques. Dans la soustraction neutre-sexuel, il semble que la partie postérieure du gyrus cingulaire et une partie du lobe frontal se désactivent.

À la suite de cette étude, nous avons eu le sentiment que finalement nous pouvions un peu mieux analyser le phénomène psychologique de l'excitation sexuelle. C'est un peu un paradoxe, parce que finalement, c'est en partant de la biologie ou de la neurobiologie que nous avons eu l'impression de mieux comprendre certains aspects de la psychologie. Notre interprétation des résultats nous a amenés à penser qu'il y avait une composante cognitive, une composante émotionnelle-motivationnelle et une composante physiologique, parce que, quand nous avons essayé de comprendre à quoi pouvaient bien correspondre les activations décrites ci-dessus, nous les avons interprétées de la manière suivante. Nous avons pensé que les activations temporales correspondaient au traitement cognitif de ces films, pour des raisons qui tiennent à la littérature scientifique sur le rôle du cortex temporal. Pour la composante émotionnelle et motivationnelle, nous avons eu des raisons de penser, toujours à cause de la littérature scientifique sur ce domaine, qu'elle pouvait être en relation avec le gyrus cingulaire et également avec l'insula. La composante physiologique, il y avait des raisons de penser qu'elle pouvait être en relation avec l'activation toujours de ce gyrus cingulaire parce que nous savons, j'y reviendrai, qu'il est à l'origine de phénomènes neurovégétatifs, notamment cardiaques, et qu'il influe sur la tension artérielle lorsqu'il est stimulé, que ce soit chez l'homme ou chez l'animal. La composante physiologique comprend les phénomènes d'érection, les phénomènes cardiaques, les phénomènes respiratoires et aussi les modifications hormonales.

Deuxième étude

La caméra utilisée pour la première étude ne permettait de recueillir des données que sur une partie du cerveau. De plus, les sujets avaient été sélectionnés sur certains critères : ils étaient particulièrement jeunes, leurs réponses aux questionnaires indiquaient qu'ils réagiraient probablement de manière forte à des images sexuelles. L'étude était purement exploratoire, c'est-à-dire que certains résultats pouvaient être dus au hasard, et il fallait donc les confirmer. D'autre part, les images montrées étant des films, et donc mobiles, nous pouvions nous demander si, en fait, les activations temporales ne reflétaient pas le traitement du mouvement des cibles visuelles. Enfin, il paraissait très intéressant de pouvoir présenter des images qui n'aient pas la même valeur de stimulation sexuelle, c'est-à-dire, augmenter progressivement l'intensité du stimulus et voir si la réponse cérébrale allait en augmentant parallèlement.

Neuf sujets masculins, âgés de 21 à 39 ans, en bonne santé sur les plans physique et psychologique et sans trouble de la sexualité, participèrent à la deuxième étude. Ils ne furent pas sélectionnés sur la base d'une excitabilité sexuelle particulièrement élevée. Nous avons présenté les trois conditions de la première étude, et, en plus, trois conditions purement photographiques :

— Des photographies de femmes ne générant pas un état d'excitation sexuelle (personnes habillées engagées dans des activités professionnelles).

— Des photographies de mannequins, donc des femmes jolies et vêtues.

— Enfin des photographies de jeunes femmes nues ou en grande partie nues. Ces trois catégories d'images ont été évaluées par des volontaires qui ne participaient pas au reste de l'étude et il y avait bien une gradation de leur évaluation du caractère sexuellement stimulant de ces photographies.

L'un des problèmes rencontrés dans ces études est que l'état d'excitation sexuelle ne s'arrête pas de façon immédiate. Il y a une persistance de l'excitation sexuelle. Nous avons donc utilisé pour tous les sujets le même ordre de présentation : films neutres, films humoristiques, photographies non stimulantes, photographies de mannequins, photographies de femmes dévêtues et enfin films sexuellement explicites. Sinon, il y aurait probablement eu un effet de « contamination » du stimulus neutre par l'excitation sexuelle. Pour vérifier que les stimuli avaient bien induit un état d'excitation sexuelle, nous avons utilisé les mêmes instruments et les mêmes mesures que dans la première étude, mais cette fois-ci nous avons mesuré en plus la pression artérielle diastolique et systolique.

Pour chaque catégorie de stimuli visuels, l'organisation de la présentation était la suivante : stimulation visuelle, présentation des questionnaires, retour à la ligne de base émotionnelle grâce à un film neutre, repos et, à nouveau, stimulation émotionnelle, etc. Comme la TEP a un rapport signal sur bruit qui n'est pas très bon, il faut répéter chaque mesure, donc utiliser pour chaque catégorie de stimuli deux films ou deux séries de photographies.

L'excitation sexuelle telle qu'elle est perçue par les sujets en réponse aux diverses stimulations variées est la suivante :

— Films neutres : excitation extrêmement faible.

— Films humoristiques : excitation extrêmement faible.

— Photos non stimulantes : petite montée de l'excitation.

— Photos de mannequins : excitation entre faible et moyenne.

— Photos de jeunes femmes nues : excitation entre moyenne et forte.

— Films sexuels : grande excitation.

Il y a une montée progressive et significative de la pression artérielle en réponse aux stimuli successifs. La tumescence pénienne est nulle en réponse aux films neutres, puis il y une montée progressive de la tumescence pénienne à partir de la présentation des photographies de mannequins. La testostérone monte légèrement devant les films humoristiques. De plus, elle est beaucoup moins forte devant les films humoristiques que devant les films sexuels.

Lorsque, en chaque point du cerveau, nous soustrayons la valeur du débit sanguin lors de la présentation des films neutres à la valeur du débit sanguin lors de la présentation des films sexuellement explicites, nous voyons apparaître une activation du gyrus cingulaire antérieur gauche avec deux pics, un pic qui est vraiment très antérieur et un pic qui est plus postérieur, mais le tout dans ce que l'on appelle le gyrus cingulaire antérieur. Nous avons essayé de voir si nous pouvions faire des analyses de conjonction. Il s'agit de déterminer quelles sont les régions cérébrales qui sont activées à la fois en réponse aux films sexuellement explicites et en réponse aux photographies de mannequins ou de jeunes femmes dévêtues. Lorsque nous faisons cette analyse, nous voyons apparaître le gyrus cingulaire antérieur, il semble donc que ce soit un résultat solide que nous retrouvons quelle que soit la modalité qui permet de générer cette excitation.

En dehors du cortex cingulaire antérieur, nous observons des activations dans des régions plus profondes dans le cerveau : les deux claustrums, le putamen, le thalamus. En réponse aux photographies de mannequins, il se passe un phénomène particulier dans le cortex orbitofrontal droit. Si nous montrons des photographies où apparaissent des femmes, le débit sanguin dans cette région monte. Ce qui est particulier, c'est qu'il monte quel que soit le type de photographies de femmes. En fait, le débit réagit de manière maximale devant les photographies de mannequins. Lorsque nous demandons aux sujets ce qu'ils ont ressenti devant les photographies, dans un temps ultérieur, ils disent qu'il y a une dimension esthétique, un jugement esthétique, alors qu'il n'y a pas du tout cela devant les photographies de nus où c'est plus des réactions pulsionnelles, et pas du tout dans les films sexuels où, là aussi, la réaction est beaucoup plus pulsionnelle et dépourvue de dimension esthétique. Or, on sait que, dans d'autres domaines que le comportement sexuel, le cortex orbitofrontal a justement un rôle d'évaluation du stimulus.

Les analyses montrent également une désactivation des lobes temporaux, caractérisée par une diminution du débit sanguin. Enfin, pratiquement toutes les régions qui ont été trouvées lorsque nous faisons une analyse par soustraction, ont été retrouvées lorsque nous avons effectué une analyse pour chercher les régions caractérisées par une corrélation entre le degré de stimulation et le degré de la réponse cérébrale.

Ce travail confirme une conception que nous pourrions dire composite de l'excitation sexuelle. Cet état complexe se compose d'un facteur cognitif, d'un facteur émotionnel, d'un facteur motivationnel et d'un facteur physiologique, et ces différentes composantes sont très inter-reliées les unes avec les autres.

L'aspect cognitif est cette opération qui va permettre d'évaluer un stimulus et de lui attribuer une signification sexuelle. Nous pensons après cette étude que le cortex orbitofrontal est impliqué dans cette opération-là. Le fait qu'il y ait une réponse maximum à la présentation des photographies de mannequins est un argument dans ce sens. Un deuxième argument est que, lorsque nous regardons des études faites sur des sujets voisins, par exemple, sur la sensation tactile plaisante *versus* la sensation tactile non plaisante, nous voyons que le cortex orbitofrontal évalue le caractère hédonique, c'est-à-dire le degré de plaisir associé à la sensation tactile. De même, lorsque l'on présente à un singe de la nourriture, s'il a faim on voit s'activer son cortex orbitofrontal, s'il n'a pas faim, la même image n'a aucun effet sur lui. Donc, tout se passe comme si le cortex orbitofrontal représentait la signification motivationnelle que le sujet ou l'animal attache à un stimulus.

En ce qui concerne l'aspect neurovégétatif de l'excitation sexuelle, nous pensons que ce travail indique le rôle de la partie tout à fait antérieure du cortex cingulaire. L'une des raisons est que lorsque cette région est stimulée électriquement chez le singe, il y a déclenchement d'une érection. On sait également que, chez l'homme, à l'occasion d'interventions neurochirurgicales, lorsque l'on pratique une stimulation de cette partie tout à fait antérieure du cortex cingulaire, on obtient des modifications du système neurovégétatif, par exemple de la fréquence cardiaque, de la fréquence respiratoire également ; pratiquement tous les viscères sont sous le contrôle de cette partie du cortex cingulaire.

Nos résultats indiquent également que l'hypothalamus intervient dans le contrôle de l'érection déclenchée par un stimulus visuel. Dans des expériences chez le singe, lors de la stimulation de la partie postérieure de l'hypothalamus, il y a déclenchement d'une érection, monte de la femelle, mouvements de poussée pelvienne et cela jusqu'à l'éjaculation.

Dans la composante émotionnelle, il y a l'aspect plaisir associé à l'excitation sexuelle. Nous avons des raisons de penser qu'une des parties du gyrus cingulaire activée dans notre étude est liée à la perception consciente de l'émotion ; en effet, nous savons, grâce à des travaux en imagerie cérébrale portant sur d'autres émotions (peur, tristesse), qu'une partie très antérieure du cortex cingulaire intervient dans la perception consciente de plusieurs catégories d'émotion.

Qu'en est-il de ce qui est peut-être le plus typique du désir sexuel, à savoir le désir de mettre en acte ce désir, d'effectuer une action ? C'est l'aspect motivationnel de l'excitation sexuelle. Nous pensons que la région cérébrale qui pourrait être le plus en relation avec cet aspect est le cortex cingulaire antérieur, dans sa partie caudale, c'est-à-dire tout à fait postérieure. L'une des raisons qui nous amènent à penser cela est que c'est un cortex qui, au microscope, a des aspects très proches de ce qu'on appelle le cortex pré-moteur ou aire motrice supplémentaire. Or, le désir de passer à l'acte, c'est une préparation d'un comportement effectivement moteur. Rappelons que, chez le singe, la stimulation du cortex cingulaire antérieur induit l'apparition de comportements masturbatoires ; et que dans les crises épileptiques avec comportements sexuels moteurs, on a retrouvé un point de départ dans la région cingulaire antérieure.

Il est important de se rappeler que, lorsqu'un sujet est installé sur le lit d'une caméra TEP, il doit rester immobile et il ne peut évidemment pas mettre en acte son désir sexuel. Donc, il y a forcément mise en œuvre de mécanismes de contrôle inhibiteurs qui vont empêcher ce passage à l'action. Dans cette région tout à fait caudale du cortex cingulaire antérieur, il y a précisément un cortex que l'on appelle le cortex sélectif de l'action, qui va intervenir dans la sélection de la réponse motrice. En effet, nous savons que, lorsqu'un individu doit faire un choix entre deux comportements et qu'il doit en inhiber un pour en activer un autre, il va se retenir de faire quelque chose, pour faire autre chose. Il y a alors activation précisément de cette partie caudale du cortex cingulaire antérieur. Ainsi, si l'on habitue un singe à répondre toujours en pressant sur un levier pour obtenir du jus d'orange et que brusquement on lui donne alors non plus du jus d'orange, mais une boisson qu'il n'aime pas, comme de l'eau salée par exemple, il va falloir qu'il apprenne à arrêter d'appuyer sur le levier. C'est ce cortex-là qui va devoir être mis en œuvre pour empêcher la réponse devenue inappropriée.

C'est pourquoi nous en arrivons à concevoir cette région du cortex cingulaire comme un lieu de convergence où arrivent à la fois des signaux du type « go » et des signaux du type « no go » (c'est le jargon que l'on emploie dans ces expériences chez le singe). Il se peut d'ailleurs que cette région du cortex soit liée à ce qu'on appelle la tension sexuelle, c'est-à-dire cette impression finalement déplaisante que ressent l'individu quand il a un désir et qu'il ne peut pas être exprimé.

Au niveau du claustrum et du putamen, nous observons une relation « dose-effet » : plus l'excitation sexuelle subjective est élevée, plus le claustrum et le putamen voient leur activation augmenter. Certains arguments suggèrent que le claustrum est impliqué dans l'aspect motivationnel de l'excitation sexuelle. Des arguments embryologiques indiquent que le claustrum pourrait remplir chez les primates et donc chez l'être humain un rôle rempli chez les autres mammifères par la partie basolatérale de l'amygdale, dont on sait qu'elle est impliquée dans le comportement sexuel de mammifères tels que le rat. Chez l'être humain, lors des études en TEP d'autres comportements motivés comme la soif ou la faim, nous voyons apparaître également une activation au niveau du claustrum.

Pour résumer, l'idée que nous avons actuellement, c'est que, lors de l'occurrence d'un stimulus sexuel, il est d'abord décodé par les régions temporo-occipitales qui vont l'évaluer en tant que stimulus sexuel, qui vont décoder sa forme, qui vont l'identifier comme un stimulus de la catégorie sexuelle (par exemple, une femme adulte pour un homme hétérosexuel). Ensuite, le traitement cognitif va être effectué par la région orbitofrontale qui va évaluer comme plus ou moins élevée la signification motivationnelle de cette forme identifiée comme sexuelle. Il va falloir ensuite qu'il ait une sorte d'arbitrage entre les influences de type « go » et les influences de type « no go ». Cet arbitrage, d'après les théories actuelles sur le rôle des noyaux gris centraux, pourrait bien impliquer le putamen et le noyau caudé. Des noyaux gris centraux repartent des efférences vers le cortex cingulaire antérieur qui, quant à lui, va avoir ce rôle pré-moteur avec éventuellement mise en acte motrice. De plus, certaines parties des lobes temporaux (différentes de celle qui est mentionnée en début de paragraphe) exercent probablement une inhibition tonique sur le comportement sexuel. En effet, cette étude donne à penser qu'il y a en permanence une action inhibitrice de la part des lobes temporaux. Pour que l'individu voie se développer en lui un état d'excitation sexuelle, il faut en quelque sorte que ce frein permanent soit levé.

Que se passe-t-il chez les patients qui disent ne plus avoir aucun désir sexuel ou avoir une diminution très prononcée de ce désir ? Ce trouble est appelé désir sexuel hypoactif (DSH). Quand nous effectuons une analyse comparative de ce qui se passe chez les individus qui ne souffrent pas de ce problème (appelés « témoins ») et chez ceux qui disent en souffrir, nous voyons justement que le gyrus cingulaire est plus activé en réponse aux stimuli de type sexuel chez les témoins. Inversement, quand on recherche quelles régions du cerveau se désactivent moins en réponse à des stimuli visuels sexuels chez les patients avec DSH que chez les témoins, nous voyons qu'il en existe dans le cervelet, dans certaines régions temporales et dans le gyrus frontal supérieur droit. Autrement dit, cette étude nous permet peut-être de commencer à appliquer très prudemment certains résultats à la compréhension des troubles du type DSH. Chez ces patients, il semblerait que, en réponse à des stimuli visuels sexuels, il n'y ait pas de diminution suffisante de l'activité de régions cérébrales dont nous sommes amenés à penser, grâce à l'étude antérieure, qu'elles jouent un rôle de freinage sur le déploiement de l'excitation sexuelle. Cette interprétation, qui demande à être confirmée, impliquerait que ces patients pourraient être aidés par une psychothérapie visant à moduler l'intensité de l'inhibition que ces patients exerceraient sur leur désir sexuel.

Remerciements

La sexualité humaine reste aujourd'hui un sujet encore partiellement entouré de tabous, y compris chez certains scientifiques. Je tiens donc à remercier très vivement tous ceux qui ont eu le courage et l'ouverture d'esprit de soutenir mes recherches sur le désir sexuel et d'en reconnaître le caractère scientifique et éthique : par ordre chronologique, le Pr. A. Spira (directeur de l'unité 292 de l'Inserm), le Pr. D. Comar (ex-directeur du Cermep), le Pr.

J.-F. Doré et le comité consultatif de protection des personnes se prêtant à des recherches biomédicales Léon-Bérard, le Pr. J.-F. Pujol (directeur du Cermep), M.-Y. Burnod (directeur de l'unité 483 de l'Inserm), et le Pr. J. Bittoun (directeur du CIERM). Ces travaux n'auraient pu être conduits sans la compétence précieuse de J. Redouté (doctorant) et de l'équipe du Cermep (N. Costes, L. Cinotti, F. Lavenne, D. Le Bars, M.-C. Grégoire, V. Berthier, C. Vighi, M. Lionnet, L. Veyre, E. Lafarge, et D. Parisot). Remerciements également à M. Jeannerod, J. Decéty, D. Gérard, et B. Mazoyer pour leur aide dans l'élaboration du protocole, à M. Forest (unité 329 de l'Inserm) responsable des dosages de testostérone ainsi qu'à B. de Gayffier (faculté Léonard de Vinci, Paris 13) et à J. Varra (INA) pour leur aide dans l'élaboration ou l'analyse des stimuli visuels.

Le cerveau et le mouvement

par Alain Berthoz

Il n'y a pas de vie sans mouvement. Faust dit : « Au début était le verbe », puis il se reprend et dit : « Au début était la force », et il conclut : « Non, au début était l'action ». Il faut chercher dans les bases neurales du mouvement les fondements des activités cognitives les plus élevées du cerveau humain. Capturer une proie, échapper à un prédateur, sont les actions les plus fondamentales qui ont permis aux espèces de survivre depuis trois millions d'années. Or, capturer une proie, c'est deviner les actions de l'animal que l'on veut capturer. Échapper à un prédateur, c'est deviner les intentions de celui qui vous attaque. Il ne s'agit donc pas de réflexes, de réponses passives à des stimuli sensoriels. Dès l'origine, le contrôle de l'action exigeait que le cerveau soit un prédicteur, qu'il simule les actions de l'autre. Or tout se joue en quelques fractions de secondes. Seuls ont survécu les animaux qui ont pu, en 200 ou 300 millisecondes, évaluer une situation, un contexte, faire appel à une mémoire des actions passées et prendre des décisions.

Texte de la 38e conférence de l'Université de tous les savoirs donnée le 7 février 2000.

Le cerveau est un générateur d'hypothèses

Les relations entre perception et action sont à l'origine des fonctions cognitives les plus complexes du cerveau. Pour se déplacer, les animaux et les hommes disposent de réseaux de neurones dans leur moelle épinière qui produisent des rythmes automatiques, comme la locomotion ou la course. Mais le problème de la coordination entre posture et mouvement est complexe. Il est résolu, entre autres, par une remarquable stabilisation de la tête, qui devient une plate-forme de guidage. La tête d'une autruche qui court est parfaitement stable. Mais le cerveau a surtout été développé pour capturer des proies et échapper à des prédateurs, grâce à des mouvements très rapides. Le cerveau d'un léopard qui cherche à attraper une gazelle n'a pas le temps de traiter toutes les informations de ses capteurs sensoriels : il faut qu'il les sélectionne. Un skieur n'a pas le temps d'évaluer tous les mouvements de son corps sur la piste. Il simule la trajectoire dans sa tête, et ne fait que vérifier de temps en temps l'état de quelques indices sensoriels qui lui sont utiles pour connaître sa position ou la distance au piquet.

Comment le cerveau intègre cette multiplicité d'informations qui sont données par les sens ? Quels sont les sens qui nous permettent d'évaluer ce mouvement et de prendre des décisions ?

La vision, bien sûr, nous permet d'examiner des objets. À partir de l'œil, les informations sur le monde visuel et les objets sont projetées sur les aires visuelles primaires, et l'identification des objets est assurée par quatre voies neuronales, deux voies courtes, le colliculus et ses structures annexes qui véhiculent des informations de mouvement et permettent l'orientation vers une cible, et deux voies corticales. La première dite ventrale permet principalement l'identification des objets. Dans le cortex inférotemporal se trouvent des neurones qui vont reconnaître des visages, des objets, véritable bibliothèque de représentations. La deuxième, dite dorsale, est plus impliquée dans les relations entre le corps et l'espace et le guidage de l'action.

En plus de ces voies, qui vont de la rétine vers les centres qui élaborent la perception des objets, il y a des voies en retour, qui influencent notre perception des objets. Lequel d'entre nous n'a pas, dans la nuit, ou dans la pénombre reconnu une girafe ou un éléphant, alors que ce n'était qu'un vulgaire rocher, ou un arbre ? Le cerveau projette sur le monde, des préperceptions à partir des structures internes du cerveau, qui vont projeter sur les premiers relais sensoriels, et en particulier sur l'aire V1, des préreprésentations, des préperceptions. Cette idée n'est pas récente. Déjà les Grecs, comme Empédocle, avaient l'idée que le cerveau projetait un feu sur les objets, le cerveau ne se contentant pas de recevoir passivement les informations du monde. Il projetait une lumière. On retrouve quelques-uns des aspects de cette théorie dans les découvertes actuelles de la neurologie.

Un exemple illustre cette déformation que fait notre cerveau de la réalité du monde visuel. Sur une photo de Mme Thatcher, j'ai modifié les sourcils de façon à la rendre très laide en les inversant de haut en bas. Si je montre cette image à l'envers vous aurez du mal à reconnaître Mme Thatcher mais si vous la reconnaissez vous ne vous apercevrez pas qu'elle a les sourcils inversés. Le cerveau a projeté sur l'image une préperception issue de sa mémoire de la photo de Mme Thatcher que vous avez vue il y a longtemps. Le cerveau aime la *symétrie* ; il a tendance à symétriser les objets qu'il perçoit. Il aime aussi attribuer une *rigidité* des formes. Le cerveau est une machine qui traite l'information, mais une machine qui projette aussi ses contraintes, ses hypothèses, ses perceptions sur le monde.

Cinq sens ? Non, six ou plus !

Quels sens permettent d'évaluer le mouvement ? En plus des cinq sens, l'olfaction, la vision, l'audition, le toucher, le goût, nous avons dans le corps des capteurs spécialisés dans la perception du mouvement. Ceux des muscles en mesurent l'étirement et permettent, lorsque nous faisons un geste, de savoir la longueur qu'a un muscle. Dans les articulations, nous avons des capteurs qui mesurent l'angle des articulations entre elles. Dans la peau bien sûr nous avons des capteurs tactiles. Ces capteurs ne connaissent et ne permettent au cerveau que de connaître les déplacements relatifs des éléments du corps les uns par rapport aux autres. Ils ne signalent pas les relations entre le corps et le monde.

En revanche, la vision permet d'élaborer cette relation. C'est aussi un tachymètre. La fovéa est apparue chez les animaux tardivement, chez le singe et chez l'homme ; même votre chat a une zone dont la précision est incertaine au voisinage de la pupille. La vision a d'abord été un capteur de mesure de mouvements, et fonctionne avec une série de capteurs mal connus situés dans l'oreille interne, au voisinage de l'oreille qui entend : les capteurs vestibulaires. Nous avons donc une série de capteurs qui vont nous permettre de mesurer le mouvement.

Les fuseaux neuromusculaires, situés dans les muscles et mesurant leur allongement et leur vitesse, ne sont pas des capteurs passifs, et l'intention d'action peut en modifier le fonctionnement. Il y a, au centre de ces capteurs étudiés par le professeur Laporte au Collège de France, des organes qui signalent l'étirement du muscle, mais, à leur extrémité, ces capteurs ont eux-mêmes de petits muscles qui permettent au cerveau de modifier la sensibilité de ces capteurs. Ainsi, si vous dites « attendez l'autobus, il va venir dans deux heures », ou bien « attention je vais vous bousculer » vous pouvez régler la sensibilité de ces capteurs. Le cerveau influence la perception à sa source. On trouve cette influence de l'intention d'action sur tous les capteurs sensoriels. Même la vision est influencée par l'action dans ses premiers relais. L'action influence la perception à sa source.

Il en est de même pour la peau, pour le sens tactile. Les philosophes, depuis très longtemps ont identifié ce problème important qui est la différence de perception entre toucher et être touché. Ainsi, nous ne pouvons pas nous chatouiller nous-mêmes. On a récemment étudié les activations des neurones qui se produisent dans le cerveau suivant que l'on se chatouille ou que l'on est chatouillé, que l'on se caresse ou que l'on est caressé. On a montré avec l'imagerie cérébrale que si on chatouille une personne les aires spécialisées sont activées mais elles sont silencieuses si la personne se chatouille elle-même. Encore une fois, l'action influence la perception. Il ne s'agit donc pas de processus passifs.

Les fuseaux neuromusculaires et les capteurs des muscles et des articulations mesurent les mouvements du corps par rapport à lui-même, mais d'autres capteurs de mouvement mesurent les relations entre le corps et l'espace. Nous avons dans l'oreille interne un système sensoriel complet qu'ont tous les animaux : les *capteurs vestibulaires*. On distingue deux types de capteurs. Tout d'abord, trois canaux semi-circulaires : un horizontal et deux verticaux, semblables à des anneaux de rideaux remplis d'un liquide visqueux, mesurent les rotations angulaires de la tête, même lorsque nous ne faisons qu'une fraction de degré par seconde carré, c'est-à-dire des degrés par seconde seconde. Une accélération est un changement de vitesse. Trois capteurs de chaque côté de la tête, situés dans trois plans perpendiculaires, constituant un référentiel euclidien fondamental, qui est, peut-être, à la base de notre propre conception de la géométrie euclidienne. Comme l'avait suggéré Poincaré : « Les souris japonaises n'ont que deux canaux ; elles n'ont peut-être pas la conception de la géométrie à trois dimensions. » Ces capteurs ont des cellules sensorielles situées à leur extrémité, et lorsque nous tournons la tête, par suite des forces d'inertie, ils mesurent les rotations de la tête. Ce ne sont pas pour autant des capteurs de position : ils ne marchent que quand nous bougeons. Ce sont des capteurs de changement de mouvement situés au voisinage de la cochlée. Nous pouvons étudier aujourd'hui la perception de mouvement donnée par ces capteurs, chez l'animal, chez l'homme, grâce à des tables tournantes, qui permettent de déplacer des sujets dans les trois plans de l'espace, et de projeter sur des écrans tridimensionnels des scènes visuelles pour étudier la coopération entre ces capteurs et la vision dans la perception du mouvement.

Ces capteurs sont responsables de la stabilisation du monde visuel. Lorsque nous bougeons la tête nous ne pouvons pas utiliser les propriétés de la vision pour regarder des objets devant moi. Si l'image du monde bouge de 10° par seconde à peu près sur la rétine, l'image est floue. Or les rotations de la tête se font à plus de 100° par seconde ! La nature a donc mis au point un mécanisme, le réflexe vestibulo-oculaire, qui déplace l'œil en sens contraire du mouvement de la tête lorsqu'elle se déplace. Ces capteurs mesurent les rotations de la tête, et produisent un mouvement de l'œil en sens contraire au mouvement de la tête, qui stabilise l'image du monde sur la rétine. Ce réflexe très ancien existe chez tous les animaux, et il travaille avec d'autres réflexes qui véhiculent des informations de mouvement visuel sur la rétine, et qui viennent se mélanger à des structures du tronc cérébral, dont le cervelet, dans un mécanisme qui permet cette stabilisation perceptive, sans laquelle nous ne pourrions jamais nous déplacer et capturer une proie, ou continuer à analyser le monde lorsque nous nous déplaçons.

Ce mécanisme est à la fois simple et complexe. Les turbots, lorsqu'ils naissent, nagent comme tous les poissons. Mais, au bout de quelques semaines, il leur vient à l'idée qu'ils feraient mieux de se cacher des prédateurs dans le sable. Ils se mettent à plat dans le sable, ils deviennent des poissons plats. Le problème est qu'ils ont un œil qui est contre le sable. On observe une migration de cet œil, qui vient rejoindre l'autre. Il y a parallèlement une réorganisation plastique de toute la connectivité, de l'anatomie, de ce réflexe, assurée par les modifications des axones, des neurones, qui lient les canaux semi-circulaires aux yeux. Il y a une plasticité fonctionnelle remarquable, comme on en voit aussi chez l'homme par exemple après des lésions cérébrales ou après des opérations. C'est un joli modèle de cette flexibilité qu'a le cerveau, différente des idées du caractère immuable de l'anatomie neuronale que l'on avait il y a encore quelques années.

Mais l'étude de ces fonctions est complexe, et demande la coopération de biologistes, de mathématiciens. Il n'est pas évident de faire se correspondre ces trois canaux semi-circulaires, qui sont dans trois plans, qui mesurent des rotations avec les six muscles de l'œil ou avec les trente muscles de notre tête, ou les cent muscles du corps, ce qui me permet de stabiliser mon regard même lorsque je me déplace. Les mathématiciens étudient, grâce à des modèles géométriques, les transformations qui permettent à ces informations sensorielles de mouvement d'être données par les capteurs vestibulaires, d'être transformées en une commande motrice qui va commander par exemple les muscles du cou.

Nous avons une deuxième série de capteurs dans l'oreille interne, les *otolithes*. Ils sont également situés dans une cavité de l'oreille interne, qui est emplie du même liquide visqueux, l'endolymphe. Dans cette cavité, se trouvent des petits cristaux en suspension, liés à la base par des cils sensoriels. Lorsque nous nous déplaçons en translation, il y a un petit mouvement (par suite des forces d'inertie) entre ces petits cristaux, immobiles pendant les translations verticales ou horizontales, et la base. Cette petite modification, détectée par ces cellules, est à l'origine de notre perception des translations. Les accélérations qu'ils mesurent sont très petites : quelques dixièmes de centimètres par seconde par seconde.

Ce capteur mesure les translations, les accélérations linéaires, mais aussi une grandeur physique qui est une accélération particulière, la gravité. Einstein a montré que la gravité, donnée par l'attraction terrestre, est une forme d'accélération particulière. Ce capteur est aussi capable de mesurer la composante de la gravité dans le plan du capteur. Si j'incline ma tête, la gravité reste constante dans l'espace ; elle va exercer par conséquent une force sur les petits cristaux contenus dans le capteur otolithique et cette force est équivalente à une accélération. Et si je déplace ma tête dans l'autre sens, il va y avoir aussi une stimulation. Ce capteur est donc aussi un *inclinomètre*. Il est responsable d'une grande partie de notre capacité de percevoir l'orientation de notre corps dans l'espace de façon statique.

Mais ces informations sont ambiguës : les pilotes d'avion qui autrefois décollaient dans le brouillard, pouvaient interpréter l'inclinaison de l'avion qui décollait pour une accélération, et en faire une information erronée : il y avait souvent des accidents dus à cette ambiguïté. Ces capteurs travaillent par conséquent avec la vision pour lever cette ambiguïté. La perception est multimodale, elle exige la coopération de capteurs qui, chacun, contribue, dans sa géométrie, avec sa dynamique, à donner un aspect de la perception du mouvement.

Nous savons aussi que des déficits de ces capteurs vestibulaires donnent lieu à un grand nombre de pathologies, comme le *vertige*. Certaines personnes ont des asymétries dans le positionnement de ces capteurs, et elles ont à la fois des troubles de la posture, des troubles des yeux, mais aussi des troubles de perception. Tout le « schéma corporel », c'est-à-dire la représentation qu'a notre cerveau de l'anatomie et de l'organisation de notre corps est modifié lorsque ce petit capteur ne fonctionne pas ou est asymétrique. Il est à la base d'une bonne partie de la cohérence des relations entre notre corps et l'espace.

Ces capteurs vestibulaires sont aussi importants pour permettre la stabilisation du regard ; en plus du réflexe de contrôle de la position de l'œil, le réflexe vestibulo-oculaire, ces capteurs règlent et stabilisent la posture de notre corps pendant des mouvements, ils aident à maintenir l'équilibre, d'où le nom d'organes de l'équilibre qu'on leur a donné dans la littérature scientifique ancienne.

Le cerveau s'est en effet développé pour courir, attraper des balles, mémoriser des trajets, planifier des actions, prédire les intentions des autres, bénéficier de l'expérience passée, évaluer le danger, etc. Ces facultés exigent que la vision qui saisit les données du monde autour de nous puisse fonctionner même lorsque nous effectuons des mouvements complexes dans l'espace.

Le corps de quelqu'un qui descend un escalier a des mouvements complexes, mais la tête a l'air stabilisée dans une certaine direction guidée par le regard. Un coureur qui a des mouvements extraordinairement complexes a, pendant la course, une tête stabilisée dans l'espace, comme l'autruche qui court dans la steppe.

Cette stabilisation peut être étudiée aujourd'hui par des méthodes modernes, avec des caméras numériques reliées à des ordinateurs, qui permettent, pour la première fois, d'étudier le mouvement du corps dans toute sa complexité, tout en mesurant les propriétés de vitesse d'un grand nombre de points. Des caméras permettent de mesurer le mouvement de marqueurs que l'on met en différents points du corps et d'associer ces mesures avec des mesures de l'activité musculaire, ou même de l'activité des mouvements des yeux. Il est possible d'étudier ces relations entre le corps et l'espace, en particulier cette stabilisation de la tête. Lorsque je marche, je fixe mon regard quelque part, la tête est stabilisée. La locomotion, la course, le saut, sont organisés, non pas à partir des pieds jusqu'à la tête, mais à partir de la tête jusqu'aux pieds. La tête est utilisée par tous les animaux comme une centrale inertielle de guidage, qui est stabilisée dans l'espace, et à partir de laquelle, le mouvement du corps est coordonné. Cette propriété apparaît au cours de la première année, lorsqu'il développe cette capacité d'ancrer les mouvements à partir de la tête, cette plate-forme stabilisée. Le salto est une figure utilisée par les sportifs sur le trampoline qui consiste à sauter et à effectuer un retournement, au cours duquel il y a une phase d'élévation, puis une rotation à grande vitesse, puis une chute : pendant la rotation, la tête n'est pas stabilisée, puisqu'elle tourne ; par contre, pendant l'élévation, et dans la chute, la tête est très bien stabilisée dans l'espace, ce qui permet sans doute au cerveau d'utiliser les informations de la vision, des capteurs vestibulaires, de construire une cohérence sur la perception du mouvement, et de commander les mouvements du corps.

Il faut également souligner le caractère discontinu de la perception. Nous prélevons les informations sur le monde de façon intermittente et au cours d'un mouvement nous pouvons basculer d'un capteur sensoriel à un autre, ou combiner les capteurs sensoriels que nous utilisons différemment. Le cerveau planifie une séquence de mouvements mais en même temps les configurations des capteurs sensoriels qui seront utiles. Il prédit aussi les messages qu'ils doivent donner si le mouvement est correctement effectué. Le cerveau est un prédicteur, un simulateur, un émulateur. Pendant la montée du salto le cerveau peut utiliser les informations de la vision, des capteurs du corps et les informations vestibulaires ; mais, pendant la rotation, il est hors de question d'utiliser la vision : le défilement des images sur la rétine est beaucoup trop rapide ; il a lieu à plusieurs centaines de degrés par secondes. Il y a trois phases : une phase d'élévation pendant laquelle le cerveau va évaluer, élaborer à partir des informations des capteurs sensoriels, un mouvement ; puis, tout d'un coup, en même temps qu'est déclenchée la rotation, le cerveau va sélectionner, et couper la vision, qui ne sert à rien, et il va basculer sur d'autres informations, comme par exemple l'information vestibulaire. Et puis, lorsque va se préparer la chute, le cerveau va réactiver, rouvrir, re-sélectionner la vision pour permettre l'impact. La perception du mouvement est non seulement coopération des différents sens, mais elle est aussi sélection. Suivant le mouvement dans lequel nous sommes engagés, selon la phase de ce mouvement, les capteurs qui vont être utilisés ne seront pas les mêmes. Le cerveau a cette capacité de sélectionner d'un moment à l'autre les capteurs sensoriels qu'il va interroger en fonction de ses prédictions pour voir si les choses se passent comme elles doivent se passer.

Nous avons maintenant des possibilités d'étudier ces mécanismes grâce à des technologies plus complexes, comme des robots mobiles, pour étudier les rotations et les translations et combiner la mesure des rotations et des translations avec la vision. Dans notre laboratoire au Collège de France, un robot mobile que nous avons, contrôlé par un ordinateur, peut être soit déplacé passivement par l'expérimentateur, soit l'on peut demander au sujet, lorsqu'on lui a imposé un déplacement, de reproduire ce déplacement. Il est ici possible d'étudier non seulement la perception du mouvement, mais aussi la *mémoire du mouvement*, la mémoire des trajets.

Plasticité

Nous pouvons maintenant, grâce à la réalité virtuelle, donner à ces personnes, que nous déplaçons sur ces robots, des scènes visuelles, et, par conséquent, mettre en correspondance leur déplacement dans le monde visuel virtuel, avec le déplacement de leur corps dans le monde réel. Cela permet d'étudier par exemple la capacité qu'a le cerveau de résoudre des conflits. Jusqu'à présent, je vous ai dit que le cerveau utilisait les informations des capteurs sensoriels en les faisant coopérer, mais que se passe-t-il lorsqu'il y a un conflit ? Lorsque, par exemple, je mets des lunettes qui grossissent 1,3 fois, et que, tout à coup, ces mécanismes qui ont été développés il y a quelques millions d'années et qui ajustent la vision avec les capteurs vestibulaires ou les capteurs musculaires, sont faussés, puisque lorsque je me déplace dans le monde, mes capteurs vestibulaires vont dire que je me déplace de 30°, mais la vision dira que je me déplace de 40° car j'ai mis des lunettes qui grossissent. Grâce à la réalité virtuelle, nous pouvons dissocier les informations visuelles et vestibulaires, et nous avons par exemple récemment montré qu'il y avait une petite différence entre les hommes et les femmes dans leur capacité à re-calibrer leur perception en cas de conflit. Si l'on met des sujets sur le robot, et qu'on fait tourner leur corps dans l'espace de 90°, mais que dans le monde virtuel, on les fait tourner de 140 ou 150° pendant trois quarts d'heure, si on a auparavant mesuré la perception vestibulaire des rotations en demandant chaque fois aux gens de dire de combien ils avaient tourné selon eux, ils répondent parfaitement, à l'aide d'un pointeur. Mais, après 45 minutes de conflit visio-vestibulaire, quand on redemande aux gens d'évaluer leur perception vestibulaire, il y a un re-calibrage de la perception vestibulaire, différent chez l'homme et chez la femme.

On peut aussi étudier la plasticité de l'organisation de tous ces réflexes. Nous pouvons maintenant grâce à des méthodes de neurophysiologie, regarder les neurones qui combinent les informations visuelles et les informations vestibulaires, et localiser le lieu d'élaboration de cette plasticité. Ces réorganisations plastiques, en cas de conflit, font intervenir à la fois des mécanismes neuronaux très précis qui se produisent au niveau de quelques synapses dans le cervelet, dont la lésion empêche que nous nous adaptions, mais aussi, le cerveau est capable devant une lésion ou un conflit, de produire des solutions nouvelles, d'inventer des mouvements, de compenser des réflexes.

Il y a donc une organisation hiérarchique dans le traitement des informations sensorielles, qui permet au cerveau, en cas de conflit, à la fois de résoudre les problèmes localement, mais aussi de façon globale.

Les informations vestibulaires, ou ces informations de mouvement dans l'espace, ne sont pas uniquement traitées localement : elles sont envoyées au cortex cérébral. Une excitation anormale de cette structure est connue chez des patients épileptiques pour donner des illusions de sortie du corps. Il s'agit d'un centre extrêmement important pour assurer la cohérence de notre perception. Les informations des sens sont en effet transmises au cerveau par des structures comme celles-là, où elles sont mélangées, combinées, pour que nous puissions n'avoir qu'une seule impression, du mouvement de notre corps dans l'espace. Et des lésions, à différents endroits du cerveau, provoquent ces illusions de dissociation des parties du corps ou de « sortie du corps ».

Ces informations sur le mouvement du corps dans l'espace ne vont pas seulement dans les structures corticales qui sont impliquées dans la perception et la conscience de notre corps. Par exemple ces informations vestibulaires, visuelles, proprioceptives, vont jusqu'à une partie du cortex qui s'appelle le cortex pariétal. La lésion du cortex pariétal à droite, donne un syndrome : le « syndrome de négligence spatiale » ; les personnes qui ont cette lésion, ne vont dessiner que la moitié d'un objet, ne mangeront que la moitié d'un plat de framboises, ou n'habilleront que la moitié de leur corps. Il y a là une structure qui va gérer les informations des relations entre le corps et l'espace. La négligence spatiale peut aussi s'observer, avec des symptômes différents, chez des patients ayant des lésions frontales.

La mémoire de l'espace

Ces informations vont plus loin dans le cerveau : elles atteignent la « formation hippocampique », située à la base du cerveau, très importante pour la mémoire de l'espace. Vous pouvez définir un trajet de deux façons : avec une carte, en évoquant l'image de cette carte, comme lorsque vous préparez vos vacances : vous pouvez donc résoudre ce problème par la simple évocation d'une image. Cette évocation illumine les aires visuelles qui traitent ces images. Vous pouvez le faire aussi en vous rappelant les mouvements de votre corps : vous avez franchi le porche, tourné à droite : vous avez associé ces translations et ces rotations avec des indices visuels ; vous avez reconnu une personne, une balustrade, etc. Cette mémoire des déplacements, des trajets, exige que soient combinées, non seulement les informations des mouvements données par les sens, mais aussi des repères, un bruit, d'autres événements ou même une action que vous-même avez faite. Cette structure, « l'hippocampe », bien placée dans le cerveau, traite ce genre d'informations, reçoit les informations à partir du cortex, à partir de tous les sens et des structures du cerveau qui traitent les informations sensorielles.

L'hippocampe, qui est situé au niveau hiérarchique le plus élevé du traitement de ces informations sensorielles est doté de propriétés de mémoire. Par exemple, si vous franchissez la rue Saint-Martin et qu'un vélo vous roule sur le pied, le lendemain, au moment où vous allez franchir la rue Saint-Martin s'évoquera le souvenir de cet épisode qui vous est arrivé la veille. Des lésions dans l'hippocampe provoquent des troubles de la mémoire de l'espace, des troubles de la navigation.

Nous pouvons aujourd'hui étudier le fonctionnement de cette structure grâce à l'enregistrement de l'activité cérébrale, par les méthodes de caméras à émission de positons ou d'IRM fonctionnel, ou en allant enregistrer des neurones dans le cerveau des animaux. Ces neurones codent des variables importantes pour la mémoire du mouvement, les lieux, par exemple. On peut ainsi reconstruire l'activité de tous ces neurones, et découvrir qu'il y a dans l'hippocampe des neurones qui codent les *lieux*. Lorsque, la nuit, dans le noir, vous cherchez l'interrupteur dans votre chambre, et que vous savez parfaitement où vous êtes à tout moment dans la pièce, ceci est probablement dû à des mécanismes qui ont leur origine dans le fonctionnement de ces structures.

Un autre codage avait été prédit par Darwin : une autre série de neurones code la *direction*, qui vont décharger uniquement lorsque je me dirigerai dans une direction particulière, quel que soit l'endroit où je suis. C'est une véritable boussole généralisée.

Le cerveau reconstruit par conséquent à partir des informations des sens, et à partir de leur coopération, après résolution des conflits, des variables fondamentales qui nous permettent de naviguer dans l'espace, telles que la *rotation, la translation, la direction, la distance, le lieu*. Il y a une véritable opération mentale de simplification de la représentation de l'espace, qui nous permet de naviguer, de courir, de gagner au rugby, etc.

Il est enfin une fonction de mouvement fondamentale : le mouvement du regard. Avant de pouvoir se promener dans le monde avec ses jambes, le bébé se promène avec son regard. Le regard nous économise d'aller quelque part et de nous tromper ; c'est une des formes les plus fondamentales de notre navigation dans l'espace. Nous pouvons mesurer les déplacements du regard avec des systèmes comme l'électro-oculographie, des systèmes utilisant des champs magnétiques, des ordinateurs. Lorsque vous regardez une scène visuelle, votre regard saute d'un point à un autre. Nous ne glissons pas avec le regard volontairement. Vous ne glisserez votre regard que si je déplace une cible devant vous : vous ferez un mouvement continu, « la poursuite oculaire », apparu tardivement chez les primates et chez l'homme. De grands précurseurs comme Ferrier et Penfield ont réalisé des expériences qui ont permis de localiser dans le cerveau les structures importantes pour contrôler le regard. Nous savons depuis lors que le regard est contrôlé par deux grandes voies.

La première voie véhicule l'information sur la lumière à travers un circuit qui passe au-dessus du tronc cérébral, qui s'appelle le colliculus supérieur ; cette structure existe chez tous les animaux qui bougent, elle permet les mouvements d'orientation, de capture, lorsque apparaît une proie, une cible à la périphérie et que nous devons nous déplacer très rapidement. C'est grâce à ce circuit court que le regard peut s'orienter vers une cible. Il y a une deuxième grande voie plus complexe, développée au cours de la phylogenèse, chez l'homme et chez l'animal, qui va depuis le cortex visuel vers le cortex pariétal, où les informations visuelles sont mélangées avec les informations du corps, et surtout, vers le cortex frontal. C'est grâce au développement de ces structures que nous pouvons décider vers quoi nous regardons. Lorsque vous organisez votre regard sur cette diapositive, vous le faites en fonction de pensées, de mémoire, de curiosité, mais c'est grâce à cette structure frontale et préfrontale que nous pouvons organiser le regard et prédire en quelque sorte où nous allons regarder en fonction de nos buts, et de nos actions.

En ce qui concerne la voie corticale, depuis quelques années, l'imagerie cérébrale chez l'homme permet d'identifier avec grande certitude les structures corticales responsables des mouvements des yeux. Nous savons, par exemple, que si l'on vous demande de fermer les yeux, et de faire des saccades oculaires de gauche à droite, vous allez activer trois zones principales dans le cortex : une zone située dans le cortex frontal, une autre dans le cortex médio-dorsal, et une troisième dans une structure qui s'appelle le « cortex cingulaire ». Lorsque nous *imaginons* simplement un mouvement, nous activons les mêmes structures que celles que nous activons lorsque nous *exécutons* ce mouvement. Le cerveau est un simulateur d'actions. Penser à une action, c'est éventuellement mettre en jeu les mêmes mécanismes ou une partie des mêmes mécanismes que ceux qui sont utilisés lorsque nous exécutons l'action. Nous savons que c'est possible grâce à l'existence dans le cerveau de toute une hiérarchie d'inhibitions qui va verrouiller l'exécution de ces mouvements.

Modèle interne et prédiction

Le cerveau utilise les informations des capteurs sensoriels pour construire le *sens du mouvement* qui est donc ce mélange des différentes informations sensorielles. Il est aussi un prédicteur. Prenons l'exemple de la capture d'une balle. Comment Barthès peut-il arrêter les ballons ? Nous avons réalisé une expérience, issue de certaines expériences faites par nos collègues en Italie, et qui a montré que lorsqu'on lance une balle à un sujet, pour qu'il la rattrape avec la main, le cerveau n'attend pas que l'objet ait touché la main pour produire la contraction ; le cerveau n'attend jamais que les sens soient activés pour produire quelque chose. 300 ms avant que la balle ne touche la main, le cerveau produit une contraction des muscles, qui permet que la balle ne tombe pas. Cette contraction n'est possible que grâce à l'existence de *modèles internes* de l'effet de la gravité sur les objets. En effet, il ne serait pas possible de concevoir que le cerveau puisse produire, quel que soit l'objet, exactement la force qui est nécessaire, si en même temps qu'avec la vision de l'objet par le cerveau, le cerveau ne construisait pas une estimation, une prédiction de la force qui va s'exercer. Nous pensons actuellement qu'il y a dans le cerveau des modèles internes des lois de la mécanique, qui permettent au cerveau d'anticiper sur ces lois.

Nous avons réalisé l'an dernier dans la navette spatiale américaine une expérience au cours de laquelle nous avons lancé des balles aux cosmonautes, dans l'espace où il n'y a plus la gravité. Les mouvements ne sont plus accélérés, et nous trompons ces modèles internes. Il y a des modifications de l'activité musculaire qui font penser que le cerveau utilise ces modèles.

Comprendre ces mécanismes de prédiction du cerveau est une grande responsabilité pour les scientifiques que nous sommes. En effet, si lorsque nous voyons un visage, ou une forme, nous ne nous contentons pas de l'analyser, de la regarder, mais projetons sur ce visage des idées toutes faites, des mémoires, alors il est possible que la plus merveilleuse propriété du cerveau, cette capacité d'anticiper, soit utilisée par des manipulateurs de la perception, qui peuvent introduire dans le cerveau des images toutes faites de l'autre, qui, au lieu de donner une perception tolérante, induiront éventuellement la haine, la caricature. Nous devons donc aussi, en même temps que nous comprenons cette capacité merveilleuse qu'a le cerveau de projeter, nous mettre en garde contre l'utilisation de cette propriété par ceux qui veulent remplacer la tolérance par la haine.

RÉFÉRENCE

– BERTHOZ (A.), *Le Sens du mouvement*, Paris, Odile Jacob, 1997.

Stress, adaptation et développement

par Roland Jouvent

J'aimerais vous faire passer une idée autour du titre « Stress, adaptation et développement ». Il s'agit du fait que ce qu'on observe comme dysfonctionnement en psychopathologie est la résultante d'une interaction particulière entre des propriétés d'un individu et l'environnement dans lequel il se trouve, ou d'une histoire particulière avec certains aiguillages qui sont pris plutôt que d'autres. Il ne s'agit donc pas tant, dans une perspective structurale, d'un marquage définitif, inné ou acquis, qui ferait que la pathologie serait fixe, inchangeante chez un individu donné, et que l'ensemble de ses comportements pourrait ressortir d'une entité pathologique.

La psychopathologie des comportements est en continuité du normal au pathologique, et aussi en continuité tout au long de la vie, entre ce que le sujet a pu acquérir très précocement, et la façon dont le milieu enrichit ses capacités initiales ou au contraire conflictualise son patrimoine biologique.

Quatre exemples successifs permettront de voir, qu'au même titre que l'ensemble des neurosciences, la révolution récente des connaissances nous offre à la fois de nouveaux outils et de nouvelles théories pour mieux comprendre les

---

Texte de la 39e conférence de l'Université de tous les savoirs donnée le 8 février 2000.

troubles du développement et les troubles psychopathologiques en général.

La psychobiologie est apparue dans les années 1960, au moment où Jacques Glowinski est revenu des États-Unis, où il avait montré avec le prix Nobel Axelrod, le mécanisme d'action des antidépresseurs. À cette époque, la façon d'étudier la neurobiologie des comportements consistait à mettre directement en relation une expressivité d'un comportement, chez l'animal en particulier avec, soit une lésion, soit une action pharmacologique au niveau cérébral. Depuis, sont apparues ce qu'on appelle les neurosciences cognitives qui mettent en relation, non plus deux mais trois niveaux. En traversant ce qu'on a appelé le niveau cognitif, le niveau de la matière pensante, il est devenu possible de mettre en relation une action cellulaire au niveau neuronal, une action psychologique et une expressivité comportementale.

Les querelles dualistes antérieures qui attribuaient soit au niveau cérébral, soit à l'esprit, l'explication de la cause des troubles du comportement, ou des troubles mentaux, sont maintenant un petit peu dépassées. Il y a un consensus pour reconnaître que les troubles psychopathologiques sont multifactoriels. On peut étudier la façon dont un esprit pense sans du tout réduire à une cause cérébrale l'expressivité psychique ou comportementale d'un sujet, sous prétexte qu'on étudie la génération de ses actions de penser. Décrire dans un paradigme qui ressemble au fonctionnement d'un ordinateur une façon d'avoir une pensée ou une intention, ou de planifier un projet, rattacher cette planification d'un projet à des capacités neuronales et étudier la sortie comportementale de ce projet, ne procède pas d'une démarche étiologique ; cette approche n'a pas pour ambition de réduire à la seule psychobiologie l'explication des comportements humains.

Donc, nous avons trois niveaux d'observation : un niveau neurobiologique, un niveau dit cognitif et un niveau comportemental. En rejoignant ainsi les auteurs du début du siècle, nous pouvons nous intéresser à la façon dont le sujet à lui tout seul peut utiliser son appareillage biologique et psy-

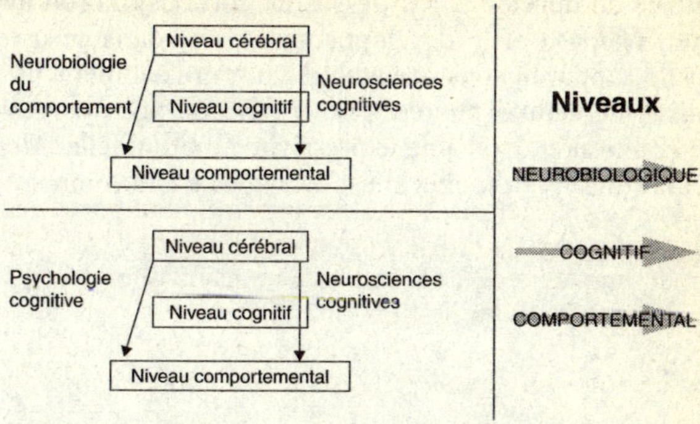

Figure 1 – Niveaux d'observation et niveaux théoriques (d'après Thibergien et Jeannerod).

chique pour se motiver, pour utiliser dans l'environnement des sources qui sont stimulantes, et pour filtrer au sein de cet environnement les sources qui sont à la fois suffisantes et pas trop importantes pour pouvoir êtres gérées.

Le stress est dû au fait que les distracteurs d'un individu sont trop importants et que son appareil de filtration sensoriel et psychologique est débordé par l'inondation environnementale.

Le cerveau de l'homme est constitué d'une partie assez ancienne, MacLean l'avait bien montré, c'est l'animal en nous, qui comporte à la fois le système limbique, c'est-à-dire l'appareil émotionnel, et les noyaux gris centraux, c'est-à-dire la gare de triage et d'organisation des comportements

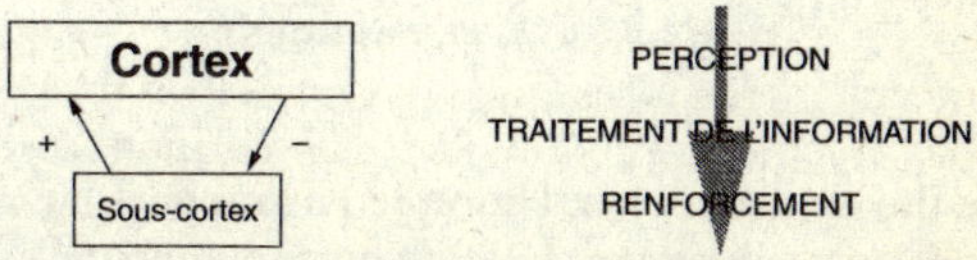

Figure 2 – À gauche : Relations cortico-sous corticales. À droite : La chaîne perceptivo-motivationnelle.

moteurs complexes et par-dessus un cortex, qui croît avec la phylogenèse et le développement. Déjà dans ce qu'on appelle l'appareil sous-cortical, il y a tout l'équipement en matière de centres moteurs et de réseaux pour éprouver une émotion et avoir une expressivité émotionnelle. Ainsi, le coup de sabot du cheval est un langage émotionnel.

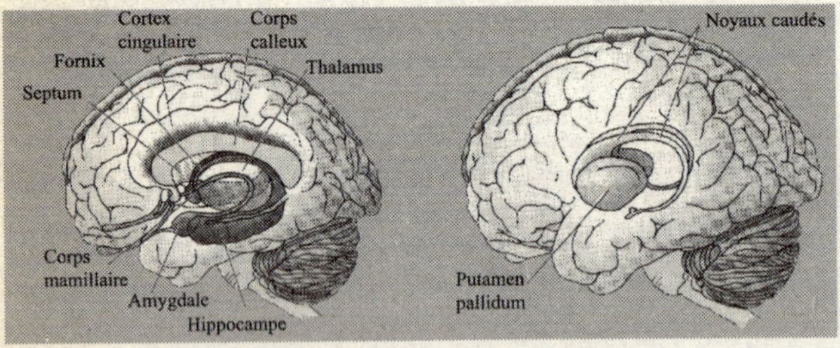

Figure 3 – Le système limbique.

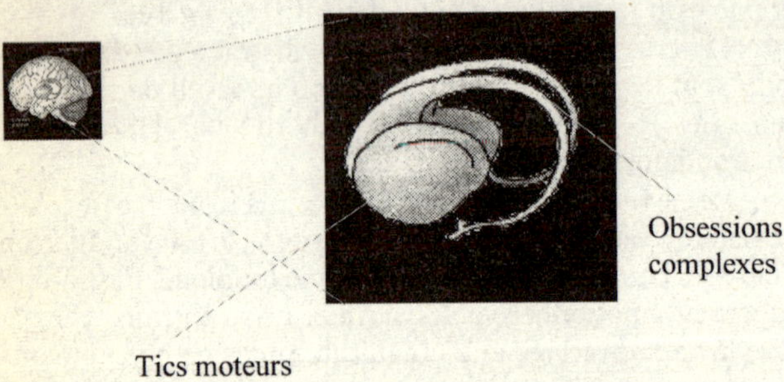

Figure 4 – TOC et noyaux gris.

Ce qui se passe chez l'homme par rapport au cheval, c'est qu'il pense quelque chose de ce qu'il fait soit *a posteriori*, soit *a priori*, soit en même temps, simultanément. Son éprouvé émotionnel a en permanence un besoin d'ajustement par rapport à ses comportements sous-corticaux. On pourrait tracer l'histoire du développement, au-delà de celle de l'évolution, en reprenant les idées de MacLean, pour dire que peu à peu l'histoire de l'humanité est de substituer à des actes moteurs, et à des comportements sociaux, des représentations mentales. Ceci a un bénéfice social manifeste puisque, par exemple, si je suis en colère dans les encombrements après un autre automobiliste, penser une injure à son sujet me dispense de l'agresser physiquement. La souris a beaucoup plus de mal à le faire.

Nous touchons là une capacité, une propriété particulière du cortex humain qui est une vertu inhibitrice sur le sous-cortex. Développer son cortex c'est donc acquérir de plus en plus la capacité à inhiber des réactions animales, sous-corticales, thalamiques, c'est-à-dire des réactions sur un mode où la sensorialité génère immédiatement une réponse comportementale ou émotionnelle. Il n'est pas dit du tout qu'à chaque fois, chaque individu, chaque petit bébé qui vient au monde ait d'emblée l'appareillage, ou les traces, ou les guides suffisants, ou les guides en harmonie avec l'environnement, pour choisir des stratégies pour gérer, inhiber, distinguer ce qui est pertinent par rapport aux stimulations de l'environnement. On voit bien actuellement combien chez des adolescents par exemple, la régression de certains comportements à risque, ou prise de risque, est une expressivité sans langage imagé, sans représentation mentale, il s'agit ici d'une recherche de stimulations par le comportement en lui-même.

Ce dialogue cortex/sous-cortex, dont l'harmonie des boucles est une des conditions de l'homéostasie psychique et affective chez l'être humain, comporte un décalage temporel. Un individu ne peut pas faire quelque chose de très intense et le penser en même temps. Lorsque l'on skie très vite, on ne peut pas se dire en même temps « j'ai du plaisir à skier ». Une seconde après on se dit « j'ai eu du plaisir à skier », ou une seconde avant on anticipe le plaisir que l'on va prendre. Ainsi, toutes les situations de plaisir intense comportent une incapacité à verbaliser, à mettre en mots, la sensation éprouvée au moment de son apparition.

Toute l'histoire d'un bébé qui va se développer procède de ce problème, c'est-à-dire gérer la temporalité et engranger dans sa mémoire des expériences afin que plus tard dans des situations analogues qui lui rappellent, positivement ou négativement, un environnement sensoriel, un contexte particulier, il puisse à la fois utiliser sa mémoire pour relire ce qu'il vient d'éprouver ou pour anticiper ce qu'il est susceptible de rechercher.

Premier exemple : conflit sensoriel et anxiété

Beaucoup d'auteurs ont remarqué que chez les sujets anxieux, qu'il s'agisse de patients ou de sujets normaux ayant des traits anxieux, il y avait un ensemble de symptômes sensoriels dont la plupart évoquaient ce qu'on appelle le conflit sensoriel. Lorsqu'on est en haut de la tour Eiffel, les yeux, qui regardent la ligne d'horizon, nous disent que nous sommes immobiles alors que nos récepteurs jambiers posturaux, qui eux sentent le léger déplacement du haut de la tour Eiffel, nous disent que nous bougeons. À ce moment-là, le fait d'avoir à gérer un conflit entre deux types d'informations contradictoires qui arrivent au cerveau est, non pas une des causes ou un des mécanismes, mais une des choses qui comportent ce qui se passe dans la tête. Il faut choisir quelle est l'information la plus pertinente et surtout il faut donner sens à des sensations que les autres sensations nous disent être erronées.

C'est cette capacité à gérer souvent des conditions contradictoires de l'environnement sur un plan sensoriel, qui fait que, en général, notre cerveau nous aide à nous adapter à des situations extrêmement variées au point de vue environnemental et sensoriel. Les anxieux, au contraire, ont perdu un peu cette capacité et il est possible, dans certains types d'expérience, de montrer cette dimension sous-corticale, sous-langagière de l'anxiété.

Un travail du groupe de Georges Chapouthier consiste à montrer comment les souris sont capables de gérer avec leur appareil visio-vestibulaire, l'équilibre en parcourant une poutre soit immobile soit mise en rotation. Les souris utilisent leur queue comme un balancier pour s'équilibrer.

Deux souches de souris sont utilisées, une connue pour être anxieuse dans des tests d'anxiété et l'autre non. La mise en rotation de la poutre provoque chez la souris anxieuse, un recroquevillement vers la poutre et une perte de la capacité d'utiliser sa queue pour s'équilibrer. Le nombre de chutes parmi les souris anxieuses est alors considérablement augmenté. Le fait de donner à ces souris anxieuses un anxiolytique comme du diazepam suffit à rétablir les capacités d'équilibration. Elles se rapprochent de la poutre et ne peuvent plus bien la parcourir si celle-ci est en rotation.

Avec Isabelle Viaud-Delmon nous avons tenté de reproduire ce travail, en collaboration avec Alain Berthoz, chez l'homme, et chez l'homme sain ayant des traits anxieux. Un conflit sensoriel a été créé en plaçant un individu sur un fauteuil rotatoire avec un casque de réalité virtuelle sur les yeux. Sans le savoir, le sujet est soumis à un conflit sensoriel. Et nous avons pu retrouver des caractéristiques particulières à l'anxiété. La première psychologie différentielle, dans les années 1940-1950, sous l'influence des Européens et en particulier en France de Maurice Reuchlin, a consisté à décrire des caractéristiques des individus. Les psychologues à l'époque n'étaient pas inspirés par la neurobiologie, et ils avaient cherché des conditions naturelles les plus standard possible de telle sorte que les traits qu'ils ont individualisés sont des traits dans des situations de repos très standardisées. Il s'avère qu'en fait, en particulier si on veut étudier la vulnérabilité soit aux troubles du développement, soit à la psychopathologie, il vaut mieux tester l'émergence de traits en situation que l'existence de traits spontanés. En d'autres termes le fait d'être intro- ou extraverti dans un contexte neutre n'est pas finalement très fructueux pour comprendre ou prédire un comportement, ou une incapacité à s'adapter. Par contre, le fait que dans une situation particulière, si on met du bruit dans les oreilles d'un individu, ou si on le met dans une situation de conflit sensoriel comme on l'a vu précédemment, on fasse apparaître une compétence ou une dyscompétence spécifique paraît beaucoup plus intéressant. Nous avons appelé ceci un trait fonctionnel.

Deuxième exemple : les sujets anhédoniques

Les sujets anhédoniques normaux sont caractérisés par une difficulté à éprouver du plaisir dans les situations ordinairement agréables. Nous avons montré dans notre laboratoire que ces sujets anhédoniques révèlent une déficience cognitive seulement dans des situations où la tâche cognitive à effectuer est difficile, et non pas dans la condition simple. Autrement dit, une épreuve psychologique simple, comme un temps de réaction ne fait rien apparaître par rapport à des contrôles là où on peut faire émerger des caractéristiques particulières lors d'épreuves difficiles.

Il a pu être montré à partir d'une cartographie cérébrale en potentiels évoqués, que les « sujets contrôles » par rapport aux « sujets anhédoniques » ne sont pas différents dans la condition simple, alors que dans la condition « multiple de 3 à repérer », on voit apparaître un déficit, en l'occurrence de l'amplitude de l'onde P300, du travail neuronal postérieur du cerveau chez les anhédoniques. Ce trait d'anhédonie, qui est un trait connu comme un facteur de vulnérabilité par exemple à la dépression, chez des sujets sains, étudiants de toutes spécialités dans un amphithéâtre, peut révéler un déficit dans des conditions difficiles. La vulnérabilité à la dépression est peut-être plus une vulnérabilité à faire face à un effort, émotionnel et/ou cognitif, c'est-à-dire affronter une situation compliquée. Ainsi il est assez logique de penser que l'avenir nous invitera à aller de plus en plus vers la recherche de traits en situation, de vulnérabilité en situation, plutôt que de vulnérabilité constante, au repos.

Troisième exemple : les relations cortex/sous-cortex, les obsessions, et les troubles obsessionnels compulsifs

Ces travaux ont été en particulier développés par l'équipe de Judith Rapaport, qui avait retrouvé une chose assez étonnante qui est que les gens ayant des obsessions et des compulsions ont un hypométabolisme cortical et un hyperfonctionnement au niveau des noyaux gris, antérieurs si ce sont surtout des tics moteurs, ou postérieurs si ce sont des obsessions complexes. Autrement dit, les gens ayant des troubles obsessionnels compulsifs ou une anxiété obsessive, ont un hypofonctionnement cortical et un hyperfonctionnement sous-cortical. Le cortex et la pensée sont au repos, et c'est en dessous que ça marche trop vite. Cette donnée a été vérifiée en imagerie cérébrale. Les sujets qui ont été traités soit avec des thérapies cognitives, soit avec des inhibiteurs de capteurs de sérotonine, et qui ont été, ce qui n'a pas toujours été le cas, le fait d'une amélioration clinique, ont retrouvé un équilibre cortico/sous-cortical, alors qu'auparavant ils étaient dans une situation où l'emballement sous-cortical n'était pas compensé par la capacité du cortex à inhiber.

De là est venue l'idée qu'une partie de la symptomatologie psychique de l'obsédé n'était pas forcément à l'origine du comportement de rituels de lavage, ou de compulsion. Je proposerais l'idée qu'il est des situations où la phobie d'impulsion, la peur d'avoir une compulsion, représente une adaptation à un emballement sous-cortical. Ainsi, « avoir peur de me gratter devant vous » c'est peut-être la meilleure façon de ne pas me gratter devant vous. La pensée est ici secondaire à l'acte et joue un rôle d'adaptation. Craindre d'avoir sa compulsion est peut-être une tentative secondaire par le mental de reprendre la maîtrise sur des comportements archaïques, sous-corticaux, qui étaient libérés lors du trouble.

Judith Rapaport a mis en relation ses résultats avec quelque chose que Pichot avait décrit avec les vétérinaires, qui était la dermatite âcre chez le chien. Les chiens en situation de séparation ont quelquefois des pelades par grattage jusqu'au sang et, si on leur donne des antidépresseurs, ils guérissent de cette activité compulsive de grattage. Pichot disait déjà, il y a une quarantaine d'années, que les antidépresseurs sont un bon traitement des compulsions chez le chien, alors qu'on ne savait pas à l'époque que les circuits sérotoninergiques étaient impliqués dans cet équilibre cortico/sous-cortical.

Dans une perspective où l'ontogenèse s'emboîte avec la phylogenèse, on peut accepter l'idée que l'homme obsédé régresse, un petit peu de façon jacksonienne, vers des

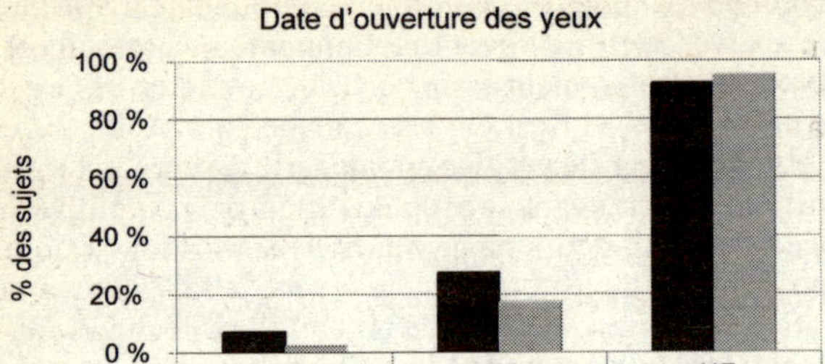

	J15	J16	J17
Stressés in utero	6,80 %	27,00 %	92,00 %
Témoins	1,75 %	17,00 %	95,00 %

Jour après naissance

Figure 5 – Stress prénatal et maturation du système nerveux.

comportements archaïques qui sont des comportements tout simples, de tics, de compulsion, normalement réprimés par le développement du cortex et de la pensée. De ce point de vue, tout travail psychique serait une adaptation à quelque chose qui pousse en nous, à un animal obsédé, à un animal compulsif. Être obsédé serait ainsi une récupération de ces comportements. D'un autre côté, tout travail psychothérapeutique développant l'activité psychique serait un moyen par des voies détournées (que ce soient des thérapies psychanalytiques ou des thérapies cognitives) d'aider le sujet à mieux réprimer ses comportements sous-corticaux.

Le terme de développement n'est pas faux, et pas seulement celui d'adaptation. On pourrait même dire évolution/développement. Sans être à nouveau trop jacksonien, on peut quand même s'interroger sur le fait que nombre de comportements pathologiques, qu'on appelle des comportements par défaut de mentalisation, sont des comportements qui ne sont pas pensés. Un individu qui a un comportement fou ou un comportement obsédé, ce n'est pas parce qu'il a une idée folle ou une idée obsédante, c'est peut-être l'inverse. L'idée que la pensée soit prime par rapport à l'acte, est à remettre en question ; le plus vraisemblable est qu'il existe un cycle permanent entre ce qu'on éprouve et qui nous fait penser ce qu'on vient de faire, et ce qu'on anticipe qu'on va faire, etc.

Ces boucles-là sont souvent perturbées. Il faut bien s'arrêter à un moment pour les étudier, mais nous nous étions tous probablement influencés dans quelque chose d'un peu trop causaliste, en posant que la pensée est toujours primaire par rapport au comportement. Le projet de pensée est quelque chose qui guide nos actions. L'équipe de Jeannerod a bien montré que quand « j'imagine un mouvement » ou quand « je l'effectue vraiment » ce sont les mêmes zones corticales qui sont activées. Il y a donc une équivalence en termes d'activation cérébrale. Il est vraisemblable que, d'une façon générale, plus ça ira, plus nous verrons que nos pensées sont en dialogue, sont en décalage, et qu'il y a un jeu entre l'esprit et l'acte moteur, et que de ce jeu naissent toute une diversité et une palette de comportements, qu'on peut au carré réunir dans l'interaction humaine. L'échange social et affectif devient dans cette perspective quelque chose de très compliqué avec un gradient relatif entre l'un et l'autre, où la pensée peut simuler un acte et où la métaphore peut remplacer un comportement, etc.

Dans l'échange entre des individus, les messages mimiques infraliminaires, et donc en réalité très souvent sous-corticaux, sont des indices importants, et si nous sommes si mal en présence d'un schizophrène, par exemple, c'est parce que nous ne savons pas décoder les signaux mimiques qui lui sont particuliers.

Quatrième exemple : le stress chronique léger et le développement

L'idée de stress chronique léger repose sur une prévalence de l'imprévisibilité de la variété des stresseurs, plutôt que de leur intensité. Ce qui est dur dans la vie quotidienne ce n'est peut-être pas l'intensité des stress, c'est leur caractère irrégulier, imprévisible, et leur variété. Si nous pouvions automatiser et prévoir de façon régulière l'apparition d'un stress, ou d'un bruit, nous mettrions en place une stratégie qui ferait que nous pourrions filtrer, par exemple le bruit excessif, anticipatoirement avec des routines frontales, et que nous ne serions plus assaillis par le bruit. Notre problème, à nous humains, c'est de gérer l'imprévisibilité.

Les travaux de l'équipe de Charles Cohen-Salmon ont montré que si on soumet des souris pendant 30 jours à des événements stressants non nociceptifs, mineurs, comme incliner la cage un jour, humidifier un peu la litière un autre jour, changer l'horaire d'éclairage, etc., tout ceci de façon non violente, on peut dérégler complètement des individus souris, au point de modifier gravement leur biologie, comme si elles avaient un tableau de dépression ou d'altération cérébrale marquée.

La même procédure de stress léger chronique a été appliquée au stress gravidique pour étudier les aspects de filiation, c'est-à-dire quelles étaient les conséquences du stress pendant la grossesse. Ces stress sont extrêmement légers, non nociceptifs. Il ne s'agit pas de chocs électriques ou d'agressions envers les souris mais de petites modifications qui dérangent et qui créent un sentiment d'imprévisibilité, et d'inconfort lié à des changements imprévus. Si on regarde la date d'ouverture des yeux, qui est considérée comme un reflet de maturation du système nerveux chez les petits, on s'aperçoit que presque paradoxalement, la maturation est plus rapide chez les petits des mères stressées. Est-ce que c'est une bonne chose dans la vie, ayant une mère stressée et moins protectrice, de s'éveiller plus vite au monde ? C'est une question qui n'est pas résolue, mais qui rapproche des questionnements des pédopsychiatres ou des gens qui font de la psychologie de l'enfant en général.

Comme nous venons de le voir, on gagne à imaginer maintenant les expériences de comportement, l'explication psychologique et cognitive des troubles mentaux, en terme d'évolution, en réintroduisant à la fois une diachronie, quelque chose de l'ordre du dynamique. La biologie, qui est la science la plus physiologique, la plus dynamique, qui ne fige pas les systèmes, qui parle de comportement, de régulation, d'évolution, qui accepte que les choses se meuvent, a probablement influencé la psychologie qui était devenue un peu structurale. À l'avenir, c'est ça le challenge du siècle qui vient, il ne faut plus voir la psychologie et la psychologie expérimentale, qu'elle soit normale ou pathologique, en termes de traits fixés, mais en termes de capacité de devenir, en termes de prédictivité d'un comportement, en termes de capacité d'adaptation ou de non capacité d'adaptation.

De la même façon que les souriceaux qui ouvrent plus précocement les yeux, on peut très bien dire qu'un petit bout de chou qui est le fils d'une dame gardienne d'une tour de vingt étages, donc hyperstimulé, va devenir un chercheur de sensations. Les psychanalystes diraient que la mère ne joue pas le rôle de « pare-excitation » ; il faut que le bébé puisse se protéger par moments et ne pas être stimulé tout le temps. Sinon il se développe trop vite et il devient appétant aux stimulations. Ce caractère de recherche de sensations peut bien conduire à devenir un journaliste, un scientifique, un baroudeur ou un toxicomane. La même propriété psychobiologique peut être un atout, si elle est bien canalisée, ou au contraire un facteur de vulnérabilité à la psychopathologie.

Le dualisme s'éteint, ou en tout cas est en repos, l'eugénisme aussi, concernant la biologie des traits. Ce qui vient c'est l'idée que la même caractéristique biologique a un destin qui dépend de l'environnement maternel, de l'environnement des substituts parentaux, et de l'environnement global, et ceci tout au long de l'évolution. Il est vraisemblable que même si la carte génomique totale permet de prédire des catastrophes s'il y a des maladies génétiques irréversibles, la prédiction génomique des traits au premier jour de la vie restera impossible. C'est de la capacité du sujet, parce qu'on aura su l'y préparer, à se « tuner » sur l'environnement en fonction de son propre patrimoine biologique, que dépendent son destin, son bonheur et son adaptation.

L'intelligence de l'animal

par JACQUES VAUCLAIR

Les sources des études de l'intelligence animale

La question de l'intelligence animale a été puissamment formulée par C. Darwin dans son ouvrage *La Descendance de l'homme* (1872) à travers la proposition fameuse selon laquelle : « Quiconque admet le principe général de l'évolution doit reconnaître que, chez les animaux supérieurs, les facultés mentales, quoique si différentes par le degré, sont néanmoins de même nature que celles de l'espèce humaine et susceptibles de développement* ». Cette hypothèse a non seulement rendu possible l'émergence d'une psychologie comparée, mais elle a fait de l'étude du comportement des animaux un instrument essentiel pour la compréhension du comportement humain. En effet, s'il faut admettre que l'homme a évolué à partir de formes animales inférieures, alors l'étude du fonctionnement mental devient primordiale pour comprendre les précurseurs biologiques de l'esprit humain.

Comme l'a souligné S. Freud, après Copernic et Darwin, ni la Terre ni l'homme ne peuvent être pensés comme étant au centre du monde. Surtout, après Darwin, l'homme n'est plus privilégié parmi les espèces animales.

Texte de la 42e conférence de l'Université de tous les savoirs donnée le 11 février 2000.

* p. 424.

L'étude des « facultés mentales » des animaux (appelées aujourd'hui fonctions cognitives) a pu être réalisée sur le plan expérimental à la suite de deux événements intellectuels significatifs. Le premier concerne la mise en place, par les behavioristes comme J. Watson (vers 1915) et B. F. Skinner (vers 1930), de méthodes objectives pour étudier le comportement de l'animal. J. Watson a ainsi contribué à définir le cadre dans lequel une étude scientifique des comportements pouvait être réalisée en proposant d'évaluer les relations existant entre les stimulations en provenance de l'environnement et les réponses de l'organisme. Ultérieurement, B. F. Skinner, fidèle à la pensée darwinienne, a montré comment les contingences de l'environnement, permettent de sélectionner telle ou telle conduite. En introduisant la notion de renforcement pour expliquer les apprentissages et leur évolution, cet auteur souligne que c'est en raison de ses effets sur l'environnement que le comportement se trouve modifié.

Le second événement se rapporte à l'émergence des sciences cognitives et plus particulièrement au développement de la psychologie cognitive humaine. Cette psychologie a, en effet, recours depuis plus de cinquante ans à la métaphore de l'ordinateur pour décrire les systèmes de traitement de l'information chez l'homme. Elle a ainsi déjà constitué une psychologie comparée entre l'homme et la machine. Elle ne pouvait donc que favoriser une convergence d'intérêts scientifiques entre les psychologues de l'homme et de l'animal et les chercheurs de disciplines voisines, comme les neurophysiologistes ou les ethnologues qui se préoccupent, à des degrés divers, de découvrir les précurseurs biologiques des conduites humaines ou, plus généralement, qui tentent de construire un modèle animal du comportement humain.

Ces influences croisées du darwinisme, du behaviorisme et de la psychologie de la cognition ont modelé la psychologie comparée contemporaine *(Fig. 1)*. Cette dernière discipline concerne l'étude des systèmes de traitement utilisés par les animaux dans leur perception, leur apprentissage et, de façon générale, dans la manière dont

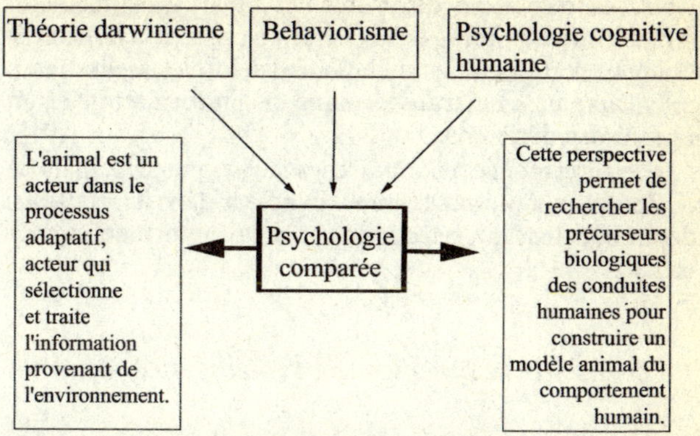

Figure 1 – Position, influences et objectif de la psychologie comparée de la cognition.

ils résolvent les problèmes rencontrés suite aux changements dans leur environnement. Les outils conceptuels de la psychologie sont également utilisés, notamment le concept central de représentation. La représentation renvoie au fait que les objets, situations ou événements de l'environnement, en un mot que les informations extérieures n'agissent pas directement sur l'organisme, mais que les systèmes nerveux les ont élaborées sous forme de « représentations internes ». Selon cette perspective, un animal possède une représentation s'il peut réactiver et utiliser une information qui n'est pas disponible dans son environnement actuel. La représentation implique donc une capacité à former une trace d'un *stimulus* rencontré préalablement, autrement dit à le conserver en mémoire et à le réactiver mentalement*.

Avec cette optique, l'organisme (animal ou homme) est conçu comme un extracteur et un calculateur d'informations ainsi qu'un générateur d'inférences, qu'il s'agisse des niveaux les plus élémentaires de l'intégration sensori-motrice

* Voir Vauclair, 1995, 1996.

jusqu'à la résolution de problèmes et au raisonnement. L'étude contemporaine de la cognition animale a donc délibérément recours à des métaphores selon lesquelles l'animal « connaît » en transformant de l'information et en prenant des décisions.

Cette approche a comme caractéristique principale de considérer tout animal comme un acteur dans le processus adaptatif, acteur qui sélectionne et traite l'information pour s'adapter.

Le point sur la question de l'intelligence animale

Une distinction entre le concept d'intelligence et celui de cognition peut être proposée. Tout d'abord, au sens large, l'intelligence est synonyme d'adaptation. On peut affirmer que toutes les espèces qui ont survécu aux pressions de la sélection sont « intelligentes ». Cette acception du concept d'intelligence est cependant trop générale pour être heuristique. C'est pourquoi je propose de réserver le concept d'intelligence pour l'évaluation d'une performance sur la base d'un critère fonctionnel donné. L'intelligence pourra alors être utilement distinguée de la cognition, en ce qu'elle implique l'intervention, chez un individu donné, du processus d'apprentissage et de traitement de l'information. Les différents systèmes de navigation (usage d'une boussole, du champ magnétique, de repères visuels et olfactifs) auxquels recourent les oiseaux migrateurs serviront à illustrer cette distinction. Tous ces systèmes interviennent à un degré ou à un autre dans l'orientation des oiseaux. De tels mécanismes seraient évidemment jugés très « intelligents » s'il fallait les implémenter dans un robot. Le contrôle de la navigation chez ces oiseaux (comme le pigeon) consiste, toutefois, essentiellement dans la mise en œuvre de routines, préprogrammées dans le système nerveux de l'oiseau. Le contrôle de cette orientation spatiale fait appel à des commandes précodées, même si l'expression comportementale que le chercheur peut observer paraît « intelligente ». Pour P. Rozin (1976), les comportements intelligents sont conçus comme des adaptations spécifiques à des problèmes spécifiques. En l'occurrence, dans le cas d'un oiseau migrateur, ses aptitudes remarquables à utiliser différents types d'informations pour retrouver son nid sont restreintes à cette seule activité et ne sont pas utilisées dans d'autres contextes de son adaptation à l'environnement (par exemple pour rechercher de la nourriture ou des partenaires).

Quelles seront, dans le cadre de la distinction présentée plus haut, les propriétés qui sont spécifiques à un système cognitif ? De telles propriétés vont essentiellement permettre de distinguer la cognition des organisations de comportements, même complexes, conçues comme l'expression de mécanismes précodés dans le système nerveux. Ces processus décriront, en fait, la capacité pour un individu d'ajuster son comportement en fonction des conditions changeantes de l'environnement. On parlera ainsi de cognition lorsqu'un individu construit des réponses pour résoudre un problème posé dans son environnement actuel. De telles réponses devront avoir certaines caractéristiques, notamment la flexibilité, la nouveauté et une capacité de généralisation à des contextes qui diffèrent de la situation de départ. La flexibilité de la réponse suppose que l'individu est en mesure de construire une réponse lorsqu'il doit faire face à des conditions inattendues dans l'environnement. La réponse choisie doit aussi être nouvelle. La nouveauté est donc identifiée par le fait que la réponse élaborée n'est pas la simple mise en œuvre de comportements préprogrammés. Enfin, un moyen nouveau, construit pour résoudre un problème nouveau, est susceptible d'être généralisé à des contextes comparables ou partiellement différents de ceux qui ont réglé sa construction initiale. La cognition implique donc une élaboration de moyens (par exemple l'usage de représentations) qui sont au service d'un but. Deux exemples mettant en évidence de tels processus chez les primates sont présentés ci-après.

L'ÉVALUATION DES QUANTITÉS NUMÉRIQUES CHEZ LE MACAQUE

E. Brannon et H. Terrace de l'université de Columbia ont entrepris en 1998 une étude de l'évaluation de quantités numériques avec deux macaques rhésus. Dans une première phase de l'expérience, quatre images contenant chacune entre un et quatre *items* de forme, de taille et de couleur aléatoires sont projetées sur l'écran tactile d'un ordinateur. Les singes sont renforcés (distribution de nourriture) en touchant les *items* affichés sur l'écran suivant leur ordre ascendant (de 1 à 4). Au cours de la phase de test, des *stimulus* nouveaux (comportant de un à quatre *items*) sont affichés. La tâche pour les singes est de répondre selon l'ordre ascendant. Les résultats aux premiers essais indiquent que les singes continuent à tenir compte de l'ordre ascendant du nombre des *items* représentés sur les cartes nouvelles, indépendamment de toute autre dimension non pertinente, comme la taille, la forme ou la couleur.

Afin de tester l'hypothèse que les macaques ne répondent pas à chaque numérosité en fonction d'une catégorie nominale à laquelle ils appliqueraient ensuite une règle ordinale arbitraire, une nouvelle expérience a été proposée. Les singes ont été testés avec chacune des 36 paires de numérosités qu'il est possible de générer à partir des nombres 1 à 9. Les nombres entre 1 et 4 sont familiers aux singes, alors que ceux entre 5 et 9 sont nouveaux. Les résultats montrent que les macaques continuent à tenir compte de l'ordre des *items* pour produire leurs réponses, quelle que soit la composition des paires proposées *(Fig. 2a)*.

Ces résultats suggèrent donc que les macaques ont constitué une représentation ordinale de la série entre 1 et 9. À l'appui de cette hypothèse, les auteurs rapportent les résultats d'une analyse concernant la précision des performances en fonction de la distance numérique entre les *items* présentés au cours du test. L'effet de distance numérique est un phénomène classiquement observé chez l'homme, selon lequel il est plus facile de décider qu'un nombre est plus grand (ou plus petit) qu'un autre, lorsque la différence entre les nombres représentés est grande. Ainsi, un sujet établira avec plus de certitude et une plus grande rapidité que 8 est plus grand que 1 (distance numérique de 7) comparativement à la paire 7 et 8 (distance numérique de 1).

L'analyse des scores obtenus par les macaques montre que cet effet est également observé dans la tâche proposée, renforçant par-là l'hypothèse que les singes traitent bien la magnitude des *items (Fig. 2b)*. En bref, cette expérience révèle que les macaques se représentent la numérosité de *stimulus* visuels et qu'ils sont capables d'extrapoler une règle ordinale à de nouvelles numérosités. Cette étude ne permet cependant pas de conclure sur la nature des processus utilisés par ces singes. S'agit-il de l'utilisation d'un algorithme de comptage ou d'un appariement consistant à faire correspondre terme à terme les *items* de chaque *stimulus* ? Cette étude établit néanmoins, dans des conditions contrôlées, l'existence d'habiletés numériques élémentaires chez les primates non humains.

% de réponses correctes : Généralisation 5-9

		Rosencranfz	MacDuff
Comparaison de paires familières	FF	94	92
Comparaison de paires fam.-nouv.	FN	93	93
Comparaison de paires nouvelles	NN	73	75

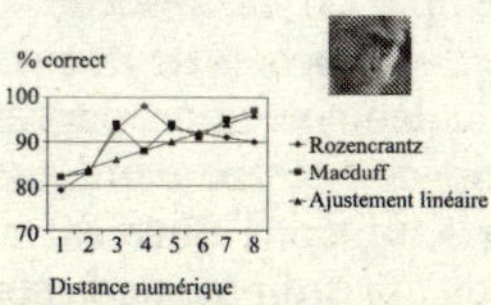

Figure 2 – Étude des quantités numériques chez le macaque rhésus. (a) Illustrations de quelques stimuli *utilisés et résultats au test de généralisation.*
(b) Pourcentages de réponses correctes en fonction de la distance numérique entre les items *(d'après Brannon et Terrace, 1998).*

LA ROTATION MENTALE CHEZ LE BABOUIN

Un phénomène cognitif particulièrement bien connu chez l'homme, démontré initialement par R. Shepard et J. Metzler (1971), concerne la rotation mentale. Le test de rotation implique que le sujet identifie une forme visuelle après qu'elle a subi un changement d'orientation. Le temps de décision pour reconnaître la forme représentée après ce changement est d'autant plus long que la rotation qu'elle a subie est importante. Ainsi, un sujet humain mettra plus de temps à reconnaître une forme asymétrique (par exemple la lettre F) après une rotation de 180° qu'après une rotation de 60°. Ce phénomène a été expliqué en suggérant que les sujets humains procèdent mentalement à une rotation de la forme initiale pour la comparer à la forme ayant été transformée. Les études sur le phénomène de rotation mentale recourent à une procédure qui impose au sujet une discrimination entre une forme visuelle et l'image de cette forme présentée en miroir, les deux formes ayant, de plus, subi une rotation identique.

Cette question a été abordée chez le babouin à l'aide du protocole expérimental d'appariement à un modèle par moi-même, J. Fagot et W. Hopkins en 1993. La tâche requiert l'apprentissage de la manipulation d'un minimanche afin de contrôler les déplacements d'un curseur (une petite forme ronde) sur un écran d'ordinateur. Dans le test, une forme visuelle, par exemple un « F » ou un « R », est présentée sur l'écran, puis deux formes de comparaison s'affichent sur l'écran verticalement et de part et d'autre du curseur, placé au centre de l'écran. L'une est identique à celle que vient de voir l'animal, l'autre est son image en miroir. Ces deux formes ont subi un changement d'orientation comparable de 0, 60, 120, 180, 240 ou bien 300°. Le singe est récompensé par une boulette de nourriture s'il parvient à reconnaître (en déplaçant le curseur sur le *stimulus*) la forme qu'il a perçue, en dépit de son changement d'orientation *(Fig. 3)*.

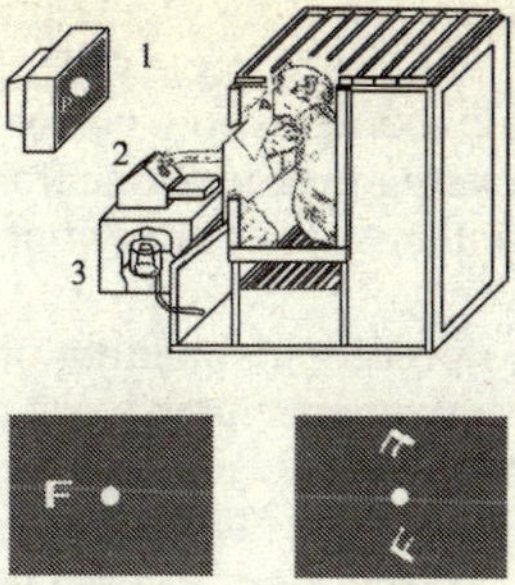

Figure 3 – Étude de la rotation mentale chez le babouin.
En haut : dispositif pour le test : 1) Écran pour présenter les stimuli visuels ; 2) minimanche permettant de déplacer le curseur sur l'écran ; 3) distributeur de nourriture.
En bas à gauche : stimulus modèle ;
à droite : stimulus de comparaison.

Les babouins sont capables de résoudre ce problème de transformation spatiale avec un niveau relativement élevé de performance (77 % de réponses correctes en moyenne). Concernant les temps de réponse, les résultats montrent qu'ils croissent linéairement avec l'augmentation de la rotation. Cette étude montre ainsi que le babouin est capable de distinguer des formes de leur image en miroir et ce malgré les transformations spatiales auxquelles elles sont soumises. Ces données laissent à penser que les processus représentationnels humains dans l'imagerie mentale pour des transformations spatiales sont aussi présents chez le singe. Néanmoins, des différences entre les données obtenues avec les singes et les résultats de sujets humains testés dans les mêmes conditions doivent être notées. La plus importante de ces différences concerne la vitesse de rotation. Aussi, alors que pour les babouins 18 millisecondes sont nécessaires pour effectuer une rotation de 60°, les humains ont besoin de 207 millisecondes pour traiter une rotation de même amplitude. Plusieurs hypothèses peuvent être avancées pour expliquer une telle différence de vitesse de traitement. Ainsi, les sujets humains, mais pas les babouins, prennent en compte l'identité des *stimulus* (des caractères alphabétiques) pour leurs traitements. De plus, les singes peuvent procéder à une transformation spatiale d'une partie seulement de l'objet et non pas à une rotation de l'objet entier*.

Les exemples précédents mettent en évidence l'existence de processus de représentation mentale dans la façon dont des animaux gèrent leurs rapports aux objets de l'environnement. Ils illustrent l'idée que le cerveau sert d'instrument pour sélectionner et organiser l'information perçue par un organisme, et que les systèmes nerveux qui opèrent les principales fonctions cognitives de perception et de mémoire sont l'objet d'une continuité évolutive. Il apparaît que ces fonctions globales sont présentes de manière analogue dans toutes les espèces, par la construction et l'utilisation de représentations de différents degrés de schématisation et d'abstraction**. La similitude de ces fonctions est donc en faveur d'une conception de la continuité mentale entre espèces.

De la continuité à la discontinuité

« L'homme est l'être unique auquel on puisse avec certitude reconnaître la faculté morale [...], et cela constitue la plus grande de toutes les distinctions que l'on puisse faire entre les animaux et l'homme***. »

La tâche de la psychologie comparée de la cognition est de saisir les ressemblances entre espèces animales d'une part, et, d'autre part, entre l'animal et l'homme. Son objectif est également de mettre en évidence des différences entre les espèces. Il est possible de montrer que de telles différences sont notables dans la maîtrise de certains codes

---

* Vauclair, Fagot et Hopkins, 1993.

** Voir Vauclair, 1996, 1998 pour d'autres exemples.

*** Darwin, 1872, p. 424-429.

de communication et dans les modalités d'acquisition des comportements. Cette discontinuité entre l'animal et l'homme concerne des systèmes de communication aussi sophistiqués que les signes linguistiques et le développement des savoirs à propos de soi et des autres.

Ainsi, une brève mention sera faite des recherches qui ont tenté de mettre en évidence des compétences de nature linguistique chez les grands singes (chimpanzé, gorille et orang-outan) élevés en captivité, et des études sur la communication spontanée chez les primates. Des différences importantes sur le plan structural et fonctionnel entre la communication animale (spontanée et induite) et la communication linguistique (y compris gestuelle) humaine peuvent être relevées.

Plusieurs études ont ainsi été entreprises pour apprendre des rudiments du langage à des singes anthropoïdes, surtout le chimpanzé. Ainsi, A. et B. Gardner ont appris au chimpanzé Washoe plusieurs dizaines de gestes du langage des sourds, D. Premack a appris au chimpanzé Sarah et D. Rumbaugh à d'autres chimpanzés (Lana, Austin et Sherman) à manipuler des symboles graphiques, servant de substituts pour différents objets ou actions. Même si les dernières tentatives de S. Savage-Rumbaugh avec le bonobo Kanzi ont connu un succès médiatique considérable, il n'en reste pas moins que les performances des chimpanzés et bonobos présentent des différences notables avec le langage, tant sur le plan structural que sur le plan fonctionnel comme on le verra plus loin.

Les systèmes de communication spontanée des primates comme c'est le cas pour les cris d'alarme des singes vervets décrits par R. Seyfarth, D. Cheney et P. Marler (1980) ont également conduit les chercheurs à comparer ces vocalisations au langage. Ainsi, les cris des vervets ont tout d'abord la particularité de varier en fonction de la nature du prédateur. Trois types de cri correspondent ainsi aux trois classes principales de prédateurs (aigle, léopard et serpent). La production d'un type de cri provoque, chez les congénères alertés, une réponse qui est adaptée au prédateur. Par exemple, le cri d'alarme annonçant la présence d'un python déclenchera des explorations visuelles du sol et éventuellement une fuite dans les arbres. En recourant à la technique de diffusion en play-back des cris d'alarme, les chercheurs ont observé deux phénomènes importants :

— la production par haut-parleur des cris déclenche les mêmes réactions d'évitement appropriées que lorsque ces signaux sont émis par l'animal en présence du prédateur ;

— les réponses observées paraissent être indépendantes des variations de longueur et d'amplitude du signal, aussi bien que de l'état d'excitation et de l'âge de l'animal émetteur.

Ces données ont conduit R. Seyfarth et ses collègues à postuler l'existence, dans cette communication spontanée, d'un début de « sémantisation » des signaux, relativement indépendante du contexte.

Qu'en est-il alors de ces systèmes de communication appris ou spontanés en regard des caractéristiques de la parole ? Deux différences majeures doivent être notées entre ces différents codes*. Elles sont à la fois structurales et fonctionnelles.

DES DIFFÉRENCES STRUCTURALES

Le langage possède certaines propriétés spécifiques comme l'organisation en double articulation. Celle-ci désigne la propriété de tout énoncé linguistique d'être segmenté à deux niveaux. Ainsi, les phonèmes qui constituent les unités sonores minimales se combinent pour former les morphèmes ou les mots. Ces derniers s'organisent à leur tour en unités plus larges, les syntagmes ou les phrases. Cette propriété des systèmes de signes assure la créativité et la possibilité de combinaisons infinies de signes. Elle est propre au langage (oral et gestuel) et n'a pas d'équivalent dans la communication animale. Aussi, les cris des vervets

* Voir Vauclair, 1995, 1998 pour une présentation des recherches sur le langage et une discussion plus complète.

sont seulement reliés individuellement aux configurations visuelles des prédateurs auxquelles ils se rapportent, mais ne sont pas structurellement articulés les uns aux autres *(Fig. 4)*.

Les animaux, et notamment les primates, ont d'incontestables capacités de représentation comme l'ont montré les exemples rapportés dans la première partie de ce texte. Celles-ci s'expriment également dans les tâches dites « linguistiques » où un objet ou une action sont représentés à l'aide d'un substitut arbitraire, comme un geste ou un symbole graphique. En revanche, ce caractère arbitraire des signaux ou des substituts construits par les chimpanzés ne porte que sur la non-ressemblance entre ces mêmes signaux

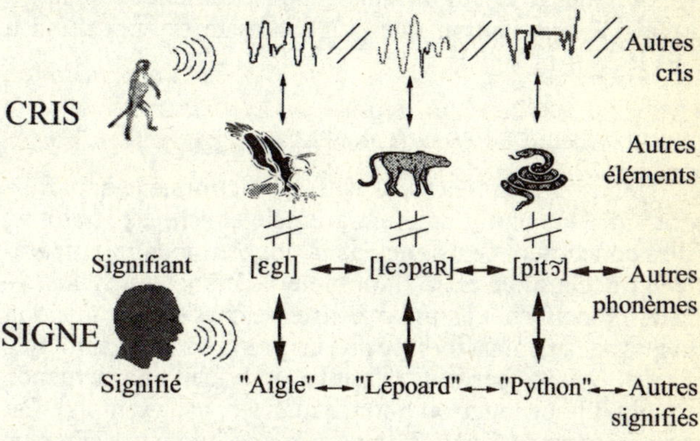

Légende :

Absence d'articulation //
Signes secondairement reliés aux objets ≠
Rapports réciproques entre signifiants et signifiés ↕
Oppositions et contrastes avec l'ensemble des signes ↔

Figure 4 – Cris de vervets et parole d'homme
(d'après J. C. Quentel & J.-M. Vidal, Sciences et Avenir, n° 103, *1995)*

et leurs référents ; elle n'implique pas cette autre arbitrarité, désignée par F. De Saussure (1916) comme « arbitrarité radicale », qui est caractéristique du signe linguistique. Cette dernière relie non pas un substitut à un objet, mais bien un mot à un concept, autrement dit, un signifiant et un signifié. Pour le langage, ces entités sont constituées par les éléments matériels que sont les signifiants (les sons) et les signifiés (le contenu référé). Cette relation est qualifiée d'arbitraire puisque, dans la majorité des cas, il n'y pas de ressemblance physique, analogique, entre la séquence sonore et le contenu qu'elle représente. Enfin, aussi variés et sophistiqués que soient les systèmes de signaux (spontanés ou appris) des primates ou d'autres animaux comme les dauphins, ils ne montrent pas cette structure constitutive du langage et qui fait que chaque élément ou signe ne prend sa signification que par contraste et opposition à tous les autres signes.

DES DIFFÉRENCES FONCTIONNELLES

D'autres différences de nature fonctionnelle apparaissent entre la communication animale et celle de l'homme. Elles concernent l'existence de la double modalité impérative et déclarative chez l'homme et le caractère exclusivement injonctif chez l'animal. Les recherches sur l'acquisition du langage ont ainsi montré que les premiers mots employés par les enfants servent d'abord à indiquer une demande (un objet pour jouer ou pour le manger, par exemple). Cet usage est appelé fonction impérative ou injonctive. En plus de cette modalité impérative, les mots, mais aussi les gestes, peuvent être dotés d'une fonction déclarative. Ainsi, quand un enfant de deux ans s'écrie :

« Avion ! », c'est pour indiquer à son entourage qu'il a vu un objet, que cet objet est un avion, qu'il sait le désigner et qu'il souhaite que l'autre regarde. Autrement dit, l'enfant communique pour partager son intérêt pour un objet, une action ou une situation, en dehors de tout contexte de demande. Grâce à la modalité déclarative, le langage a comme fonction d'apporter une information sur le monde et de l'échanger avec autrui. La fonction déclarative, en tant que forme élaborée d'attention conjointe, distingue fondamentalement la communication humaine de la communication animale, même de celle des anthropoïdes les plus sophistiqués. L'examen du contexte d'usage des signaux de communication chez les vervets et des symboles graphiques chez les chimpanzés « entraînés » révèle que les animaux font un usage exclusivement injonctif des signaux (contexte instrumental de demande). Il s'agit là d'une différence majeure entre l'usage des signaux de communication ou des symboles chez les chimpanzés par exemple et l'usage des mots par l'enfant.

De façon plus générale, la communication animale fonctionne sur le mode injonctif. Celui-ci est d'ailleurs largement suffisant pour faire face aux nécessités biologiques de la reproduction, de la recherche de nourriture ou encore de l'évitement des prédateurs.

En guise de conclusion

En réponse au philosophe empiriste John Locke qui affirmait que les animaux étaient dépourvus de tout « pouvoir d'abstraction », Darwin écrivit dans ses carnets en 1838 : « Celui qui comprendra les babouins aura fait plus pour la métaphysique que Locke. » Cette boutade souligne bien les enjeux et les formidables difficultés méthodologiques rencontrées par les chercheurs qui souhaitent percer les secrets du fonctionnement de la pensée animale*. De plus, l'investigation des compétences cognitives des animaux n'est jamais à l'abri du risque d'anthropomorphisme, et un tel danger est d'autant plus grand que les espèces étudiées sont phylogénétiquement proches de l'homme.

Cela étant, la recherche sur le comportement des animaux présente un enjeu très important, non seulement pour comprendre leur fonctionnement mais également en

* Voir Vauclair, 1998.

ce qu'ils peuvent nous aider à construire des modèles du comportement humain. Le comportement ne laissant pas directement des traces fossiles, il est vital que les études de la cognition comparée développent de tels modèles, si nous voulons un jour mieux comprendre la cognition humaine, puisque celle-ci est le produit indissociable de notre histoire ontogénétique et de notre passé phylogénétique.

RÉFÉRENCES

– BRANNON (E. M.) et TERRACE (H. S.), « Ordering of the numerosities 1 to 9 by monkeys », *Science*, n° 282, 1998, p. 746-749.
– DARWIN (C.), *La Descendance de l'homme*, trad. franç., Paris, Reinwald, 1872.
– ROZIN (P.), « The evolution of intelligence and access to the cognitive unconscious », *in* J. M. Sprague and A. N. Epstein, eds., *Progress in Psychobiology and Physiological Psychology*, New York, Academic Press, 1976.
– DE SAUSSURE (F.), *Cours de linguistique générale*, Paris, Payot, 1916.
– SEYFARTH (R. M.), CHENEY (D. L.) et MARLER (P), « Monkey responses to three different alarm calls: evidence of predator classification and semantic communication », *Science*, n° 210, 1980, p. 801-803.
– SHEPARD (R. N.) et METZLER (J.), « Mental rotation of three-dimensional objects », *Science*, n° 171, 1971, p. 701-703.
– VAUCLAIR (J.), *L'Intelligence de l'animal*, Paris, Seuil (coll. Points Sciences), 1995.
– VAUCLAIR (J.), *La Cognition animale*, Paris, PUF (coll. Que Sais-je ?), 1996.
– VAUCLAIR (J.), *L'Homme et le Singe. Psychologie comparée*, Paris, Flammarion (coll. Dominos), 1998.
– VAUCLAIR (J.), FAGOT (J.) et HOPKINS (W. D.), « Rotation of mental images in baboons when the visual input is directed to the left cerebral hemisphere », *Psychological Science*, n° 4, 1993, p. 99-103.

Les bases cérébrales de l'intuition numérique

par Stanislas Dehaene

Le cerveau des mathématiciens fascine. Par quels mécanismes un tissu de neurones et de synapses, un imbroglio de neurotransmetteurs peuvent-ils « transformer du café en théorèmes » ? Quelles représentations mentales et quelles architectures neuronales donnent au cerveau humain — et à lui seul — accès aux vérités des mathématiques ? Périodiquement, certains affirment avoir trouvé la réponse dans le cerveau du plus mythique des savants du XXe siècle, Albert Einstein. De son vivant déjà, le grand physicien était sollicité pour toutes sortes d'expérimentations qui suscitaient les commentaires amusés de Roland Barthes : « Une image le montre étendu, la tête hérissée de fils électriques : on enregistre les ondes de son cerveau, cependant qu'on lui demande de "penser à la relativité". » Plus tard, le précieux encéphale sera préservé, photographié, étiqueté, découpé, perdu et retrouvé. Il ressort périodiquement de son bocal pour de nouvelles révélations. En 1985, Marian Diamond, de l'université de Californie à Berkeley, rapporte une densité plus élevée de cellules gliales, qui constituent l'environnement des neurones corticaux, dans une région pariétale du cortex d'Einstein. En 1999, Sandra Witelson, de l'université McMaster

Texte de la 167e conférence de l'Université de tous les savoirs donnée le 15 juin 2000.

dans l'Ontario, affirme avoir identifié, plus de quarante ans après la mort du physicien, une anomalie macroscopique de son anatomie cérébrale : ses lobes pariétaux seraient enflés, et leurs sillons se seraient si profondément détournés de leur tracé normal qu'une région corticale entière, l'opercule pariétal, en serait absente.

Je fais partie de ceux, nombreux, qui estiment anecdotiques et prématurées ces recherches qui prétendent trouver l'origine du génie dans quelques centimètres cubes de cortex supplémentaire. Malgré leurs avancées spectaculaires, les neurosciences cognitives ne sont pas prêtes à analyser le substrat neural de variations individuelles aussi subtiles que celles qui distinguent un prix Nobel d'un physicien de moindre envergure. Il leur revient de plein droit, par contre, de commencer à explorer ce qu'il y a de commun à tous les cerveaux capables de mathématiques. En dernière analyse, comme l'affirme Jean-Pierre Changeux dans son dialogue avec le mathématicien contemporain Alain Connes*, « les objets mathématiques s'identifient à des états physiques de notre cerveau, de telle sorte qu'on devrait en principe pouvoir les observer de manière extérieure grâce à des méthodes d'imagerie cérébrale ». De fait, les nouvelles méthodes des sciences cognitives et de l'imagerie par résonance magnétique permettent aujourd'hui d'aborder empiriquement la représentation cérébrale des plus simples des objets mathématiques, ceux qui sont partagés par l'ensemble de l'humanité : les petits nombres entiers.

Focalisés sur les abstractions des mathématiques les plus récentes, quelques mathématiciens pourront ne voir là que des travaux d'intérêt périphérique sur des objets trop simples qui ne font pas ou plus partie du champ de la recherche mathématique. Ce serait oublier, cependant, que les nombres font partie des briques de base sans lesquelles l'édifice des mathématiques n'aurait jamais pu s'élever. La

* Connes (A.), Changeux (J.-P.), *Matière à pensée*, Odile Jacob, 1989 « Poches Odile Jacob », 2000.

question des fondements de l'arithmétique occupe une place centrale en philosophie des mathématiques, depuis Platon et Descartes jusqu'à Bertrand Russell ou David Hilbert. Nos recherches suggèrent qu'un des fondements de l'arithmétique, l'intuition du concept de nombre, trouve son origine dans l'architecture de notre cerveau qui représente spontanément, vraisemblablement dès la naissance, ce paramètre essentiel du monde physique.

Les bases cérébrales de l'intuition numérique

Comment cerner l'intuition numérique en laboratoire ? Considérons un exemple très simple : l'addition des petits nombres. L'addition 43 + 39 = 51 est-elle juste ? Un coup d'œil suffit pour répondre que non. Sans avoir à faire le calcul, nous reconnaissons que le résultat proposé est manifestement faux. Nous utilisons spontanément une métaphore spatiale : le résultat proposé, 51, est trop « distant », peut-être même « trop à gauche ». Cette opération mentale d'approximation et de comparaison se déroule hors de notre introspection : nous savons que le résultat est trop petit, mais nous ne savons guère comment nous savons que nous le savons. Voilà caractérisée, en quelques phrases, cette intuition arithmétique que nous possédons tous. Il s'agit d'une sorte de carte spatiale, de « ligne numérique » sur laquelle nous posons mentalement les quantités et qui nous permet immédiatement de repérer les relations de proximité entre nombres, en sorte que nous savons immédiatement, mais de façon imprécise, quelle place tel nombre occupe relativement à d'autres.

La simplicité de ce sens du nombre est trompeuse. En effet, en dépit de son minimalisme, notre intuition numérique partage avec l'introspection des grands mathématiciens au moins deux traits fondamentaux. Tout d'abord, la pensée mathématique de haut niveau s'élabore souvent sans le support du langage. « Les mots et le langage, écrits ou parlés, ne semblent pas jouer le moindre rôle dans le mécanisme de ma pensée », affirme Einstein. De même l'intuition numérique ne fait appel ni aux mots, ni aux aires corticales du langage, mais dépend des régions pariétales associées à la perception de l'espace. En second lieu, la découverte mathématique repose sur des mécanismes inconscients. « Ce qui frappe », dit Poincaré, « ce sont les apparences d'illumination subite, signes manifestes d'un long travail inconscient ; le rôle de ce travail inconscient dans l'invention mathématique me paraît incontestable. » En ce qui concerne l'intuition du nombre, cette introspection fréquente chez les mathématiciens peut être confirmée rigoureusement par les méthodes de la psychologie expérimentale, qui démontrent l'existence de calculs subliminaux.

Le caractère non linguistique de l'intuition des nombres apparaît clairement chez les personnes bilingues. Il faut cependant distinguer clairement le calcul exact de l'intuition des quantités. Le calcul exact dépend des circuits du langage. Tous ceux qui maîtrisent bien une seconde langue peuvent en faire l'expérience : même après des années, il est extrêmement difficile de faire des calculs mentaux dans une langue autre que celle dans laquelle nous avons appris l'arithmétique. Je connais un collègue italien qu'un séjour de plus de vingt ans aux États-Unis a transformé en bilingue presque parfait. Il parle et écrit en anglais dans une syntaxe rigoureuse et avec un vocabulaire étendu. Pourtant, dès qu'il doit faire un petit calcul, on l'entend marmonner les nombres dans son italien natal. Il ne parvient toujours pas à calculer avec fluidité en anglais. Cette anecdote révèle à quel point la mémoire « exacte » de l'arithmétique dépend du langage. Mais qu'en est-il de la faculté d'approximation intuitive ?

Dans une étude comportementale conduite par Elizabeth Spelke au Massachusetts Institute of Technology, des sujets parlant couramment le russe et l'anglais étaient entraînés, dans l'une de leurs deux langues, à résoudre une série de problèmes d'addition. Certains problèmes requéraient une réponse exacte, et ne pouvaient donc pas être résolus par la seule intuition. Les autres ne nécessitaient que l'évaluation d'un ordre de grandeur. Après entraînement dans une langue donnée, on examinait ensuite la capacité des sujets à résoudre les mêmes problèmes posés dans l'autre langue. Au bout de quelques séances, tous les sujets donnaient plus vite la bonne réponse aux problèmes qui demandaient une réponse exacte lorsque la question leur était posée dans la langue utilisée au cours de l'entraînement, que lorsqu'elle était posée dans l'autre langue. Cela confirmait que ces connaissances exactes sont stockées dans le cerveau dans un format linguistique spécifique à une langue donnée. Cependant, les problèmes approximatifs se comportaient différemment : les performances étaient équivalentes dans les deux langues. Une fois mémorisé que 50 + 47 font environ 100, répondre à la même question dans une autre langue ne pose aucune difficulté supplémentaire.

Nos connaissances sur les quantités approximatives sont donc stockées sous une forme indépendante du langage. Il y a au moins deux circuits cérébraux du calcul mental : un circuit verbal, qui permet de coder les nombres sous forme de mots et de stocker des tables sous formes de phrases apprises par cœur dans une langue donnée ; et un circuit non verbal, où les quantités sont représentées sous une forme spatiale, et qui permet l'approximation.

Grâce à l'imagerie fonctionnelle par résonance magnétique (IRM) du service hospitalier Frédéric-Joliot d'Orsay, nous avons pu visualiser directement quelles aires du cortex cérébral contribuent à ces deux circuits. L'IRM permet de voir l'entrée en activité des circuits cérébraux dans une tâche cognitive. Toute activation d'un groupe de neurones s'accompagne en effet d'une augmentation locale du débit sanguin dans les capillaires qui entourent cette région. Cette augmentation vient compenser la consommation accrue d'oxygène et de glucose dans le tissu nerveux. L'afflux de sang altère les propriétés magnétiques locales des tissus examinés, et modifie de façon mesurable le signal de résonance magnétique. Celui-ci reflète donc, indirectement, l'état d'activité des populations de neurones du tissu.

Pendant la mesure d'IRM, nous avons demandé à un groupe d'étudiants de résoudre alternativement des problèmes d'approximation (par exemple, 2 + 1 font-ils environ 4 ou 9 ?) et d'autres qui exigeaient un calcul exact (2 + 1 font-ils 3 ou 5 ?). Bien que les sujets aient été soumis aux mêmes problèmes d'addition dans les deux cas, les résultats ont montré que l'adoption d'une stratégie d'approximation ou de calcul exact s'accompagnait de modifications radicales de l'activité cérébrale. Le calcul exact activait un réseau latéralisé dans l'hémisphère gauche et impliquait des aires associées au traitement linguistique de haut niveau (la portion inférieure du cortex frontal gauche et le gyrus angulaire). Au cours de l'approximation, au contraire, l'activité était bilatérale et équivalente dans les deux hémisphères cérébraux. Elle était centrée sur le sillon intrapariétal, une région située hors des aires du langage et associée à la manipulation des objets dans l'espace *(Fig. 1)*. Cette région cérébrale joue un rôle crucial dans l'intuition des nombres. Elle s'active dès que nous devons réfléchir aux quantités mises en jeu dans un problème d'arithmétique. Bien entendu, elle n'est pas dépositaire de l'ensemble de nos connaissances mathématiques. Il ne s'agit pas d'une « bosse des maths » au sens des phrénologistes du XIXe siècle. Insérée au sein d'un vaste réseau

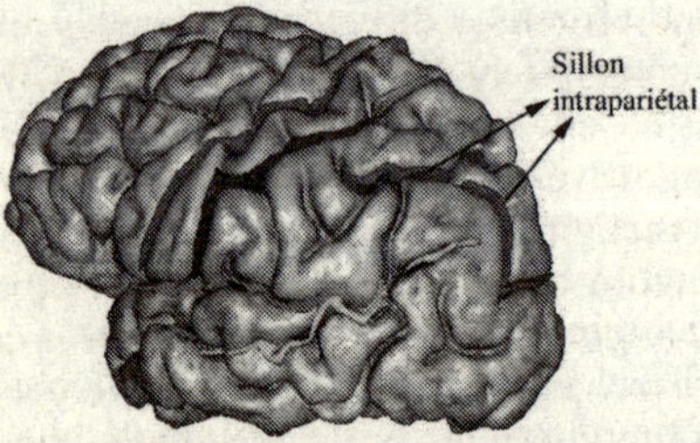

Figure 1 – Localisation du sillon intrapariétal, où l'on observe une intense activité cérébrale lors du calcul mental et du traitement des quantités. Seul l'hémisphère gauche est visible, vu de trois quarts arrière.

distribué, et en coordination étroite avec les aires associées au traitement des mots et des chiffres, la région pariétale semble contribuer à une fonction restreinte mais cruciale, le positionnement des nombres dans l'espace des quantités.

Activations cérébrales et lecture subliminale

Récemment, Lionel Naccache et moi-même sommes parvenus à démontrer que la région pariétale peut effectuer ses calculs sans que nous en ayons aucunement conscience, confirmant ainsi les hypothèses de Poincaré et d'Hadamard. Dans le domaine des nombres au moins, l'intuition mathématique se fonde bien sur la possibilité d'un intense travail inconscient.

Notre expérience est simple. Un volontaire est placé face à un écran d'ordinateur. On le prévient que vont s'afficher au centre de l'écran, d'abord un signal composé de lettres aléatoires, puis un nombre. Celui-ci peut être écrit en toutes lettres (SIX) ou en chiffres arabes (6). La personne dispose de deux boutons, l'un à la main droite, l'autre à la main gauche. On l'instruit d'appuyer le plus rapidement possible à droite si le nombre est supérieur à 5, et à gauche s'il est inférieur à 5. Les boutons sont connectés à l'ordinateur, qui mesure à la milliseconde près combien de temps s'écoule entre l'apparition du nombre sur l'écran et la réponse motrice du sujet.

Voilà tout ce que notre volontaire a conscience de faire… mais nous ne lui avons pas tout dit. À son insu, chaque nombre cible est précédé d'un autre nombre totalement invisible, que nous appellerons le nombre amorce. Comment celui-ci est-il rendu invisible ? Nous utilisons une méthode de masquage visuel qui consiste à faire précéder et suivre le mot amorce, que l'on désire effacer de la conscience, par des chaînes de caractères sans signification telles que XHJGKS ou PLMZTA. Lorsque ces lettres sont présentées exactement au même point que le mot amorce, et que la durée de présentation de ce dernier n'excède pas quelques centièmes de secondes, le sujet ne perçoit qu'un clignotement de caractères illisibles. Il est incapable de déchiffrer le mot masqué, ou même d'en percevoir l'existence.

Bien que tous nos volontaires nient ainsi farouchement avoir vu le moindre nombre dans les instants précédant la cible, cela suffit-il à affirmer l'absence de toute conscience ? Comme l'a souligné le philosophe américain Daniel Dennett, il est impossible de savoir si la personne qui nie avoir eu conscience d'une information n'en a effectivement jamais perçu la teneur, ou si elle ne se souvient plus d'en avoir brièvement pris conscience. Toutefois, nous pouvons quantifier, de façon objective, à quel point le nombre masqué est inaccessible au traitement conscient. Nous avons recruté un nouveau groupe de volontaires chez lesquels nous avons examiné la capacité de perception des nombres amorces dans des conditions extrêmes. Nous fournissions à ces nouveaux volontaires tous les détails sur la nature des nombres amorces utilisés dans notre expérience. Nous leur disions également de focaliser leur attention sur ce nombre amorce, et de négliger totalement le second nombre. Dans ces conditions, parviendraient-ils à recueillir consciemment au moins quelques bribes d'informations sur l'amorce ? La réponse fut clairement non. À la durée de présentation utilisée dans nos expériences, les volontaires entraînés ne parvenaient même pas à dire s'il y avait une amorce ou pas (en fait, ils répondaient presque toujours qu'il n'y en avait pas). Ils étaient encore moins capables de dire si l'amorce était un nombre ou une chaîne aléatoire de lettres. Dans les deux cas, leur capacité de détection, mesurée par la théorie de la détection des signaux dans le bruit, était nulle.

La profondeur du traitement de tels stimuli subliminaux dans le cerveau humain a toujours fait l'objet d'un intense débat en psychologie. Certains psychologues soutiennent qu'un mot subliminal peut éventuellement être analysé au niveau de la forme visuelle de ses lettres, mais certainement pas au niveau de son sens. Nos données montrent clairement que leur scepticisme n'est pas justifié. Plusieurs résultats démontrent que le nombre amorce, quoique totalement invisible, peut être comparé inconsciemment avec un autre nombre, ce qui implique que son sens — la quantité qu'il représente — a été analysé. Tout d'abord, les réponses de nos sujets sont accélérées lorsque le nombre invisible représente une quantité proche de celle du nombre qu'ils ont à juger consciemment. Ainsi, il est plus facile de juger consciemment que 6 est plus grand que 5 lorsque cette présentation est précédée du nombre subliminal 9 (qui est également plus grand que 5), que lorsqu'elle est précédée du nombre 1 (qui est plus petit que 5). À l'extrême, cette facilitation devient très importante lorsqu'il y a répétition de la même quantité dans le nombre amorce et dans le nombre cible. « Voir » le chiffre 4, inconsciemment, quelques centièmes de secondes avant de le revoir, cette fois consciemment, accélère grandement notre vitesse de traitement de l'information numérique.

Crucialement, le changement de notation n'affecte en rien le traitement subliminal des quantités. Même lorsque les nombres cibles et amorces sont présentés dans des notations différentes (par exemple amorce QUATRE, cible 4), le même degré de facilitation est observé. Ainsi, l'influence inconsciente s'exerce à un niveau de traitement sémantique des informations qui ne dépend pas de la notation utilisée. Serait-ce donc la représentation spatiale des quantités ? Grâce à l'IRM, nous avons pu visualiser directement les aires cérébrales traversées par l'information inconsciente, et démontrer l'implication du cortex pariétal. La répétition subliminale d'un même nombre conduit à une habituation de l'activation cérébrale dans les régions pariétales qui soustendent le sens approximatif des quantités. L'influence du nombre invisible s'étend même bien au-delà : les aires motrices, qui s'activent lorsque nous préparons un mouvement de la main, montrent une pré-activation induite par l'amorce. Si par exemple, le nombre invisible est plus petit que 5 alors que le suivant est plus grand, on pourra voir s'activer très brièvement l'aire de contrôle de la main gauche, puis la rectification de cette activation en direction de la main droite. Il s'agit là de la première démonstration qu'un stimulus inconscient peut traverser le cerveau de part en part, depuis les aires visuelles jusqu'aux représentations sémantiques et aux circuits moteurs, sans pour autant que le sujet s'en aperçoive.

Que conclure de ces expériences ? Le traitement subliminal des mots fait l'objet d'un très vieux débat en sciences cognitives, et il ne suffira sans doute pas de quelques nouveaux résultats pour convaincre les plus sceptiques. Néanmoins, notre expérience apporte de l'eau au moulin de ceux qui, tels le psychologue anglais Anthony Marcel, affirment depuis longtemps que notre cerveau restitue inconsciemment le sens des mots. Nos manipulations indiquent qu'une chaîne sensori-motrice complexe, qui implique une opération mathématique, peut s'exécuter sans conscience. La particularité de nos expériences est de démontrer que même des instructions arbitraires — appuyez à droite si vous voyez un nombre plus grand que 5 — sont susceptibles de s'exécuter intégralement sans être accompagnées d'un sentiment de contrôle conscient. Quelles sont les limites du traitement inconscient dans le cerveau ? Y a-t-il certaines opérations qui ne peuvent s'effectuer que sous contrôle conscient ? Ces fonctions pourraient-elles expliquer l'avantage évolutif qu'a apporté l'émergence de la conscience chez les primates supérieurs et *l'homo sapiens* ? L'exploration de ces questions permettra peut-être de confirmer ou infirmer les introspections des mathématiciens qui rapportent que même des opérations aussi complexes que la démonstration d'un théorème d'algèbre sont susceptibles de s'exécuter en l'absence de conscience.

Perdre l'intuition du nombre

L'intuition du nombre est si profondément ancrée dans la profondeur de nos sillons pariétaux, si inconsciemment présente derrière le moindre de nos calculs, que nous n'en réalisons pas l'importance. Nous comprenons sans le moindre effort que 3 est plus petit que 5. Il nous paraît tellement évident que 2 et 2 font 4 que nous ne nous interrogeons guère sur l'appareil cérébral qui est à l'origine de cette intuition.

Nous ne prenons conscience de son importance, paradoxalement, que lorsqu'elle se détériore. Depuis près de quatre-vingts ans, les neurologues savent qu'une lésion cérébrale de la région pariétale, à l'âge adulte comme dans la petite enfance, peut entraîner une incapacité totale de comprendre ce que signifient les nombres. Dans certains cas, le déficit est si global que même la lecture et l'écriture des nombres deviennent impossibles ; ces objets deviennent soudain si vides de sens que le patient est incapable d'en faire le moindre usage. D'autres patients peuvent conserver de bonnes capacités de lecture et d'écriture des nombres, voire de récitation par cœur de la table de multiplication. Cependant, même s'ils se souviennent des mots « trois fois neuf, vingt-sept », ils n'en connaissent plus le sens.

À l'hôpital de la Pitié-Salpêtrière, le professeur Laurent Cohen et moi-même avons examiné un homme âgé d'une soixantaine d'années et qui avait eu l'infortune de subir un accident vasculaire dans la région pariétale droite. Il éprouvait de telles difficultés de soustractions que nous avions dû interrompre le test après qu'il ait échoué sur le calcul de 3-1 (il avait répondu 7). Ses difficultés n'étaient pas liées à une modalité particulière de présentation : il faisait autant d'erreurs, que les problèmes lui soient présentés par écrit ou par oral, et qu'il doive produire le résultat à haute voix ou se contenter de le sélectionner parmi plusieurs. Il échouait également dans des tests de comparaison, jugeant par exemple que 6 était plus petit que 5. Dans un test de bissection, il jugea tout naturellement que le nombre qui tombe entre 2 et 4 est 6 « parce que deux-quatre-six ». Il comprenait pourtant notre requête, puisqu'il savait dire quel jour tombe entre mardi et jeudi, ou quelle lettre se situe entre B et D. Seul le domaine des nombres semblait dramatiquement détérioré.

Nous disposons aujourd'hui de plusieurs observations similaires, chez des patients de tous âges et de tous pays. Toutes indiquent que les lésions de la région pariétale s'accompagnent de troubles sévères de l'intuition des quantités — y compris, semble-t-il, chez le très jeune enfant. La dyscalculie du développement est un trouble de l'arithmétique comparable à la dyslexie en ce qu'elle touche une fraction importante des enfants (entre 3 et 6 % selon les rares enquêtes épidémiologiques disponibles). Certains au moins de ces enfants souffrent de déficits isolés de l'arithmétique, remarquablement comparables à ceux que l'on peut observer chez l'adulte après un accident vasculaire. Mes collègues anglais Brian Butterworth et Luisa Girelli ont ainsi étudié un jeune adulte d'intelligence normale, appelé Charles, qui a toujours souffert de difficultés extrêmes avec les nombres. Charles possède une thèse de psychologie, maîtrise le langage à la perfection, et a bénéficié d'une éducation normale doublée de cours particuliers en mathématiques. Néanmoins, il doit toujours compter sur ses doigts pour réaliser le moindre calcul. Les tests psychologiques révèlent au moins deux déficits majeurs. Premièrement, Charles n'a aucune perception immédiate du nombre. Il est incapable de décider combien d'objets sont présents devant lui, même s'il n'y en a que 2 ou 3, si on ne lui laisse pas le temps de les compter. Deuxièmement, l'intuition de la taille des nombres lui fait défaut. Nous prenons normalement d'autant moins de temps pour comparer deux nombres que la distance qui les sépare est grande, sans doute parce que des nombres clairement séparés sont plus faciles à positionner mentalement sur l'espace des quantités. Chez Charles, cet effet de distance est inversé : il lui faut d'autant « plus » de temps que les nombres sont distants, parce qu'il doit compter même pour se rendre compte que 9 est plus grand que 2.

Aucun examen d'imagerie cérébrale n'a été proposé à Charles. Cependant, un autre cas de dyscalculie du développement, récemment examiné en spectroscopie par résonance magnétique, montre une anomalie focale du métabolisme exactement là où nous postulons que se situent les circuits neuronaux de la compréhension des quantités : la région pariétale inférieure. Il semble que, bien avant la naissance, la migration neuronale des neurones du cortex pariétal ait été anormale. Certaines maladies génétiques, mais aussi d'autres facteurs tels que la prématurité ou l'exposition à l'alcool au cours de la grossesse, semblent favoriser ces dysfonctionnements cérébraux précoces et accroître l'incidence de la dyscalculie.

Intuition et éducation mathématique

La dyscalculie du développement, plus que toute autre donnée empirique, place le cerveau au cœur de notre compétence mathématique. On a cru voir dans les mathématiques une construction culturelle fondée sur l'invention de symboles et de règles formelles, ou encore un langage universel pour décrire la structure de l'univers. Mais cette construction, ce langage, ne prennent leur sens que parce que notre cerveau est doté, dès la naissance, de circuits neuronaux aptes à saisir la structure intuitive du domaine qui deviendra celui des mathématiques. Si les mathématiques de haut niveau se construisent grâce au langage et à l'éducation, leurs fondements les plus élémentaires — concepts de nombre, mais aussi d'espace, de temps, d'opération... — sont à rechercher dans l'organisation même de notre cerveau. Les recherches en neurosciences cognitives de l'arithmétique confirment de façon éclatante la modularité des opérations cérébrales. Le cerveau n'est pas un organe isotrope qui absorberait comme une éponge la culture de son environnement. Il est plutôt comme une collection d'organes, chacun pré-adapté pour préparer l'enfant en développement à trouver, dans son environnement, des points de repères cognitifs. L'école, que ce soit en mathématiques ou dans d'autres domaines, ne peut construire que sur ces intuitions fondatrices incrustées dans nos circuits cérébraux au cours de l'évolution. Qu'une maladie neurologique interfère avec l'une de ces pré-adaptations, et c'est un domaine du savoir, l'arithmétique peut-être, qui risque de s'étioler, voire de disparaître.

Replacer le cerveau et ses représentations modulaires aux fondements de l'apprentissage des mathématiques n'oblige pas à adhérer à une forme naïve de réductionnisme. Il ne faut nier ni l'existence de représentations cérébrales stables des objets mathématiques, ni l'influence de la culture et de l'éducation sur ces états neuronaux. Les états d'activité que nous voyons par imagerie cérébrale chez l'adulte sont le résultat des contraintes croisées de l'apprentissage et de la structure initiale des réseaux cérébraux. Souligner le rôle des contraintes biologiques n'implique aucun fixisme, ni aucune passivité face au handicap. De même que la myopie se soigne par le port de lunettes, rien n'interdit de penser que l'étude attentive des réseaux neuronaux des dyscalculiques ne conduira pas au développement de stratégies d'éducation ou de rééducation optimisées pour ces enfants. Au minimum pourra-t-on éviter que ces élèves, qui sont répétons-le d'intelligence normale dans de nombreux domaines, ne soient étiquetés comme cancres ou paresseux et découragés de poursuivre leurs études.

Inversement, l'existence d'une base biologique universelle du sens des nombres n'implique en rien que celle-ci montre des variations anormales chez les surdoués des mathématiques. S'il existe d'authentiques déficits de l'intuition numérique, rien, pour l'instant, n'indique que dans la population normale, certains naîtraient dotés d'une plus grosse « bosse des maths ». Bien au contraire, tout suggère que l'intuition numérique fait partie du patrimoine génétique de tous, mais qu'elle est susceptible de s'épanouir à des degrés divers selon le travail et la passion que nous y apportons. Les enquêtes internationales montrent que les stratégies éducatives européennes, américaines ou asiatiques ont un impact radical sur le taux de réussite des étudiants aux mêmes tests. Les biographies des plus grands mathématiciens soulignent que ceux-ci ont travaillé et réfléchi intensément et quotidiennement, souvent dès le plus jeune âge, avant de voir leur talent s'épanouir. Peut-être le mathématicien de talent est-il celui qui, mieux que les autres, sait exploiter les multiples intuitions que notre cerveau projette sur le monde.

RÉFÉRENCES

– DEHAENE (S.), *La Bosse des maths*, Paris, Odile Jacob, 1997.

– BUTTERWORTH (B.), *The Mathematical Brain*, London, Macmillan, 1999.

– DEHAENE (S.), SPELKE (E.), STANESCU (R.), PINEL (P.) et TSIVKIN (S.), « Sources of mathematical thinking : Behavioral and brain-imaging evidence », *Science*, n° 284, p. 970-974, 1999.

– DEHAENE (S.), NACCACHE (L.), LE CLEC'H (G.), KOECHLIN (E.), MUELLER (M.), DEHAENE-LAMBERTZ (G.), VAN DE MOORTELE (P.-F.) et LE BIHAN (D.), « Imaging unconscious semantic priming », *Nature*, n° 395, p. 597-600, 1998.

– LEVY (L.-M.), REIS (I.-L.) et GRAFMAN (J.), « Metabolic abnormalities detected by H-MRS in dyscalculia and dysgraphia », *Neurology*, n° 53, p. 639-641, 1999.

– WITELSON (S.-F.), KIGAR (D.-L.) et HARVEY (T.), « The exceptional brain of Albert Einstein », *Lancet*, n° 353 (9170), p. 2149-53, 1999.

L'apprentissage du langage (les bases cérébrales du langage)

par ANNE CHRISTOPHE

Le langage a de tout temps fasciné les hommes. D'où vient-il ? Quelle est sa structure ? Pourquoi une telle diversité ? Hérodote, au Ve siècle avant Jésus-Christ, raconte l'histoire d'un roi qui voulait savoir quelle était la langue originelle ; ce roi a ordonné qu'on élève deux enfants sans leur parler, pour voir quelle langue ils se mettraient à parler « spontanément ». De nos jours, on ne fait évidemment plus de telles « expériences » ! Et pourtant, pour étudier l'apprentissage du langage, il faut pouvoir explorer ce qui se passe dans la tête de bébés très jeunes : avant l'âge de un an, les bébés ont déjà appris les sonorités de leur langue maternelle... Comment font-ils ? Le but de cette présentation est d'exposer ce qu'on sait de la nature du langage et de son acquisition, ainsi que les méthodes utilisées pour répondre à ces questions.

La capacité à apprendre le langage est innée

Le langage lui-même n'est pas inné — d'ailleurs, les enfants dans l'histoire d'Hérodote ne se sont pas mis à parler. Ce qui est génétiquement déterminé, c'est la capacité à « apprendre » une langue.

Texte de la 43e conférence de l'Université de tous les savoirs donnée le 12 février 2000.

LE LANGAGE : UN SYSTÈME PRODUCTIF

On dit que le langage est un système « productif » ou « génératif » parce qu'on peut construire un nombre infini de phrases à partir d'un nombre fini de mots (ou « morphèmes »), qui sont les unités de sens. En effet, l'appariement entre les sons et les sens est arbitraire au niveau du mot : par exemple, il n'y a rien dans le son « chien » qui indique que cela réfère à l'animal « chien ». Et lorsqu'on rencontre un mot qu'on ne connaît pas (comme « coquecigrue »), on ne peut pas deviner son sens : on est forcé de consulter un dictionnaire (le vocabulaire d'un adulte est estimé à environ 50 000 ou 100 000 mots). Pour les phrases, la situation est différente : on n'a pas besoin de connaître une phrase pour la comprendre. Ainsi, on peut facilement interpréter une phrase nouvelle, comme : « Le livre racontait l'histoire d'un chat grincheux qui avait mordu un facteur. » On calcule son sens à partir du sens des mots qui la constituent. On peut voir qu'il s'agit d'un véritable calcul, et pas simplement d'une espèce d'amalgame du sens des mots qui composent la phrase, parce qu'il suffit d'intervertir deux mots, pour que le sens devienne complètement différent : « Le livre racontait l'histoire d'un "facteur" grincheux qui avait mordu un "chat". »

LES RÈGLES SYNTAXIQUES

Les règles qui permettent de calculer le sens d'une phrase à partir du sens des mots qui la composent sont appelées les règles syntaxiques. Pour illustrer ce qu'est une règle syntaxique, nous allons brièvement examiner comment on calcule l'antécédent d'un pronom tel que « il ». Un pronom remplace un nom, pour éviter de le répéter ; par conséquent, chaque fois qu'on rencontre un pronom, il faut trouver quel nom il a remplacé : c'est ce qu'on appelle l'antécédent du pronom. Dans la phrase n° 1 de l'exemple ci-dessous, « il » peut référer soit à Pierre lui-même, soit à Paul, soit à quelqu'un d'autre qui a été mentionné plus tôt dans le discours (tous les trois sont des réponses possibles à la question « qui partira ? »).

— « Pierre a dit à Paul qu'il partirait demain. »

— « Il a dit à Paul que Jacques partirait demain. »

— « Le candidat qu'il a vu hier n'a pas plu à Pierre. »

Dans la phrase n° 2, « il » ne peut référer ni à Paul, ni à Jacques, mais seulement à quelqu'un d'autre, qui a été mentionné plus tôt dans le discours. À partir de ces deux exemples, on pourrait être tenté de tirer une généralisation simple : pour savoir quel est l'antécédent d'un pronom, il suffit de chercher un nom qui corresponde (masculin, singulier), et qui se trouve placé devant. Mais la phrase n° 3 montre que ce n'est pas si simple : en effet, dans cette phrase « il » ne peut pas référer à « le candidat », qui pourtant est placé devant, alors qu'il peut très bien référer à Pierre, qui est placé derrière. La règle simple que nous avions proposée est donc fausse. Un des trois principes qui a été postulé par les linguistes pour expliquer la coréférence des pronoms est le principe C qui s'énonce comme suit :

— *A C-commande B si le premier XP qui domine A contient B ;*

— *un pronom ne peut pas C-commander son antécédent.*

Cet exemple illustre la complexité des règles syntaxiques. Elles sont aussi, dans une certaine mesure, arbitraires. Cela signifie qu'on pourrait très bien imaginer un système de communication qui soit aussi efficace que le langage humain, qui soit lui aussi productif — avec lequel on puisse fabriquer une infinité de phrases — mais qui ne repose pas sur ces règles-là. On utiliserait alors d'autres manières de calculer la référence des pronoms.

UN ARGUMENT FORMEL : L'« APPRENABILITÉ »

Comment les enfants apprennent-ils les règles syntaxiques ? Bien sûr, on ne peut pas poser à un enfant de 3 ou 4 ans une question du genre « dans la phrase, “il a dit à Paul que Jacques partirait demain”, est-ce que “il” peut référer à Paul ? ». Des chercheurs se sont efforcés de développer des techniques expérimentales fiables pour étudier le moment auquel les enfants maîtrisent différentes règles syntaxiques. Pour le cas de la référence des pronoms, ils ont utilisé des phrases telles que :

— Il a mangé les crêpes quand Nounours était dans la cuisine.

— Quand il a mangé les crêpes, Nounours était dans la cuisine.

L'expérimentateur joue une petite scène avec Nounours, Nicolas et Pimprenelle, puis une poupée prononce une phrase. L'enfant doit seulement dire si la poupée a bien compris ou mal compris l'histoire. La phrase n° 1 n'est correcte que si c'est Nicolas qui a mangé les crêpes, pendant que Nounours était dans la cuisine ; la phrase n° 2, au contraire, est correcte si Nounours a mangé les crêpes dans la cuisine, ou alors si Nicolas a mangé les crêpes. Avec cette technique, on peut montrer que des enfants de 3-4 ans calculent la référence des pronoms de la même manière que les adultes. Comment ont-ils fait pour apprendre une règle aussi complexe aussi rapidement ?

Ce ne sont certainement pas les parents qui enseignent explicitement ce genre de règles aux enfants. D'ailleurs, quand on enseigne la grammaire à l'école primaire (donc, bien plus tard), on n'enseigne pas du tout l'interprétation des pronoms, mais plutôt des règles qui se réfèrent à l'écrit, comme : « Le participe passé conjugué avec avoir s'accorde avec le complément d'objet direct, s'il est placé devant. » Pourquoi ? Tout simplement parce que l'interprétation des pronoms est évidente pour tout le monde, y compris pour les enfants.

Ces résultats suggèrent que certaines propriétés du langage sont innées : ce sont des contraintes sur la structure des langues humaines, qui sont présentes dès la naissance. La raison pour laquelle les enfants apprennent ces règles si facilement, c'est que, dans une certaine mesure, ils n'ont pas véritablement à les apprendre. Il s'agit ici d'un argument très célèbre, l'argument dit de la « pauvreté du *stimulus* » fait dans les années 1950 par le linguiste Noam Chomsky.

Outre cet argument formel, d'autres faits suggèrent que la capacité à apprendre une langue humaine est innée.

LE LANGAGE EST SPÉCIFIQUE À L'HOMME

D'une part, tous les êtres humains parlent. On n'a jamais trouvé une culture, aussi isolée soit-elle, qui ne possède pas de langage. D'autre part, aucune autre espèce animale ne possède un système de communication productif. D'autres animaux communiquent aussi entre eux, de manière plus ou moins complexe selon les espèces, mais il n'y a rien qui ressemble au langage, permettant de formuler un nombre infini de phrases à partir d'un nombre fini de « mots ». De nombreuses tentatives ont eu lieu pour apprendre une langue humaine à d'autres espèces, en particulier aux chimpanzés. Un exemple célèbre est celui de ce couple de chercheurs qui a décidé d'adopter un bébé chimpanzé à la naissance de leur propre enfant. Au bout de deux ans environ, il a fallu arrêter l'expérience : en effet le bébé humain commençait à parler, mais pas le bébé chimpanzé ; par contre, le chimpanzé grimpait parfaitement bien au sommet des arbres, et avait tendance à y entraîner son « frère » ! D'autres tentatives ont été faites en utilisant la langue des signes des sourds-muets, car si les chimpanzés ne peuvent pas articuler les sons des langues humaines, en revanche, ils ont des mains semblables aux nôtres. Or, les langues des signes (il en existe plusieurs) possèdent les mêmes caractéristiques que les langues humaines parlées : elles aussi ont des règles syntaxiques, qui suivent les mêmes principes structurels que les langues parlées. Mais cette tentative aussi a échoué : les chimpanzés arrivent à apprendre un vocabulaire assez important, de l'ordre de plusieurs centaines de mots (contre 50 000 ou 100 000 pour un être humain). Ils parviennent donc bien à utiliser un symbole pour un concept. Par contre, l'aspect syntaxique, ou productif, du langage, c'est-à-dire la capacité à combiner des mots pour former de nouveaux sens, n'apparaît jamais.

LE LANGAGE EST DÉCORRÉLÉ DE L'« INTELLIGENCE »

La capacité à apprendre un langage n'est pas corrélée avec l'« intelligence ». Il existe des déficits qui touchent spécifiquement le domaine du langage. Ainsi, les enfants dysphasiques présentent des difficultés de langage associées à des capacités intellectuelles normales par ailleurs. L'inverse est également observé, c'est-à-dire qu'il existe des personnes atteintes d'un handicap mental, dont la capacité à apprendre le langage est quasiment préservée (c'est le cas par exemple dans une maladie appelée syndrome de Williams). Pourquoi cette observation est-elle si importante ?

Si les êtres humains ne naissaient pas avec une capacité spécifique à apprendre les langues humaines, alors l'apprentissage des règles syntaxiques devrait s'effectuer par un raisonnement. Par exemple, pour apprendre l'interprétation des pronoms, on devrait dans un premier temps remarquer qu'en général l'antécédent se trouve devant le pronom et pas derrière (comme nous l'avons vu dans les exemples ci-dessus). Puis des contre-exemples nous forceraient à réfléchir et à découvrir ce qui fait qu'une phrase se comporte différemment des autres. On devrait alors s'attendre à ce que les personnes ayant un bon système de raisonnement, puissent bien apprendre non seulement le langage, mais aussi toutes sortes d'autres choses — et vice-versa. Il devrait donc y avoir une corrélation entre la capacité à apprendre le langage et la capacité à apprendre d'autres choses. Or cette corrélation n'existe pas, comme on vient de le voir.

En outre, certains déficits spécifiques pour le langage se transmettent de manière héréditaire, c'est-à-dire que si les parents ont un déficit, leurs enfants ont un risque supérieur d'avoir le même déficit : ceci renforce l'idée que la capacité à apprendre le langage est génétiquement déterminée.

RÉINVENTER LE LANGAGE : LES « CRÉOLES »

Dans certaines situations particulières, on a pu observer qu'une population d'enfants réinventent une langue.

Ces langues inventées en l'espace d'une génération s'appellent les « créoles », à cause du créole qui a été le premier cas de ce type à être étudié.

Lorsque des adultes de langues maternelles différentes sont en contact, et se trouvent dans la nécessité de communiquer entre eux pour des besoins communautaires, ils élaborent une langue appauvrie en juxtaposant des mots des différentes langues, essentiellement les mots dits de contenu : les noms, les verbes, les adjectifs. Les mots grammaticaux comme les articles et les auxiliaires, ainsi que d'autres marqueurs grammaticaux comme les conjugaisons, sont absents. Cette pseudo-langue, ou *pidgin*, est bien plus pauvre qu'une langue naturelle. Les enfants de cette communauté apprennent ce *pidgin* comme une langue maternelle, et l'enrichissent, lui rajoutant des conjugaisons, des articles, des auxiliaires, etc. Au point que la nouvelle langue, ou « créole », a la même complexité que n'importe quelle autre langue humaine. D'où vient cette complexité ? Apparemment, de la tête des enfants, puisqu'elle n'est pas présente dans leur environnement. Ce phénomène s'est produit plusieurs fois, et les cas les plus récents ont pu être étudiés par les linguistes (comme le créole hawaïen, qui a été créé dans les années 1900, ce qui a permis à des linguistes, dans les années 1970, de trouver des personnes qui parlaient encore le *pidgin*, et dont les enfants parlaient le créole).

Un autre exemple particulièrement frappant est celui de la naissance des langues des signes, qui sont utilisées par les sourds pour communiquer. Les langues des signes ont la même complexité grammaticale que les langues parlées (et obéissent aux mêmes principes universaux). La première langue des signes est apparue en France dans les années 1780, sous l'impulsion de l'abbé de L'Épée, qui a créé un institut spécialisé où il a rassemblé des enfants sourds : il a entrepris de leur enseigner des signes qu'il avait lui-même inventés, et qui correspondaient à un *pidgin*. Les enfants arrivés quelques années plus tard, ont communiqué avec les élèves plus âgés qui « parlaient » ce *pidgin*. Ils ont spontanément ajouté les éléments grammaticaux qui manquaient, créant ainsi la toute première langue des signes véritable.

QU'EST-CE QUI EST INNÉ EXACTEMENT ?

Les faits que nous venons de présenter suggèrent qu'il existe une capacité génétiquement déterminée permettant aux enfants d'apprendre une langue humaine : apprendre à parler fait partie du patrimoine génétique humain, tout comme le fait d'avoir cinq doigts à chaque main. Ceci fait l'objet d'un consensus dans la communauté scientifique, et n'est plus l'objet d'un débat aujourd'hui. La question qui reste ouverte est de savoir ce qui est inné exactement. En particulier, on sait déjà que les bébés ne naissent pas « préprogrammés » pour apprendre une langue particulière. Ils ont une prédisposition pour apprendre une langue humaine, mais ce peut être n'importe quelle langue qui sera parlée dans leur environnement. Un enfant adopté à la naissance apprendra la langue de ses parents adoptifs et non celle de ses parents biologiques. Ce qui est inné est donc nécessairement partagé par l'ensemble de toutes les langues humaines : c'est ce que Noam Chomsky a baptisé la « grammaire universelle ». Tout ce qui n'est pas partagé par l'ensemble des langues du monde, doit nécessairement être appris : c'est-à-dire les mots (relation arbitraire entre un son et un sens), ainsi que les propriétés phonologiques (les propriétés sonores des langues) et syntaxiques qui varient d'une langue à l'autre.

Dans la suite de cette présentation, je vais me concentrer sur ces aspects du langage dont on est sûr qu'ils doivent être appris : plutôt que de faire un catalogue exhaustif de ce que les enfants apprennent à différents âges, j'ai sélectionné deux domaines assez différents, l'apprentissage des « phonèmes », et l'apprentissage des mots. Pour chacun, j'illustrerai la manière dont les questions sont posées, et comment on s'y prend pour y répondre.

Apprendre les « phonèmes » de sa langue maternelle

Les phonèmes d'une langue sont ses catégories sonores. Par exemple /p/ et /b/ sont deux « phonèmes » du français, car il existe deux mots comme « pain » et « bain », qui ont un sens différent et qui ne diffèrent que par ces deux phonèmes. À travers les langues humaines, il existe un ensemble limité de phonèmes, quelques centaines environ ; chaque langue sélectionne un sous-ensemble de ces phonèmes, et on peut montrer que les adultes ont du mal à percevoir des sons qui ne sont pas utilisés dans leur langue.

On peut faire deux hypothèses diamétralement opposées quant à la manière dont les phonèmes sont appris :

— Hypothèse 1 : à la naissance, les bébés ne distinguent aucun phonème, puis ils apprennent à percevoir les phonèmes de leur langue parce qu'ils les entendent dans leur environnement ;

— Hypothèse 2 : à la naissance, les bébés perçoivent tous les phonèmes possibles qui pourraient exister dans n'importe quelle langue du monde, puis petit à petit, au contact de leur langue maternelle, ils oublient tous ceux qui ne servent pas.

Pour trancher entre ces deux hypothèses, il faut trouver un moyen d'étudier ce que les bébés à la naissance perçoivent… La toute première étude expérimentale sur l'acquisition du langage a été réalisée par Peter Eimas et ses collègues au début des années 70. Ils ont montré que des bébés de 1 et 4 mois perçoivent déjà la différence entre les syllabes « pa » et « ba », donc les phonèmes /p/ et /b/. Pour établir ce résultat, ils ont inventé la technique dite de « succion non nutritive », qui est encore utilisée aujourd'hui. Chaque fois que le bébé tète une tétine, il entend une syllabe. Au bout de quelques minutes, les bébés se rendent compte que ce sont eux qui déclenchent les syllabes : à partir de ce moment, leur taux de succion reflète leur intérêt pour les syllabes. Lorsque les bébés se lassent d'entendre toujours la même syllabe, leur succion baisse ; on change alors de syllabe : s'ils augmentent leur succion, c'est qu'ils ont perçu la différence entre les deux syllabes, et sont curieux d'entendre plus la nouvelle syllabe. C'est bien ce que Peter Eimas et ses collègues ont observé pour les syllabes « pa » et « ba » *(Fig. 1)*.

Cette première expérience montre que très jeunes, les bébés distinguent déjà les phonèmes, mais ne permet pas de trancher entre les deux hypothèses que nous avons évoquées plus haut : en effet, les bébés auraient pu apprendre les distinctions spécifiques à leur langue en l'espace d'un mois. Pour répondre à la question posée, il faut utiliser des distinctions qui ne sont pas présentes dans la langue maternelle des bébés. C'est ce qu'ont fait Janet Werker et ses collègues : dans leurs expériences, des bébés anglophones écoutaient des sons n'appartenant pas à leur langue maternelle (du hindi, et du salish). Les mêmes bébés ont été testés une première fois entre 6 et 8 mois, une deuxième fois entre 8 et 10 mois et une troisième fois entre 10 et 12 mois. Entre 6 et 8 mois, 100 % des bébés perçoivent les contrastes étrangers ; à 8-10 mois, la performance est intermédiaire ; enfin, à 10-12 mois, 0 % des bébés perçoivent les distinctions. Ces expériences démontrent que l'hypothèse 2 est correcte : à la naissance, les bébés ont la capacité de percevoir l'ensemble des phonèmes qui sont utilisés dans n'importe quelle langue ; puis, au fur et à mesure qu'ils entendent leur langue maternelle, ils ne perçoivent plus que les phonèmes qui sont utilisés dans leur langue. Il s'agit donc d'un « apprentissage par sélection ».

Quelles sont les conséquences de cet apprentissage chez l'adulte ? Un phénomène bien connu est celui de l'accent étranger : quand on apprend une deuxième langue à l'âge adulte, on ne parvient en général pas à la maîtriser parfaitement. Quelle est la cause de l'accent étranger ? Deux interprétations sont possibles : la première serait que nous avons du mal à articuler les sons que nous n'avons pas l'habitude de prononcer ; la seconde, que nous avons du mal à « percevoir » les sons d'une langue étrangère, et

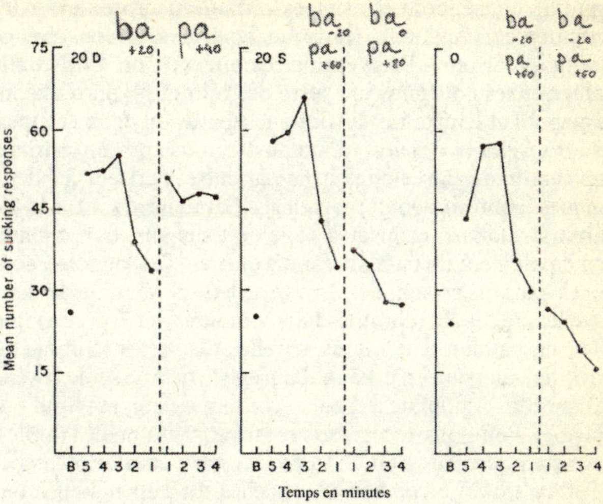

Figure 1 – « Des bébés de quelques mois distinguent déjà entre "pa" et "ba". Eimas et al. 1971. » Résultats de la première expérience sur la perception de la parole par des bébés (Eimas, 1971, § 138) : les graphes montrent les taux de succion par minute de bébés de quatre mois. Sur le graphe de gauche, les bébés changent de syllabe au moment de la ligne en pointillés (de « ba » à « pa », ou l'inverse) : on voit que leur taux de succion remonte au moment du changement. Le graphe de droite montre les résultats de bébés « contrôles », qui ne changent pas de syllabe (ils entendent soit /ba/ , soit /pa/, pendant toute la durée de l'expérience) : on voit bien que, contrairement au groupe qui change vraiment de syllabe, leur taux de succion continue à décroître après le moment du changement (potentiel) de syllabe. Enfin, le graphe du milieu correspond à un groupe de bébés qui a entendu deux syllabes physiquement différentes, mais qui sont toutes deux entendues comme /pa/ (ou /ba/) par des adultes : ils n'augmentent pas significativement leur succion au moment du changement. Cette expérience montre que dès quatre mois, les bébés perçoivent les syllabes /pa/ et /ba/ comme les adultes.

que par conséquent il est très difficile d'apprendre à les articuler correctement (puisque nous n'entendons pas ce que nous faisons). Pour étudier ce phénomène, Christophe Pallier et ses collègues ont testé des bilingues qui parlaient l'espagnol et le catalan. Ils ont été séparés en deux groupes, les « Espagnols » et les « Catalans » : tous sont étudiants à l'université de Barcelone, et ils parlent et écrivent les deux langues couramment ; mais les « Catalans » sont nés de parents catalans, et jusqu'à l'âge de trois ans, ont entendu principalement du catalan, tandis que les « Espagnols » sont nés de parents espagnols. On a testé leur perception de deux voyelles, /é/ et /è/ (comme dans « moitié » et « père ») ; en effet, en catalan il y a deux voyelles distinctes (comme en français), alors qu'en espagnol il n'existe qu'une seule voyelle dans cette région de l'espace vocalique, qui ressemble à notre /é/. Pour faire le test, on crée un continuum de voyelles, de sorte que celles à un extrême sonnent comme /é/, celles à l'autre extrême comme /è/, et celles du milieu sont intermédiaires, ou ambiguës *(Fig. 2)*. On observe que les « Catalans » reconnaissent bien les voyelles proches des extrêmes, mais répondent au hasard pour celles du milieu qui sont ambiguës. Au contraire, les « Espagnols » répondent toujours plus ou moins au hasard, ce qui indique qu'ils ne perçoivent pas la distinction entre les voyelles /é/ et /è/, alors même qu'ils ont appris le catalan très jeunes, entre 3 et 6 ans.

Donc, lorsqu'on apprend une seconde langue, même relativement jeune (entre 3 et 6 ans), il est difficile d'apprendre à percevoir les phonèmes de la seconde langue. Pourquoi ? On peut faire trois hypothèses :

— Hypothèse 1 : il existe une « période critique » pour l'acquisition du langage. Cette notion de période critique s'applique lorsqu'un organisme en développement a besoin d'un certain type d'information spécifique, à une période précise de son développement, en général précoce*. Ainsi,

* Un exemple connu est celui des bébé oies de Konrad Lorenz : les bébé oies qui éclosent identifient leur « mère » comme étant le premier objet qui bouge ; si Konrad Lorenz est cet objet, il sera considéré comme leur mère et ils le suivront partout.

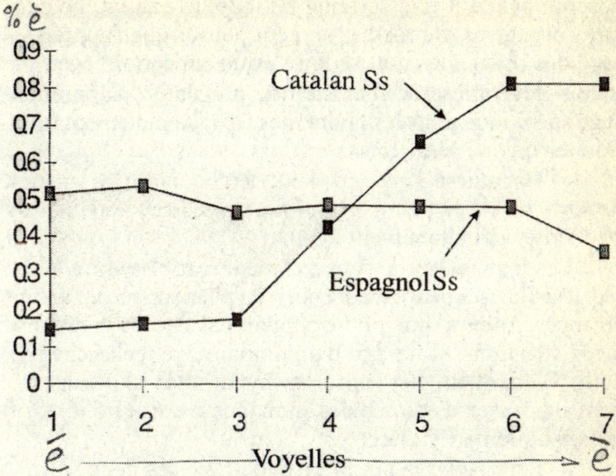

Figure 2 – « Perception des voyelles par des bilingues (Pallier et al. 1997) »
Résultats d'une expérience de perception de voyelles avec des bilingues espagnols/catalans qui maîtrisent très bien les deux langues (voir texte). Les sujets doivent juger si les voyelles qu'ils entendent sonnent comme /é/ ou comme /è/ : les voyelles de gauche sont de bons /é/, celles de droite de bons /è/, et celles du milieu sont intermédiaires (ambiguës). En ordonnée, le pourcentage de réponses /è/. Les « Catalans » reconnaissent bien les deux catégories : ils répondent /è/ à 90 % à droite, et à 15 % seulement à gauche ; ils répondent au hasard, 50 %, pour les voyelles du milieu. Au contraire, les « Espagnols » répondent au hasard 50 %, pour toutes les voyelles : ils ne perçoivent pas la différence entre les voyelles /é/ et /è/.

un chaton à qui on couvre un œil pendant les premières semaines de vie, n'acquerra pas la vision en profondeur qui nécessite l'exploitation simultanée des informations provenant des deux yeux : l'organisation du cerveau s'effectue après la naissance, grâce à l'information qui provient du monde extérieur. Si l'information spécifique nécessaire est absente pendant une certaine période, le cerveau ne peut pas s'organiser. De même, on peut penser que l'apprentissage des phonèmes doit se faire avant un certain âge.

— Hypothèse 2 : il existe une procédure d'apprentissage spécifique pour les phonèmes, et celle-ci ne peut fonctionner qu'une seule fois.

— Hypothèse 3 : il y a de l'interférence entre les langues, de sorte qu'on ne peut pas maîtriser plusieurs systèmes de phonèmes simultanément.

Ces hypothèses ne sont pas incompatibles entre elles : plusieurs causes peuvent concourir au phénomène de l'accent étranger. Aujourd'hui, on ne connaît pas encore la réponse à ces questions, et il s'agit d'un domaine de recherche très actif. Pour distinguer entre les hypothèses ci-dessus, on peut envisager d'étudier des individus ayant une histoire linguistique particulière :

— Pour isoler la première hypothèse des deux suivantes, on peut étudier des bilingues qui ont appris deux langues en même temps, car leurs parents ont chacun une langue maternelle différente. Si les deux langues sont apprises parfaitement (selon des tests de laboratoire poussés), alors les difficultés rencontrées lors de l'apprentissage tardif d'une seconde langue sont probablement liées au caractère tardif de cet apprentissage (puisqu'un bilingue « de naissance » rencontre aussi le problème de l'interférence).

— Pour séparer la troisième hypothèse des deux autres, on peut étudier des gens qui ont oublié leur langue maternelle. Nous nous intéressons ainsi à de jeunes adultes, d'origine étrangère, adoptés tardivement en France (vers l'âge de 6-7 ans), ayant alors appris le français et oublié leur langue maternelle. S'ils maîtrisent parfaitement le français et n'ont aucun souvenir de leur langue maternelle, alors les difficultés éprouvées par les bilingues qui parlent les deux langues en même temps, sont probablement dues à l'interférence. Au contraire, s'ils ne maîtrisent pas le français tout à fait parfaitement (selon des tests de laboratoire), alors une des autres causes doit jouer aussi dans les difficultés des bilingues.

Ces recherches ont un intérêt d'ordre fondamental : on souhaite connaître la nature des processus d'apprentissage du langage, et les contraintes sur ces processus. Elles ont aussi un intérêt pratique, en ce qui concerne l'éducation : quand et comment faut-il enseigner les langues étrangères ? À cette question, les recherches des dernières décennies ont déjà donné une réponse claire : plus on apprend jeune, mieux c'est.

Apprendre les mots de sa langue maternelle

Parmi les choses qui varient d'une langue à l'autre et qui doivent par conséquent être apprises par les bébés, on trouve bien évidemment les mots : il faut apprendre le « dictionnaire mental » de sa langue maternelle. Apprendre un mot, cela veut dire identifier une forme sonore, par exemple « chien », puis trouver à quoi cette forme sonore réfère (aux chiens).

Identifier la forme sonore des mots implique de découper les phrases en mots : mais dans la parole, il n'y a pas de pauses qui séparent les mots les uns des autres, et qui joueraient un rôle équivalent aux espaces dans un texte écrit. Or, il est difficile de déchiffrer un texte écrit sans les espaces, comme par exemple « ledécoupagede laparoleenmotspourraitseffectuergrâceàlidentifiation desmots ». Pour trouver les mots, nous utilisons notre connaissance des mots du français (« le » est un mot, mais pas « ledé » ; « découpage » en est un, etc.). Jusqu'à il y a une dizaine d'années, nous pensions que les adultes utilisaient principalement cette stratégie, consistant à reconnaître les mots qu'ils connaissent déjà. Or, les bébés à la naissance ne connaissent pas les mots de leur langue maternelle, et doivent pourtant les apprendre, et donc les repérer dans les phrases.

Au cours des dix dernières années, de multiples recherches ont permis d'identifier plusieurs stratégies que les bébés pourraient utiliser pour trouver les mots dans les phrases. À titre d'illustration, je vais en présenter une, qui repose sur l'utilisation de l'intonation, c'est-à-dire, la mélodie et le rythme de la parole. En effet, l'intonation permet d'effectuer un prédécoupage des phrases en unités qui contiennent quelques mots chacune, par exemple pour la phrase ci-dessus : « ledécoupage / delaparole / enmots / pourraitseffectuer / grâcealidentification / desmots ». Soulignons que les frontières d'intonation, indiquées par des / ne correspondent pas à des pauses dans le signal de parole, mais à des indices beaucoup plus subtils, comme un léger ralentissement du débit, et éventuellement une brisure dans la ligne mélodique.

Pour savoir si cette information est suffisamment fiable pour guider l'apprentissage des mots, on peut tester des adultes et voir s'ils exploitent cette information en temps réel. Évidemment, les adultes, eux, ont toujours la ressource d'utiliser leur connaissance des mots de leur langue. Pour désamorcer cette stratégie, on utilise des phrases ambiguës, comme : « Le livre racontait l'histoire d'un chat grincheux qui avait mordu un facteur. » On dit que cette phrase est localement ambiguë parce qu'elle contient les deux syllabes du mot « chagrin ». Si les adultes exploitent leur connaissance des mots de la langue, ils devraient envisager deux hypothèses simultanément : « chat + grin… », ou « chagrin… ». Bien sûr, dès qu'ils entendent « …cheux qui… » ils peuvent décider qu'il s'agissait de « chat + grincheux », puisque aucun mot en français ne commence par « cheuqui… ». Tous ces calculs ne sont pas accessibles à la conscience, et se déroulent très vite, puisque « chat grincheux » dure environ une demi-seconde. On a donc besoin d'une technique expérimentale qui permette de suivre ces « calculs » en temps réel. Nous avons employé une tâche de détection de mots : les adultes doivent appuyer sur un bouton de réponse dès qu'ils entendent le mot « chat » (par exemple), et on mesure leur temps de réaction en millisecondes. On compare la condition ambiguë, « chat grincheux », à une condition de contrôle sans ambiguïté, comme « chat drogué » (il n'y a aucun mot en français qui commence par « chad… »). Les résultats, présentés sur la *figure 3*, montrent que les adultes sont légèrement ralentis dans la condition ambiguë par rapport à la condition non ambiguë, ce qui indique qu'ils ont dû effectuer un calcul supplémentaire. On peut donc utiliser cette technique pour étudier l'influence des frontières d'intonation : que ce passe-t-il si les deux syllabes ambiguës sont séparées par une frontière, comme dans la phrase « un énorme chat / grimpait aux arbres » ? Les résultats *(Fig. 3, à droite)*, à droite, montrent que les gens répondent aussi vite à la condition non ambiguë qu'à la condition ambiguë, comme si dans ce cas, ils ne tentaient pas de reconnaître « chagrin » ; en outre, ils répondent beaucoup plus vite lorsqu'il y a une frontière après « chat » que lorsqu'il n'y en a pas. Ces résultats suggèrent que les frontières d'intonation sont utilisées par les adultes en temps réel pour trouver les mots dans les phrases.

Comment faire pour poser la même question aux bébés ? Nous avons entraîné des bébés de 10 mois à tourner la tête,

Sans frontière prosodique:		
Ambigu:	son CHAT grincheux # ...	=> *chagrin*
Non-Ambigu:	son CHAT drogué # ...	=> *chad
Avec frontière prosodique:		
Ambigu:	un énorme CHAT # grimpait ...	=> *chagrin*
Non-Ambigu:	un énorme CHAT # dressait ...	=> *chad

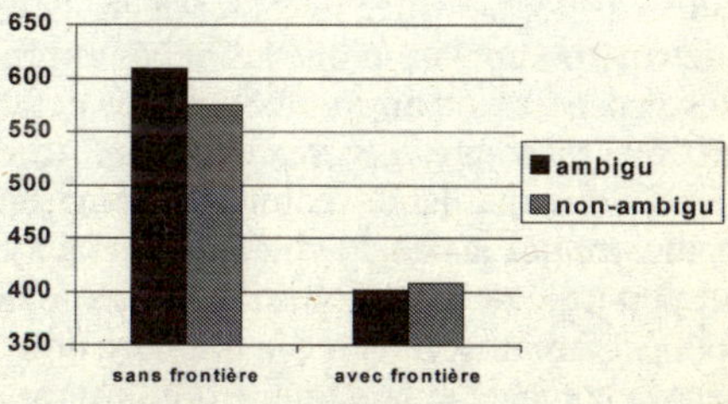

Figure 3 –
Temps de réaction moyen dans une tâche de détection de mot (voir texte).

chaque fois qu'ils entendent le mot « chagrin » : ils sont « récompensés » par un nounours qui s'allume et s'anime. Une fois qu'ils ont bien compris que le mot « chagrin » leur indique que quelque chose d'intéressant va se produire s'ils tournent la tête, on leur fait écouter des phrases entières. Certaines de ces phrases contiennent le mot « chagrin » lui-même, et on s'attend à ce qu'ils tournent la tête, ce qu'ils font environ 50 % du temps. D'autres de ces phrases contiennent les deux syllabes du mot chagrin, mais séparées par une frontière mélodique, comme dans « un énorme chat / grimpait aux arbres ». Dans ces conditions, les bébés ne tournent la tête que 10 % du temps, donc beaucoup moins souvent que lorsque « chagrin » était vraiment présent dans la phrase. Cette expérience nous montre que les bébés, comme les adultes, exploitent les frontières mélodiques pour trouver les mots dans les phrases, et ce dès l'âge de 10 mois.

La révolution cognitive

En guise de conclusion, je voudrais mentionner qu'au cours du siècle qui vient de se terminer, il y a eu une véritable révolution dans la manière dont nous considérons l'apprentissage en général — pas seulement l'apprentissage du langage. Au début du siècle, on pensait que le bébé était comme une enveloppe vide, une *tabula rasa*, c'est-à-dire que tout devait être appris, et que les bébés apprenaient en suivant des procédures d'apprentissage très générales, qui reposaient sur l'association entre des *stimuli* extérieurs, et des réponses de l'organisme (comme le conditionnement classique, illustré par le cas du chien de Pavlov). De ce fait, il semblait peu utile de faire l'effort d'étudier le développement de bébés humains, puisque la manière dont les bébés apprenaient le langage, et la manière dont un rat apprenait à appuyer sur un levier pour obtenir de la nourriture, étaient considérées comme fondamentalement semblables. À partir des années 1950, les arguments avancés par Noam

Chomsky pour l'apprentissage du langage, ont montré que cette conception ne permettait pas de progresser : il est impossible d'apprendre le langage avec une procédure reposant seulement sur l'association. Finalement, l'apprentissage — que ce soit l'apprentissage du langage ou l'apprentissage d'autres capacités — est mieux conçu comme un dispositif spécialisé et adapté à chaque problème. Chaque espèce possède une manière de percevoir le monde, et des procédures d'apprentissage, qui lui sont spécifiques.

RÉFÉRENCES

- CHOMSKY (N.), *Knowledge of Language: Its Nature Origine and Use,* New York, Praeger, 1986.
- DE BOYSSON-BARDIES (B.), *Comment la parole vient aux enfants*, Odile Jacob, 1996.
- EIMAS (P.D.), *et al.*, « Speech perception in infants », *Science*, n° 171, 1971, p. 303-306.
- MEHLER (J.), DUPOUX (E.), *Naître humain*, Paris, Odile Jacob, 1990.
- PALLIER (C.), BOSCH (L.) and SEBASTIAN-GALLÉS (N.), « A limit on behavioral plasticity in vowel acquisition », *Cognition*, n° 64, 1997, p. B9-B17.
- PINKER (S.), *L'Instinct du langage*, Paris, Odile Jacob, 1999.
- WERKER (J. F.) and TEES (R. C.), « Cross-language speech perception: evidence for perceptual reorganization during the first year of life. », *Infant Behavior and Development*, n° 7, 1984, p. 49-63.

La linguistique descriptive au XXe siècle

par CLAIRE BLANCHE-BENVENISTE

La linguistique « descriptive » est la discipline qui se donne pour tâche de décrire les différentes langues parlées par les hommes dans le monde. Comme d'autres disciplines, elle doit concilier la diversité des objets à décrire, les langues du monde, et la généralité des principes qui les sous-tendent, les caractéristiques communes à toutes les langues humaines. Mais de grandes polémiques ont divisé les linguistes du XXe siècle sur les conceptions possibles de la diversité et de l'universalité des langues. C'est au point que les termes de « linguistique descriptive » (qui insiste sur la diversité) et de « linguistique théorique » (qui insiste sur l'universalité) peuvent, encore actuellement, être opposés l'un à l'autre et même, d'un bord à l'autre, être brandis comme des insultes. Pour éclairer l'idée de « diversité » des langues, il faut parler de leur nombre. Pour éclairer la notion d'« universalité », il faut mentionner les analyses qu'on en a faites.

Combien de langues existe-t-il dans le monde en l'an 2000 ? Il est impossible de fournir un chiffre exact : cela dépend en partie de la différence qu'on fait entre « langue » et « dialecte », et en grande partie de l'évolution qui se joue sous nos yeux. Dans quantité de régions du monde,

---

Texte de la 44e conférence de l'Université de tous les savoirs donnée le 13 février 2000.

par exemple dans le Caucase et dans toute l'Amérique du Sud, des langues, qui ne sont plus parlées que par quelques personnes, disparaissent sous nos yeux* ; d'autres langues, dites « émergentes », se dégagent à partir des créoles, par exemple dans les grandes métropoles d'Afrique**. Compte tenu de ces réserves, les linguistes estiment raisonnable de poser qu'il existerait actuellement entre 6 000 et 7 000 langues***. Voici quelques exemples**** :

— Nouvelle-Guinée : 670 langues ;

— Amazonie et Andes : 500 langues indiennes, appartenant à 52 familles différentes ;

— Nigeria : 410 ;

— Cameroun : 270 ;

— Inde : 380 ;

— Chine : 25 langues admises dans les débats au Parlement.

Les analyses des langues ont évidemment varié selon l'outillage intellectuel que les diverses époques ont consacré à ces tâches. Les linguistes américains qui ont décrit, dans les années 1910-1960, les très nombreuses langues indiennes d'Amérique du Nord et du Sud, dites « langues amérindiennes », ont souvent été scandalisés par les techniques de leurs prédécesseurs, les missionnaires européens du Nouveau Monde, qui avaient eu parfois tendance à réduire ces langues « exotiques » aux modèles des langues classiques européennes et à les juger déficientes quand elles ne se conformaient pas à ces modèles (« ces langues n'ont pas de vocabulaire pour désigner les vertus chrétiennes » se lamentait un missionnaire). Ils se sont donc donné pour tâche de renouveler les techniques de description des langues, en évitant absolument ces réductions fondées sur des orientations « ethnocentriques » et en récusant l'utilisation des notions de grammaire et de sens qui avaient servi pour les langues européennes. Pour chaque langue,

* Rodrigues, 1996.
** Bickerton, 1987, Manessy, 1995.
*** Auroux, 1999.
**** Rodrigues, 1997.

disaient-ils, on devait faire émerger, à partir de la langue elle-même, des catégories, des significations et des structures originales (d'où le terme de *structural linguistics* que revendique Harris en 1951). De là naissait la notion de « relativité linguistique* » et de là venait également une grande méfiance envers les notions de psychologie que charriaient les analyses grammaticales anciennes (y compris les notions de « nom », « personne », « action », « qualification », « temps », etc.), au point qu'on a pu dire que ces linguistes manifestaient un « antipsychologisme militant** ».

À partir des années 1960, et principalement sous l'influence de Noam Chomsky***, se développent des modèles théoriques d'analyse linguistique, qui visent à l'universalité : « Le but de la linguistique est la recherche des propriétés formelles de toute langue humaine possible, permettant d'éclairer la nature des capacités intellectuelles humaines****. »

D'emblée, en opposition avec les précédents, ils situent la linguistique « comme branche de la psychologie cognitive***** ». Ils cherchent à traiter la diversité des langues comme un ensemble de phénomènes « de surface », qu'on pourrait ramener à un petit nombre de « paramètres****** » et à en donner un modèle fortement formalisé : « On a l'impression générale que la grammaire universelle (que propose N. Chomsky) est comme l'archétype d'un plan d'ensemble du corps que l'on retrouve dans un grand nombre d'animaux [...]. Il semble qu'il y ait un plan commun dans les règles et dans les principes de la syntaxe, de la morphologie et de la phonologie, avec un très petit jeu de paramètres variables, comme une liste d'options*******. »

---

* Sapir, 1949.
** Culioli, 1999.
*** Chomsky, 1957.
**** Chomsky, 1970.
***** Pollock 1997.
****** Chomsky, 1995.
******* S. Pinker, 1999 : 236-7.

Un ouvrage publié par Greenberg en 1963 assure qu'on peut trouver des règles universelles à partir de l'ordre des mots dans les langues. Des universaux sont proposés dans plusieurs domaines et le principe majeur devient celui d'une grammaire universelle (en abrégé G.U.), sous-jacente à toutes les grammaires particulières. Le succès de la théorie a été si grand que, pendant toute la deuxième moitié du XXe siècle, le générativisme de Chomsky a été l'école linguistique dominante dans une grande partie du monde. Pour les tenants de cette école, le descriptivisme précédent était périmé et ses méthodes étaient bannies. Il convenait de passer à une « linguistique scientifique ». Il fut question de « rupture épistémologique ». Les descriptions devaient se faire avec des cadres et des concepts définis par la théorie.

Les « descriptivistes » ont cependant continué leurs analyses, en les orientant souvent vers la « typologie des langues », qui permet de rapprocher les langues ayant de fortes caractéristiques communes, sans pour autant les ramener à des principes universaux. Pour eux, les cadres et les concepts restent encore à déterminer. En somme, pour les uns la phase de description était achevée, alors que pour les autres, elle était encore à faire, même pour des langues comme l'anglais ou le français, apparemment bien décrites depuis longtemps, mais dont il fallait recommencer la description selon des cadres et des concepts encore à mettre au point.

Formes classiques de réductionnisme

Il est intéressant de remarquer que les langues « exotiques » ont été décrites à partir du XVe siècle, à peu près en même temps que les langues européennes dites « vulgaires », comme le français, l'anglais, ou l'espagnol*. La date de 1492 est à la fois celle de la découverte de l'Amé-

* Auroux, 1994.

rique par Christophe Colomb et celle de la première grammaire du castillan par Nebrija. On considère que la première grammaire du français est celle que fit paraître en 1530 un Anglais nommé Palsgrave, alors que la première grammaire imprimée d'une langue indigène des Amériques date de 1558*. Jusque-là, la tradition occidentale (Priscien, Bacon) voyait dans toutes les langues des variations accidentelles d'une grammaire unique, révélée par l'hébreu, le grec et le latin, qui servait de base à toutes les langues**. Les théologiens et philosophes s'intéressent aussitôt aux problèmes que pose la nouveauté radicale des nouvelles langues par rapport à l'unicité de la « nature humaine ». Les sujets d'étonnement ne manquent pas :

— il existerait dans le Caucase des langues qui possèdent 85 consonnes alors que d'autres, en Océanie, se contenteraient de cinq ;

— en chinois, « la lettre, la syllabe et le mot sont la même chose » disaient les voyageurs*** ; pas de marques de conjugaison sur les verbes ni de déclinaison sur les noms ; serait-ce une langue « sans grammaire » ?

— les mots du chinois semblent n'avoir qu'une seule syllabe alors que d'autres langues, chez les Esquimaux, auraient des « mots-phrases » capables de comporter des dizaines de syllabes ;

— il y aurait des langues comme le chinois qui ne conjuguent pas les verbes et d'autres, dans les Amériques, qui les conjugueraient en tenant compte d'un luxe de critères subtils comme la distance spatiale séparant le locuteur de ce dont il parle.

Pour réduire cette diversité au modèle classique, plusieurs techniques ont été utilisées au cours des siècles, en particulier le calque, la reconstitution et l'ellipse. Le calque a servi, par exemple, à rétablir la déclinaison des noms là où elle n'était pas formellement marquée, pour les langues

---

* Auroux, 1992.

** Robins, 1984.

*** Percival dans Auroux, 1992, p. 232.

exotiques comme pour les langues vulgaires. De nombreuses grammaires ont proposé :

— nominatif : la table ;

— vocatif : ô table ;

— accusatif : la table ;

— génitif : de la table ;

— datif : à la table ;

— ablatif : par la table.

La reconstitution a servi, jusque dans la *Grammaire* de Port-Royal, au XVIIe siècle, à expliquer que tous les verbes contenaient le verbe « être » ; dans « Pierre courait », il faudrait analyser « Pierre était courant » et dans « Pierre mangera, Pierre sera mangeant ». Il y aurait ellipse du verbe être dans les langues qui disent « les femmes, au marché », là où nous disons « les femmes sont au marché ». Humboldt a essayé de montrer que les langues qui n'avaient pas un passif semblable à celui des langues anciennes étaient obligées de recourir à des artifices qui détournaient l'esprit de plus utiles occupations et que, à ce titre, elles étaient un handicap intellectuel.

Il est facile de montrer que ces techniques consistaient à projeter sur toutes les langues du monde la structure des grammaires gréco-latines, elle-même calquée sur les catégories aristotéliciennes, de sorte que les langues non classiques étaient souvent décrites à la fois en termes « de trop et de manque* ». Inversement, les catégories de langue ainsi définies servaient à établir subrepticement des catégories générales de la pensée humaine. E. Benveniste (1958) a bien montré que les dix catégories de pensée élaborées par Aristote, longtemps prises pour des universaux de la pensée, étaient étroitement dépendantes des catégories de la langue grecque. « Pour autant que les catégories d'Aristote sont reconnues valables pour la pensée, elles se révèlent comme des transpositions des catégories de langue. C'est ce qu'on peut "dire" qui délimite et organise ce qu'on peut "penser". »

* B. Colombat, Auroux 1992, p. 515.

Le fait qu'il existait en grec un seul verbe être, « prédisposait », disait-il, « la notion d'être à une vocation philosophique : être là, quand, tel, en telle quantité, en posture, en état, relativement à quoi, etc. » Dans la langue ewe, parlée au Togo, il existe en revanche six verbes correspondant à notre verbe « être » :

— verbe *nyé*, signifiant « être quelqu'un, quelque chose », avec un complément à l'accusatif ;

— verbe *le*, pour « existence », seulement au parfait présent et au narratif, *Mawu le* : Dieu existe ;

— verbe *no*, « demeurer, rester », pour tous les autres temps ;

— verbe *wo*, « être composé de », comme dans *wo kpe* : être pierreux ;

— verbe *du*, utilisé pour les fonctions ; *du fia* : être roi ;

— verbe *di*, utilisé pour les qualités physiques ; *di ku* : être maigre.

Une telle langue aurait sans doute donné lieu à d'autres développements philosophiques sur les notions d'être, d'essence ou de « prédicat ». Négliger cette différence, au profit de l'unique verbe « être » qui apparaît dans la traduction, serait une façon de réduire cette langue, pour nous exotique, au modèle des langues européennes auxquelles nous sommes habitués.

Interprétations de la diversité

Les descriptivistes des années 1920-1930 ont tiré de la diversité des langues l'idée qu'il pouvait y avoir diversité dans la perception du monde. C'est l'idée mise en avant par Sapir et Whorf à partir de leur expérience des langues amérindiennes, et connue comme « hypothèse Sapir-Whorf » : « Le monde des formes linguistiques, dans le cadre d'une langue donnée, constitue un système complet de référence, tout comme un système de nombres constitue un système complet de référence quantitative, ou comme un ensemble d'axes géométriques constitue un système complet de référence pour tous les points d'un espace donné. Cette analogie mathématique n'a rien d'extravagant, contrairement à ce qu'on pourrait croire à première vue. Le passage d'une langue à une autre est parallèle, psychologiquement parlant, au passage d'un système géométrique à un autre. Le monde environnant auquel il est fait référence est le même pour les deux langues ; le monde des points est le même dans les deux cadres de référence. Mais la méthode formelle d'approche de l'élément d'expérience à exprimer, exactement comme la méthode d'approche d'un point donné dans l'espace, est si différente que l'orientation ressentie ne peut être la même d'une langue à l'autre, pas plus que d'un cadre de référence à l'autre. Des ajustements formels totalement différents (ou, en tout cas, qui diffèrent dans une proportion mesurable) doivent être opérés, et ces différences ont chacune des corrélats psychologiques*. »

Whorf donnait l'exemple de « la vague », qui est un nom dans nos langues, de sorte que nous pouvons compter des vagues, et y mettre des adjectifs, « une petite vague », « une grosse vague », comme à un objet concret. Mais, dans plusieurs langues amérindiennes, ce que nous appelons « une vague » se désigne à travers un verbe qui veut dire « osciller » ; au lieu de dire « une vague », on dit dans ces langues quelque chose comme « ça oscille ». La perception en est-elle changée ? En grande partie, oui, selon l'hypothèse de Sapir et Whorf : « Le fait est que la réalité est dans une grande mesure, inconsciemment construite à partir des habitudes langagières du groupe [...]. Les mondes où vivent des sociétés différentes sont des mondes distincts, pas simplement le même monde avec d'autres étiquettes**. »

On a souvent cité l'exemple des « spécificatifs » de la langue chinoise, particules que l'on doit obligatoirement placer avant un nom dès que l'on veut donner une quantification. Ces particules, qui varient selon le sens des noms

* E. Sapir, 1924.
** Sapir 1951, ap. Auroux 1996 : 169.

utilisés, sont au nombre d'une cinquantaine dans les usages courants* :

— *liàng* pour les véhicules ;

— *pi* pour les animaux comme le cheval ou l'âne ;

— *suôr* pour les maisons ;

— *jian* pour les chambres et les pièces d'une maison ;

— *zuò* pour les édifices à étages et les montagnes ;

— *shang* pour les tables, les billets, les peintures ;

— *bâ* pour les chaises, les éventails et les ombrelles ;

— *tiáo* pour les routes, les rues, les fleuves, les jambes, certains chiens ;

— *zhizi* pour les fleurs, les cigarettes, les rouleaux ;

— *shuang* pour ce qui va par paires, chaussures, chaussettes, mains, etc.

Les groupements provoqués par ces spécificatifs n'ont pas d'équivalents dans les langues européennes.

L'attention portée à toutes les particularités des classements opérés par les langues allait de pair, dans cette première partie du siècle, avec les soucis des ethnologues et des anthropologues. Aussi a-t-on parlé de la génération des linguistes-anthropologues. À partir de 1930, sous l'influence de L. Bloomfield, ils fondent aux États-Unis le *Sumner Institute of Linguistics*, chargé de décrire les langues d'Amérique et d'Océanie, et qui, en 1971, en a décrit environ 500. En Europe centrale, l'école de Moscou puis l'école de Prague théorisent les nouvelles méthodes. En Grande-Bretagne, J. R. Firth s'appuie sur l'anthropologie de Malinowski pour fonder une école de descripteurs habilités à rendre compte des langues d'Afrique et d'Orient. En France, A. Meillet lance un appel, en 1922, pour faire décrire les langues du Caucase.

Des typologies sont proposées, en particulier pour la morphologie, c'est-à-dire, en gros, la forme des mots. C'est ainsi qu'on distingue, les langues isolantes, agglutinantes, flexionnelles, polysynthétiques.

* Rygaloff 1973, p. 68.

Le modèle des langues isolantes est le chinois, où l'on considère que chaque mot est invariable ; le pluriel, qui est une variation grammaticale dans nos langues est marqué par un mot isolé qui se place à côté d'un autre mot :

— ami (amie) : *pengyou* ;

— plusieurs : *men* ;

— des amis (amies) : *pengyou men*.

Le modèle des langues agglutinantes est le turc, qui ajoute à un radical, dans un certain ordre, des suffixes chargés d'exprimer ce qui serait dit, dans nos langues, par des mots distincts :

— aimer : *sev-mek* ;

— être aimé : *sev-il-mek* ;

— faire aimer : *se-dir-il-mek* ;

— s'aimer l'un l'autre : *se-ish-mek* ;

— se faire aimer l'un l'autre : *sev-ish-dir-il-mek*.

Le modèle des langues flexionnelles serait le grec ou le latin, qui modifient la finale d'un nom pour lui donner une signification grammaticale. Le nom lui-même n'existe pas à l'état isolé :

— le maître, sujet : *domin-us* ;

— les maîtres, sujet : *domin-i* ;

— le maître, complément : *domin-um* ;

— les maîtres, complément : *domin-os*.

Le modèle des langues polysynthétiques serait l'inuit (langue des esquimaux), où ce que nous dirions dans une phrase faite de plusieurs mots peut se dire dans un « mot-phrase » formé de très nombreux composants :

— maison : *iglu* ;

— dans la maison : *iglu-mi* ;

— une maison de neige : *iglu-vigaq* ;

— nous sommes dans la jolie petite maison de neige : *iglu-vigaq-tsi-rulung-mi-it-tu-gut*.

Il est bien entendu qu'aucune langue ne coïncide vraiment avec un type pur, et que toutes sont des mélanges. Mais ce classement a eu le mérite de dégager de grandes tendances et de situer les langues indo-européennes comme un type parmi d'autres.

Les types syntaxiques ont surtout été fondés sur l'ordre des constituants de la phrase : verbe (abrégé en V), sujet (abrégé en S) et complément, ou objet (abrégé en O). On distingue ainsi des langues à verbe initial, VSO, comme l'arabe classique ; des langues à verbe final, SOV, comme le japonais ; des langues à verbe médian, SVO, comme le français.

Presque partout, le souci d'applications pratiques est manifeste : la linguistique descriptive se présente comme utile. Elle servira, par exemple, à décrire et à stabiliser le tchèque littéraire* ou, dans les années 1930, à montrer l'égalité entre toutes les langues en réfutant les doctrines racistes développées à l'époque en Scandinavie et en Allemagne**.

Tous les descriptivistes se méfient des descriptions préalables à l'époque moderne, suspectées de manque de rigueur et envisagent de faire la description exhaustive de « toutes les langues du monde et de leurs dialectes », en se dégageant des attitudes eurocentristes : « Parmi les langues parlées aujourd'hui, seulement quelques-unes sont connues d'une manière acceptable pour la science***. » Le premier congrès international des linguistes a lieu en 1928 à La Haye. Lors du quatrième congrès, une vingtaine d'années plus tard, la question est posée : « Existe-t-il des catégories qui soient communes à l'universalité des langues humaines ? » Depuis, la question n'a cessé d'être posée, sous une forme ou sous une autre. Tant que le travail classificatoire n'était pas achevé, il était bon de se défier des généralisations et en particulier des « universaux linguistiques**** ».

Le réinvestissement des données exotiques

Dans l'étape actuelle, ce qu'on apprend à partir des langues exotiques sert souvent à renouveler la description

* Vachek, 1939.
** Sapir.
*** Bloomfield, 1933.
**** Robins, 1984.

des langues déjà analysées par des méthodes anciennes, en modifiant la conception des catégories, des fonctions et de l'ensemble des classements. Autrement dit, on en vient à affirmer que les catégories classiques, qui s'étaient déjà révélées trompeuses pour décrire les langues exotiques, le sont également pour les langues déjà bien connues.

La notion de prédicat, qui était attachée à la présence d'un sujet et d'un verbe, a été relativisée : « La prédication à deux termes, sujet et prédicat, si naturelle dans nos langues qu'elle a été érigée en forme universelle par la logique classique, ne l'est pas en linguistique : dans les langues d'Asie orientale un mot prédicatif peut suffire, sans actant ni indice actanciel, à former une phrase complète*. »

L'idée même qu'un prédicat devait être attaché à un verbe n'est plus donnée comme universelle. Creissels (1983) montre que dans la langue mandinka, une simple particule affirmative peut être le support d'un prédicat. La notion de « sujet », telle que nous la concevions, a été modifiée par de nombreux témoignages. Hagège (1993) montre que dans la langue moore, « l'homme » peut être sujet de prédicats positifs, comme « l'homme est courageux, l'homme est en bonne santé », mais qu'il est seulement complément quand il s'agit de prédicats à valeur détrimentive, et que ce que nous traduirions par « l'homme est jaloux, l'homme a peur », est dit dans la langue sous la forme de « la jalousie (la peur) possède l'homme. » Murugaiyan (1999) signale un phénomène proche en langue tamoule, où « l'homme » ne peut pas être sujet de « avoir peur, désirer, avoir mal », mais ne peut qu'être un complément au datif. G. Lazard** explique que nous concevons généralement la relation entre un sujet, un verbe et un complément, selon un modèle prototypique qui implique un sujet bien individualisé, agissant sur un patient bien individualisé aussi, qui en est affecté, comme dans l'exemple scolaire ancien du « bûcheron qui coupe l'arbre ». Les langues indo-européennes d'Europe

* Lazard 1999.
** 1999, p. 98.

utilisent généralement le même schéma syntaxique pour des verbes qui n'impliquent pas du tout la même action prototypique, comme « l'enfant reçoit un cadeau, l'objet pèse un kilo ». Mais beaucoup de langues changent alors de construction selon des choix très diversifiés. Les recherches de Dixon (1999) sur les langues à ergatif d'Australie et d'Amazonie montrent que l'on a intérêt à distinguer, même dans nos langues, les sujets de verbes transitifs, comme « manger un fruit » et les sujets de verbes intransitifs, comme « courir », qui correspondent à des propriétés très différentes. Creissels explique que, dans les langues bantoues, un nom de lieu équivalent à ce que nous traduirions par « dans la forêt », marqué comme tel par une particule *-ni* équivalente à « dans », peut être sujet d'un verbe, ce que nous pourrions traduire approximativement par « ce lieu dans la forêt voit dormir des animaux » : *mwitu-ni mmekaka wanyama* ; forêt-dans dort des animaux.

À côté du sujet, et sous l'influence de la grammaire du japonais, on a dégagé la notion de « topique ». Selon une traduction approximative, le japonais permet de dire « l'éléphant, les oreilles sont grandes », c'est-à-dire, en traitant « l'éléphant » comme un « topique », « en ce qui concerne l'éléphant, quant à l'éléphant* », etc.

La langue kariri (Brésil, groupe macro-jê, décrite par Rodrigues, 1997), a un système de classement pour les numéraux et les adjectifs qui accompagnent le nom, un autre pour les possessifs (selon qu'il s'agit d'aliments ou non, de possession durable ou en usufruit, acquise par la violence ou non) et un autre pour l'interrogation (qui distingue, plus classiquement, entre animé et inanimé). Nous n'avons aucun équivalent, dans les langues d'Europe de cette distinction fondamentale, mais la notion de « possession », telle que nous l'utilisons dans la terminologie habituelle pour les « adjectifs et pronoms possessifs » en est considérablement changée.

* Culioli, 1999.

« Les propriétés dites “universelles” sont intéressantes, dit B. Comrie, lorsqu'elles permettent des comparaisons et des corrélations. » Mais la façon même d'établir ces corrélations a changé. Lorsque Greenberg, dans les années 1970, avait cherché des corrélations dans quelques dizaines de langues, il avait conservé des catégories assez traditionnelles, comme verbe, nom, adjectif, préposition, postposition et ordre des mots. Il avait observé quelques constantes, érigées en universaux. « Si une langue a un ordre typique verbe, sujet, objet, alors elle a plutôt des prépositions que des postpositions. » « Si dans une langue l'objet pronominal suit le verbe, alors l'objet nominal le suit aussi. » Les critiques qui lui ont été adressées ont porté justement sur le choix de ces catégories, qui, déjà mal adaptées aux langues occidentales abondamment décrites, se révélaient trop approximatives pour des langues très différentes. « On parle de noms, de verbes, de sujet, d'objet, etc., alors que nous savons à présent combien ces notions sont relatives [...]. La notion de sujet est au moins litigieuse dans beaucoup de langues*. »

Les analyses faites dans le cadre de la typologie des langues** relancent à nouveau à partir des langues exotiques, d'autres analyses qui permettent de situer les langues européennes dans un ensemble plus vaste. Ces recherches rencontrent le courant de la linguistique cognitive*** qui s'intéresse aux significations sous-jacentes très générales et aux particularités des langues. La perception de l'espace et des dimensions spatiales a été informée par les données spécifiques de diverses langues. G. Cardona (1985), reprenant contact avec les anthropologues, retrouvait ainsi certaines pistes des descriptivistes des années 1930, avec par exemple la « carte cognitive de l'espace » que nous imposeraient les langues des différentes cultures. Les langues du Caucase sont connues pour avoir des systèmes très

* G. Lazard, 1999, p. 80.

** Lazard, Ramat, Talmy, *Association for Linguistic Typology*, en 1994, revue *Linguistic Typology* en 1997.

*** Langacker, G. Lakoff, Talmy.

riches de désignation spatiale, inscrits dans la déclinaison des noms, des adjectifs et des pronoms. Cette richesse serait utile pour comprendre les systèmes généraux sous-jacents à la description de l'espace dans les langues européennes plus connues.

Il est acquis, désormais, que la description va de pair avec des hypothèses générales sur les structures des langues et que les langues du monde les plus exotiques servent à renouveler la description des langues occidentales qu'on croyait les mieux connues. Du coup, ces langues exotiques, même lorsqu'elles ne sont plus parlées que par quelques personnes, prennent une importance capitale. Or beaucoup disparaissent sous nos yeux. Nous avons perdu, semble-t-il, 500 langues amazoniennes depuis le XVIe siècle* et nous en perdrons autant d'ici une génération. Certaines prédictions annoncent que, au terme d'une « tragédie imminente dans l'histoire de l'humanité », nous verrons disparaître bientôt 90 % des langues du monde. Ce désastre pèse plus que les querelles d'écoles.

RÉFÉRENCES

– AUROUX (S.), *Histoire des idées linguistiques, t. II : Le Développement de la grammaire européenne,* Liège, Mardaga, 1992.

– AUROUX (S.), *Les Langues du monde,* Paris, bibliothèque Pour la science, 1999.

– BENVENISTE (É.), « Catégories de pensée et catégories de langue », *Les Études philosophiques,* n° 4, 1958 (cf. 1966, *Problèmes de linguistique générale*, I, p. 62-74).

– BICKERTON (D.), *The Roots of Language*, 1987.

– BLOOMFIELD (L.), 1933, *Language*, Reed., London, George Allen, 1967.

– BOAS (F.), *Handbook of American Indian Languages*, 1911-1939.

– CARDONA (G.R.), *I sei lati del mondo. Linguaggio ed esperienza*, Roma/Bari, Laterza, 1985.

– CHOMSKY (N.), *Syntaxic structures*, 's-Gravenhage, Mouton, 1957.

* Rodrigues, 1996.

– CHOMSKY (N.), « Remarks on Nominalizations », *in* Jacob and Rosembaum, *Readings in English Transformational Grammar*, Waltham, Ginn, 1970.

– CHOMSKY (N.), *La Nouvelle Syntaxe* (traduction), Paris, Seuil, 1987.

– CHOMSKY (N.), *The Minimalist Program,* Cambridge, Mass, MIT Press, 1995.

– COMRIE (B.), *Language Universals and Linguistic Typology*, Oxford, Basil Blackwell, 1981.

– CREISSELS (D.), *Éléments de grammaire de la langue mandinka,* Grenoble, Publications de l'Université des langues et des lettres, 1983.

– CREISSELS (D.), *Éléments de syntaxe générale*, Paris, Presses Universitaires de France, 1995.

– CULIOLI (A.), *Pour une linguistique de l'énonciation*, Paris, Ophrys, 1999.

– DIXON (R. M. W.) and AIKENVALD (A. I.), *The Amazonian Languages*, Cambridge University Press (Cambridge Language Survey), 1999.

– FUCHS (C.) et ROBERT (S.), *Diversité des langues et représentations cognitives*, Paris, Ophrys, 1997.

– GREENBERG (J. H.), *Universals of Language*, MIT Press, 1963.

– GREENBERG (J.), *Universals of Human Language*, 2 vol., Stanford University Press, 1978.

– HAGÈGE (C.), *La Structure des langues*, Paris, Presses Universitaires de France (coll. Que sais-je ?), 1982.

– HAGÈGE (C.), *The Language Builder*, Amsterdam, Benjamins, 1993.

– HARRIS (Z.), *Structural Linguistics*, New York, Doomesday, 1951.

– HUMBOLDT (G. de), *De l'origine des formes grammaticales*, Berlin (trad. fr. 1969), Paris, Ducros, 1827.

– LAUNEY (M.), *Une grammaire omniprédicative. Essai sur la morphosyntaxe du nahuatl classique*, Paris, CNRS Éditions, 1994.

– LAZARD (G.), « La linguistique est-elle une science ? », *Bulletin de la Société de linguistique de Paris*, XCIV, 1999, p. 67-112.

– MANESSY (G.), *Créoles, pidgins, variétés véhiculaires. Procès et genèse*, Paris, CNRS Éditions, 1995.

– MATHEWS (P. H.), *Grammatical Theory in the United States from Bloomfield to Chomsky*, Cambridge University Press, 1993.

– MILLER, (J.) and WEINERT (R.), *Spontaneous Spoken Language. Syntax and Discourse*, Oxford, Clarendon Press, 1998.

– MURUGAIYAN (A.), 1999, « Agent affecté, expérience et prédicats affectifs en tamoul », *Cahiers de linguistique de l'INaLCO*, 1999-2, p. 147-160.
– PINKER (S.), *The Language Instinct*, Cambridge : W. Morrow and Co. Traduction française 1999, *L'Instinct du langage*, Paris, Odile Jacob, 1994.
– POLLOCK (J.-Y.), *Langage et cognition. Introduction au programme minimaliste de la grammaire générative*, Paris, Presses Universitaires de France (collection Psychologie et sciences de la pensée), 1997.
– ROBINS (R. H.), « Linguistics in 1984 : retrospects and prospects », *Linguistics and Linguistics Evidence, the LAGB Silver Jubilee Lecture*, Newcastle, Grevatt and Grevatt, 1984.
– RODRIGUES (A. D.), *Panorama das Línguas Indígenas da Amazônia*, Pa. Brésil, Museu Paraense Emilio Goeldi, Belém, 1996.
– RODRIGUES (A. D.), « Nominal classification in karirí », *Opción-13*, n° 22, 1997, p. 65-79.
– RYGALOFF (A.), *Grammaire élémentaire du chinois*, Paris, Presses Universitaires de France (collection Sup), 1973.
– SAPIR (E.), *Selected Writings in Language, Culture and Personnality*, Berkeley Mandelbaum, 1949.
– WHORF (B.L.), *Language, Thought and Reality* (trad. fr. : *Linguistique et anthropologie*), Paris, Denoël, 1956.

Phonologie et cognition

par BERNARD LAKS

Communication et cognition

La phonologie est la science qui prend pour objet l'organisation de la dimension sonore du langage. Le circuit de communication qui s'établit entre un locuteur et son interlocuteur est, en apparence, simple : un message est émis par A, il est reçu par B et une information s'est échangée entre A et B. En fait, dès que l'on analyse plus précisément ce circuit, les événements apparaissent beaucoup plus complexes. Que se passe-t-il en fait ? *(Fig. 1)*

Le locuteur A se trouve dans un certain « état mental » : Il veut, par exemple, saluer poliment le locuteur B. Cela signifie que se forme dans son esprit le « projet intentionnel » de mettre le locuteur B dans un certain état mental approprié, celui qui correspond au fait d'être salué poliment par A.

À ce premier niveau, mental et conceptuel, ce dont il s'agit donc précisément, c'est de modifier l'état mental de B en fonction de celui de A. En d'autres termes, pour A, il s'agit de modifier l'état interne de B en agissant sur son

Texte de la 45e conférence de l'Université de tous les savoirs donnée le 14 février 2000.

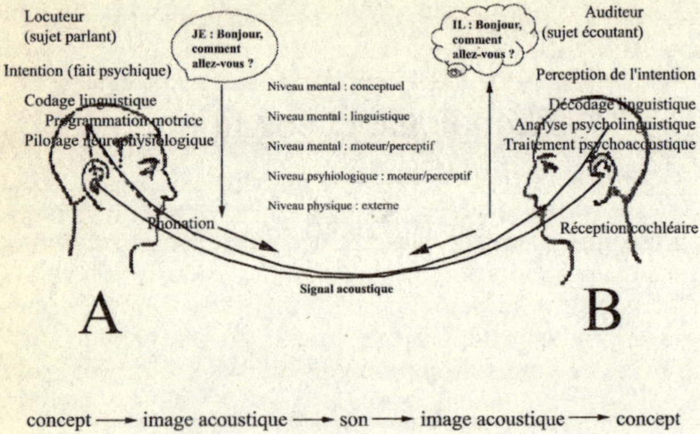

Figure 1 – Le circuit de communication.

encéphale. La communication correspond à l'action d'un cerveau sur un autre cerveau.

Or les cerveaux humains sont des organismes physiques qui ne sont pas capables de communiquer directement entre eux et d'échanger leurs états mentaux sans aucune médiation : il n'y a pas de transmission directe de la pensée et nous ne pouvons communiquer entre nous par simple télépathie.

L'évolution a résolu ce paradoxe apparent de la non-communication directe entre cerveaux en développant, chez l'espèce humaine, un système de communication externe extraordinairement complexe et puissant : le « langage articulé ».

La communication humaine repose sur le fait que les locuteurs d'une même langue ont acquis un même système mental de communication. Par un apprentissage social spontané et une immersion dans une même culture ils ont développé des « compétences cognitives linguistiques » fonctionnellement très semblables.

Du point de vue fonctionnel, A se trouve donc dans un « état intentionnel » précis. Il « code » cet état conceptuel sous la forme d'un ensemble de « signes linguistiques » constitués par des signifiants bifaces : leur face signifiante appelant directement et sans autre médiation leur face sonore et *vice versa.* Cette opération mentale de codage linguistique permet donc de passer d'un état conceptuel donné à un ensemble d'images acoustiques qui lui sont liées directement et de façon immédiate.

Au niveau mental a lieu une programmation motrice qui traduit ces images acoustiques en cibles articulatoires combinées et coordonnées. On atteint ainsi le niveau du pilotage neurophysiologique des nombreux dispositifs physiques impliqués dans la production sonore : pilotage respiratoire et laryngal, commande musculaire des niveaux mandibulaires, linguaux, labiaux, etc.

Jusqu'à ce stade, nous n'avons vu que des fonctions mentales internes et des mécanismes cognitifs. Ce n'est qu'avec le produit de la phonation, c'est-à-dire avec le signal acoustique proprement dit, que nous sortons de la sphère du cognitif et du fonctionnement interne de l'encéphale pour nous situer au niveau physique externe de la réalité sonore et de la communication proprement dite. Or, les ondes sonores que nous produisons ont, comme toutes les ondes sonores, la propriété singulière de se diffuser spontanément dans l'espace proche. C'est à partir de cette caractéristique physique du son qu'un circuit de communication médiatisé par ces ondes supports peut se mettre en place entre A et B. C'est donc pour des raisons purement physiques et externes que ce que produit la bouche de A atteint l'oreille de B.

Jusqu'à ce que le signal sonore atteigne l'oreille interne de B et y mette en action son dispositif cochléaire, nous sommes toujours dans l'ordre physique externe de la propagation d'un signal sonore sans signification particulière. La réception cochléaire déclenche alors chez B un traitement cognitif : les caractéristiques psychoacoustiques pertinentes sont extraites du signal, une « catégorisation » complexe et une extraction de « paramètres invariants » a lieu au niveau psycholinguistique de sorte que sont reconstruits des signes linguistiques porteurs de signification. Cette reconstruction mentale s'appuie crucialement sur le savoir linguistique fonctionnellement présent dans le cerveau de B. Si ce savoir est du même type que celui utilisé par A, ce décodage sera parallèle à l'encodage réalisé par A, et permettra à B de remonter de l'image acoustique qu'il aura cognitivement reconstruite aux concepts, et en définitive à l'intention significative initiale de A. Ainsi, alors que ce qui s'échange entre A et B ce ne sont que des ondes sonores sans signification particulière, le message de A est pourtant « perçu », « reconstruit » et « interprété » par B.

Dans ce schéma cognitif complexe, il est crucial que les processus psycholinguistiques de codage et de décodage soient sensiblement identiques chez A et chez B. Autrement dit, il est crucial que les deux locuteurs aient sensiblement la même « compétence linguistique ». On notera l'importance des traitements internes impliqués dans la communication. La partie proprement externe du circuit est en effet totalement inerte et importe assez peu. L'essentiel se passe au niveau mental, à l'intérieur des deux encéphales, et en définitive, par le biais d'ondes sonores externes, ce sont bien deux cerveaux qui communiquent.

On peut adopter sur ce circuit de communication deux points de vue scientifiques distincts. Le premier consiste à en analyser la partie externe, matérielle et physique. On s'intéresse alors à la production du signal sonore, à l'analyse de ses caractéristiques spectrales, dynamiques et énergétiques, aux effets de ce signal sur l'oreille. La science qui analyse la partie externe du signal et s'intéresse ainsi à la matérialité sonore d'un point de vue physique, articulatoire ou auditif est la phonétique. Elle décrit les événements sonores que nous produisons mais reste totalement étrangère à leur dimension cognitive et signifiante. Au contraire, la science qui prend pour objet les « compétences cognitives » de codage et de décodage impliquées dans le traitement linguistique, qui s'intéresse à la façon dont les signes sonores sont représentés dans l'esprit des locuteurs, à la façon dont ils sont stockés, agencés et organisés en phrases, qui prend donc pour objet le traitement mental du son, c'est la phonologie. Ces deux points de vue sont très différents. La phonétique est une science descriptive de la réalité physique du signal sonore alors que la phonologie est une science cognitive qui analyse le fonctionnement mental impliqué dans la communication linguistique.

La phonologie cognitive défend l'hypothèse qu'il est nécessaire de se situer au niveau du traitement mental pour comprendre ce qui a lieu lors d'un échange de paroles. Du point de vue de la phonologie, la communication humaine est donc « sous-déterminée » par les propriétés du signal et « surdéterminée » par les processus cognitifs. Pour illustrer cette thèse, nous abordons à présent quelques questions clefs.

La variation inter et intralocuteurs

Le premier exemple concerne les variations de la forme du même message pour un même locuteur et pour différents locuteurs. L'analyse précise des signaux acoustiques montre que pour un même contenu sémantique du message, la forme et les caractéristiques physiques du signal varient extraordinairement d'un locuteur à l'autre. Considérons les analyses que l'on peut faire du même message « bonjour, comment allez-vous ? » produit par un homme adulte, une femme adulte et une fillette.

Bien que le contenu du message véhiculé soit strictement identique, l'analyse de l'enveloppe du signal, de la courbe d'intensité et de la courbe mélodique, comme l'analyse spectrale de l'événement sonore produit par ces trois locuteurs différents, sont extrêmement différents. Ces différences de performance sonore sont liées au fait que la voix de chaque individu lui est « personnelle », un peu comme son visage. Cette signature vocale varie avec le sexe, l'âge, l'origine géographique et même le statut social. Pour reconstruire le même message linguistique à partir de ces signaux différents, le système cognitif doit donc filtrer toutes ces caractéristiques individuelles et extraire un tout petit nombre de paramètres invariants avec les individus sur la base desquels il reconstruira, pour ces trois événements sonores différents, la « même image acoustique signifiante » correspondant à la même intention significative du locuteur.

Si pour n'importe quel locuteur du français, notre phrase comporte une suite de quatre mots distincts nettement délimités, on n'aperçoit rien de tel dans le signal proprement dit qui est, au contraire, continu et dans lequel les indices de discontinuité observables ne correspondent nullement à la délimitation de nos quatre mots. C'est en mettant en œuvre une connaissance précise de la langue que le système cognitif est capable de « segmenter » ce message en unités « fonctionnellement successives » et d'extraire les paramètres invariants permettant de reconstruire la suite des signes signifiants qu'il contient.

La complexité de ce traitement est encore accrue par la variabilité intralocuteur. En effet, en fonction d'un grand nombre de paramètres externes, on peut dire qu'un même locuteur ne produit jamais exactement le même signal sonore pour communiquer le même message. Considérons par exemple une phrase équilibrée qui contient onze occurrences de ce que tout francophone reconstruit comme le même son fonctionnel /a/ : « La tarte à l'ananas de papa, quel repas de gala ! »

Les caractéristiques physiques de chacun de ces sons diffèrent profondément. Leur longueur par exemple varie de 49 à 141 millisecondes. Or, en français, cette différence de longueur physique n'est plus porteuse de signification. Elle doit donc, comme beaucoup d'autres caractéristiques, être ignorée par le système cognitif pour reconstruire à partir de ce signal intrinsèquement variant une image acoustique segmentée, invariante et indépendante des caractères particuliers de chaque voix. Dans ce traitement cognitif complexe, beaucoup de connaissances de haut niveau se trouvent mobilisées. Parfois, plusieurs segmentations, et donc plusieurs analyses, sont compatibles avec les données spectrales. Seule une connaissance précise du contexte pragmatique permettra par exemple d'exclure la segmentation « La tarte à "la nana" de papa… ».

Ainsi, à partir des connaissances linguistiques partagées par A et B qui ont la même compétence linguistique acquise, le système cognitif segmente le message et reconstruit des classes d'équivalence fonctionnelles permettant de reconnaître, sous de nombreuses variantes inter ou intrapersonnelles, les mêmes catégories abstraites. Les classes d'équivalence de sons ou « phonèmes », tout en étant physiquement différentes, jouent le même rôle abstrait fonctionnel. Dans le système abstrait qu'est une langue, ce rôle est essentiellement « distinctif » et « oppositif ». Pour montrer l'existence de classes phonématiques différentes en français, il suffit de pointer l'existence de séries pour lesquelles une différence de son, même minime, fait différence de sens comme : « papa/papi/papo/papou ». Au contraire pour montrer l'unicité fonctionnelle d'une classe de sons très différents il suffit de montrer que toutes les articulations de [a] dans « la tarte à l'ananas de papa... », aussi différentes soient-elles, ne modifient pas le sens.

Pour passer du signal physique intrinsèquement variable au contenu du message, le système cognitif segmente, extrait des paramètres invariants et catégorise pour reconstruire une représentation acoustique mentale en phonèmes fonctionnels. Des mécanismes cognitifs du même ordre sont impliqués dans l'invention d'une écriture, notamment alphabétique. L'écriture neutralise, en effet, les différences entre locuteurs, découpe le signal continu en éléments abstraits successifs et choisit de représenter par un signe graphique unique et invariant tous les sons différents qui, dans une langue donnée, fonctionnent à l'identique du point de vue du sens. C'est la raison pour laquelle on peut défendre que la phonologie, en s'intéressant aux représentations cognitives, construit en fait des « écritures mentales ».

Universalité et diversité linguistique : l'approche « principes et paramètres »

Sur le plan du traitement de la substance sonore, comme sur celui des processus linguistiques qu'il met en œuvre, lorsqu'on compare de nombreuses langues, on est frappé à la fois par la très grande diversité, mais aussi par la très grande similitude des systèmes. Pour en rendre compte, la phonologie moderne travaille dans un cadre appelé « principes et paramètres ». On postule que toute l'espèce humaine est équipée d'un « stock universel » d'éléments de substance, d'éléments de forme et de processus linguistiques. Puisque ce stock universel caractérise notre compétence linguistique en tant qu'espèce, on suppose qu'il est immédiatement disponible pour l'enfant qui apprend à parler, soit sous forme d'architectures neuronales précâblées, soit directement sous la forme de représentations initiales.

Aucune langue humaine n'exploite l'ensemble des possibilités de ce stock universel de principes et ceux qui sont mis en œuvre sont en quelque sorte adaptés. En effet, le choix entre certains de ces paramètres peut s'avérer exclusif. De plus, le rendement fonctionnel de chacun de ces principes est si important que la sélection d'un petit nombre de ces dimensions universelles suffit pour construire un système phonologique robuste et performant. Pour en prendre un seul exemple, aucune langue humaine n'exploite simultanément les différences de timbre, d'intensité, de hauteur et de longueur, pourtant toutes disponibles dans notre compétence d'espèce. Chaque langue sélectionne donc un très petit nombre de ces possibilités et les adapte pour organiser un système particulier d'oppositions signifiantes et pour construire ses représentations linguistiques. C'est en ce sens qu'elle « paramètre » le stock universel des possibilités à la disposition de l'espèce.

Si ce stock universel est une propriété de l'espèce, il est « génétiquement conditionné », alors que le choix paramétrique opéré par chaque langue particulière est, quant à lui, « rigoureusement arbitraire » et doit donc nécessairement être appris. Chaque être humain est donc cognitivement prédisposé à apprendre n'importe laquelle des langues humaines. Apprendre le français, plutôt que le turc ou l'hindi, c'est spécifier ces principes universels, éliminer un grand nombre de possibilités non fonctionnelles et, sur la base de ce que nous entendons autour de nous, paramétrer localement notre compétence d'espèce pour ne plus en retenir que ce petit nombre de paramètres arbitrairement choisis qui définissent fonctionnellement en propre le français plutôt que le turc ou l'hindi. Pour illustrer ce mécanisme considérons quelques-unes des dimensions universelles de la substance sonore des voyelles.

Compte tenu de l'organisation physiologique de leur appareil phonatoire, tous les êtres humains sont capables de produire et de distinguer de nombreux timbres vocaliques différents. Dans cet espace très riche de possibles, chaque langue choisit de construire un tout petit nombre de catégories phonématiques abstraites. Selon leur nombre, leurs limites et le type de découpage qu'elles opèrent de ce même espace vocalique très riche, chaque catégorie ainsi construite sera plus ou moins englobante. Le français, par exemple, découpe cet espace vocalique sur la base d'un système de dix voyelles phonémiques en opposition distinctive. L'arabe classique au contraire découpe ce même espace en seulement trois catégories fonctionnelles (dédoublées par la longueur).

Lorsqu'un même phonème existe dans deux langues différentes, par exemple [ou] en français et en japonais, il ne s'ensuit donc pas qu'il recouvre deux ensembles sonores identiques, découpés de la même manière dans l'espace vocalique. Ainsi, tous les humains peuvent produire et reconnaître des différences de hauteur tonale et peuvent produire ce même son [ou] avec un ton haut ou un ton bas. En français, cette variation tonale existe, mais elle est totalement non fonctionnelle *(Fig. 2a)* puisque la différence de hauteur tonale ne modifie pas le contenu référentiel du mot « coucou ».

On en déduit qu'en français, cette différence tonale ne fait pas l'objet d'un « monitoring linguistique » précis. En revanche, en japonais où cette même différence tonale fait partie intégrante du système phonologique et doit donc être manipulée comme telle, la hauteur tonale est bien fonctionnelle *(Fig. 2b)*.

Considérons à présent les deux sons [r] et [l]. Ils sont nettement distincts du point de vue articulatoire. Le premier

a)

H H — B H — H B

As tu vu le coucou ? Ce n'est pas un coucou ! Où est le coucou ?

b)

H H — B H — H B

tsourou "pécher à la ligne" tsourou "une grue" tsourou "une cordre d'arc"

c)

une barre/une balle ; une marre/ une malle ; un quart/un cal

d)

H B — H B

tsourou "une corde d'arc" tsoulou "une corde d'arc"

e)

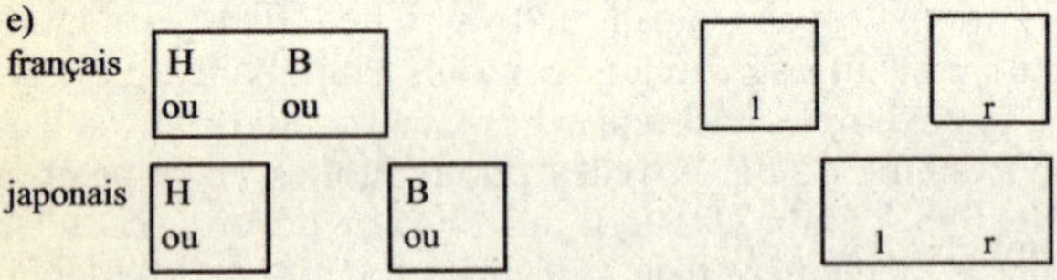

Figure 2 – En haut : La variation tonale.
En bas : Les deux sons [r] et [l] sont nettement distincts du point de vue articulatoire en français mais pas en japonais.

est une vibrante, le second une latérale alvéolaire. En français, ces deux sons constituent deux catégories mentales nettement distinctes comme le montre leur rendement fonctionnel *(Fig. 2c)*.

Ce n'est pas le cas en japonais qui construit et manipule une seule catégorie mentale englobant toutes les variantes de [r] et de [l] possibles *(Fig. 2d)*. En japonais, ces deux prononciations sont strictement homophones, tout comme le sont en français les différentes intonations de « coucou ».

Là où le français découpe l'espace sonore des possibilités différentielles en deux catégories distinctes /r/ et /l/, le japonais n'en construit qu'une. Par contre, là où le japonais distingue deux catégories vocaliques en fonction de la hauteur tonale, le français n'en distingue qu'une *(Fig. 2e)*.

Le choix paramétrique opéré par chaque langue est arbitraire et ne tient pas compte de la nature ou de l'importance des différences physiques sur lesquelles il se fonde.

Autre exemple, les différentes articulations possibles du son [r] en français sont aussi éloignées que possible. Selon les régions, les dialectes, les contextes, on trouve des articulations vibrantes antérieures, postérieures, ou même des non-vibrantes très arrière. Pourtant ces enveloppes sonores, très différentes à l'oreille, sont tenues par le français pour cognitivement et fonctionnellement équivalentes. Un locuteur du français n'en construit donc qu'une seule représentation car, quelle que soit l'articulation de [r] dans « Paris », il n'existe qu'un seul référent.

La situation est très différente en espagnol qui ne connaît pourtant qu'un seul type de vibrantes antérieures, mais choisit arbitrairement de prendre en compte le nombre de battements à des fins fonctionnelles. C'est ce que montre l'existence d'une différence pertinente entre *pero* « mais » et *perro* « chien ». Ainsi, là où le français tient toutes les variantes possibles pour appartenir à la même catégorie mentale, l'espagnol construit deux catégories séparées par une différence physique pourtant infime *(Fig. 3)*.

Ce système abstrait de représentations mentales permettant, dans une langue donnée, de reconstruire cognitivement le contenu du message ne porte pas seulement sur les catégories définies par leur rendement oppositif. Il concerne également la « segmentation » et le découpage en unités successives dont nous avons parlé précédemment. Considérons par exemple le mot [mutcho] en espagnol. Comment doit-il être représenté en unités distinctes ? En

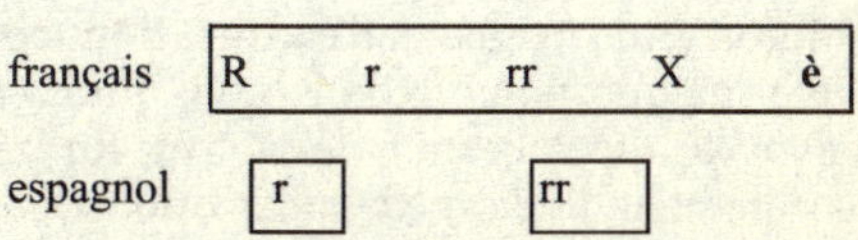

Figure 3 – Les différentes articulations possibles du son [r] en français et en espagnol.

particulier, la séquence [tch] doit-elle être représentée comme une catégorie unique ou correspond-elle à deux unités successives ? En espagnol, la première solution est vraie. En effet, si le mot [*muto*] existe bien dans cette langue, non seulement le mot [*mucho*] n'existe pas, mais on peut montrer qu'il est exclu par les structures phonologiques de l'espagnol et n'y correspond à aucun mot possible. Il s'en suit que le choix intentionnel d'un locuteur de l'espagnol n'est pas constitué par la combinaison de deux unités, puisque la seconde n'existe pas dans le système. La sélection de [tch] correspond donc à un choix intentionnel unique qui conditionne, pour ce son complexe, la construction d'une seule « catégorie représentationnelle ».

Si donc, en espagnol, l'articulation complexe [tch] correspond à un phonème unique, tel n'est pas le cas en français où, à côté de mots comme « matcher », « catcher », « macho » présentant une occurrence [tch], on rencontre la série « mâcher », « lâcher », « tâcher » avec occurrence fonctionnelle de [ch] ainsi que la série « mâter », « latter », « tâter » avec occurrence de [t]. Il s'ensuit qu'en français, une occurrence complexe comme [tch] correspond bien à « deux choix fonctionnels » successifs de la part du locuteur et que les représentations mentales codent bien ce son complexe comme la suite de « deux phonèmes distincts ».

L'architecture des représentations phonologiques

Intéressons-nous à présent à l'organisation interne de la chaîne parlée et à l'architecture des représentations phonologiques.

Nos habitudes de lecture et d'écriture nous conduisent à penser que lorsque nous parlons nous prononçons les différents sons les uns à la suite des autres. En fait, l'organisation strictement linéaire des éléments sonores n'est qu'une illusion. Ce qui se perçoit comme deux sons successifs A et B peut souvent être temporellement organisé comme l'articulation de B à l'intérieur de l'articulation de

A, voire comme un déclenchement de l'articulation de B préliminaire à celle de A. Ces phénomènes de « coarticulation », d'« anticipation articulatoire », d'« économie » dans le déplacement des organes articulateurs, sont extrêmement fréquents et expliquent un grand nombre de processus phonologiques rencontrés dans les langues.

Les sons que nous articulons pour produire un message ne se suivent pas comme des perles sur un collier, mais ils entretiennent entre eux des « relations hiérarchiques » et structurelles complexes. Ces relations de conditionnement réciproque, ou de dominance structurale sont retranscrites dans les représentations mentales comme des architectures complexes. L'exemple le plus simple en est constitué par l'organisation syllabique qui, dans toutes les langues humaines, conditionne des relations de dominance fortement asymétriques.

Dans l'approche « principes et paramètres » dont nous avons parlé précédemment, on définit une structure syllabique universelle comme une relation de dépendance entre une attaque consonantique et une rime. Cette rime comprend le *nucleus* syllabique, c'est-à-dire le noyau vocalique qui régit toute la syllabe et une coda consonantique *(Fig. 4a)*.

Cette architecture abstraite est universelle. Elle rend compte du fait qu'il existe des relations structurelles asymétriques entre le noyau vocalique et les amas consonantiques qui le suivent et le précèdent. Cette organisation syllabique est déterminante et on la voit apparaître chez l'enfant dès les premières phases de babillage.

Universellement les constituants « attaque » et « noyau » sont obligatoires et il n'existe pas de langue possédant des syllabes sans voyelles ou des syllabes ne présentant jamais de consonne initiale. La syllabe minimale est donc universellement CV. La première paramétrisation de cette structure concerne l'existence d'un nœud coda. Selon les langues, les structures CVC sont donc admises, comme en français, ou prohibées, comme en hawaïen par exemple. À son tour la coda peut être paramétrée et le français admet des groupes lourds finaux d'un maximum de trois consonnes comme dans « cadastre » par exemple. Remarquez que cette tolérance est très limitée, le français restreint ces groupes de trois consonnes aux seules successions fricative/occlusive/liquide comme [str], alors que l'anglais, plus tolérant sous ce rapport, admet des groupes comme [ksts], comme dans *texts*.

Le second niveau de la paramétrisation langue à langue de la structure syllabique universelle concerne la structure interne de chacun des constituants. Certaines langues n'admettent pas de structuration interne à A, N ou C et interdisent qu'ils comportent plus d'un élément. En japonais par exemple, l'attaque ne peut jamais être double et les groupes de consonnes internes sont extrêmement contraints *(Fig. 4b)*.

Lorsque le japonais importe des mots étrangers, il les syllabe donc conformément à sa propre structure paramétrique. Cela explique les processus de resyllabation que l'on observe alors : « film » ne peut être syllabé par un japonais que comme *filumu*, car les codas simples ou doubles sont pour lui impossibles. Il introduira donc autant de voyelles qu'il est nécessaire pour briser les groupes de consonnes *(Fig. 4c)*.

Pour les mêmes raisons, *sprint* sera resyllabé comme *su.pu.ru nu.tu.* La stratégie appliquée est très simple. Une consonne ne saurait qu'être en attaque donc il y aura autant de syllabes que de consonnes, de plus aucun noyau ne peut être vide donc ils seront, en tant que de besoin, remplis par une voyelle par défaut (dans ce cas /u :/).

A contrario, le français accepte, sous certaines contraintes, les attaques et les codas branchantes *(Fig. 4d)*.

Mais comme le montrent les exemples « strophe », « cadastre », « hertz », il existe en français de très nombreuses contraintes sur les groupes de 3 C acceptables. Ces contraintes sont très abstraites et ne sont pas liées à la facilité ou la difficulté à prononcer telle suite. Elles sont liées à la « structure interne » de l'attaque et à son architecture. Considérez par exemple le prénom du violoncelliste *Rostropovitch : Mstislav.* Contrairement au russe, à l'exception des groupes [str] et [spr], le français n'accepte pas d'attaque qui ne soit strictement ascendante du point de vue de la sonorité des phonèmes qui la compose. Ce n'est pas le cas de la suite [mst] où [m] est plus sonore que [s] qui l'est moins que [t]. Les stratégies de réparation des locuteurs du français, telles qu'on les entend à la radio par exemple, sont faciles à prévoir. On brise le groupe [mst] en deux syllabes, soit en ajoutant un [\] initial soit en insérant un [i]. Dans les deux cas on obtient deux syllabes dont la structure correspond aux paramètres du français *(Fig. 4e)*.

Remarquez que l'impossibilité de prononcer *mstislav* ne tient nullement à la difficulté que représente la suite [mst]. En effet, n'importe quel français peut très facilement réaliser une telle suite comme dans la *figure 5a*.

Ce qui est en jeu ici ce n'est donc pas la suite de sons, c'est leur organisation dans une architecture syllabique et hiérarchique : dans « énorme stylo » la structure est hétérosyllabique si bien que [m] et [s] *n'entretiennent pas de relation hiérarchique directe* parce qu'ils appartiennent à deux structures syllabiques différentes. Par contre dans *mstislav*, la syllabation est nécessairement tautosyllabique. Il s'ensuit que [m] et [s] sont dans une relation hiérarchique non permise par les paramètres du français.

Cette architecture complexe des représentations mentales permet d'expliquer de nombreux phénomènes et processus des langues dans une approche strictement paramétrique qui maintient l'universalité de la compétence linguistique de base de l'espèce humaine. Prenons-en un nouvel exemple. Le français est une langue assez singulière en ce que la forme précise des mots y varie avec le contexte. On dit que c'est une langue à sandhi. C'est un savoir commun à tous les locuteurs du français que selon le contexte phonétique dans lequel certains mots sont prononcés, ils apparaissent avec une forme longue ou une forme courte. Il s'agit du phénomène bien connu de la liaison *(Fig. 5b)*.

Pour analyser ce phénomène au plan cognitif, il faut simultanément rendre compte de plusieurs facteurs. Tout d'abord, il fait partie du savoir intériorisé par chaque locuteur du français que, devant une voyelle, la forme de

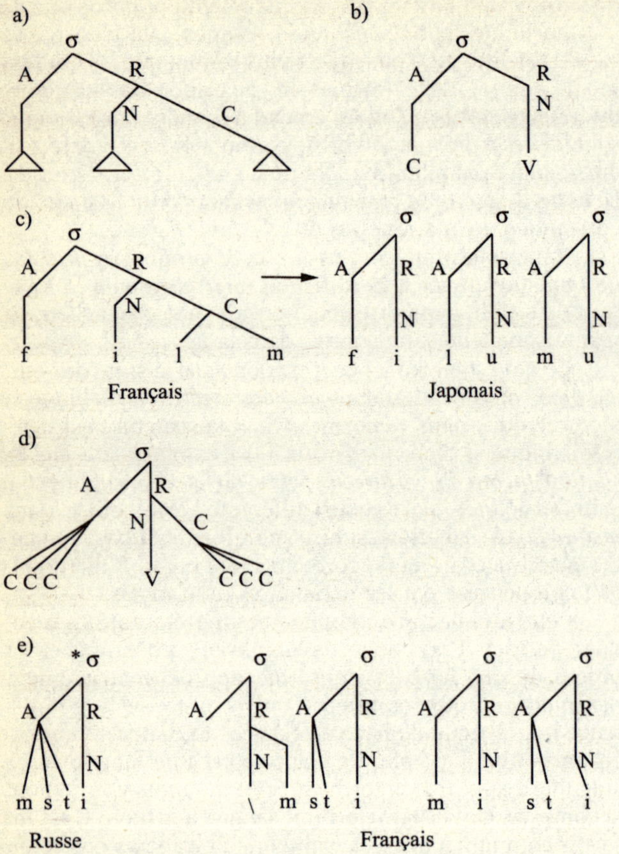

Figure 4 – La structure syllabique.

l'adjectif est *grant* et non *gran* comme c'est le cas devant une consonne. Dans le même temps, il faut garantir que *grant* et *gran* soient bien représentés et stockés comme une « entrée unique » et non comme deux représentations différentes (comme c'est le cas par exemple de « gras » et « gratte »). Enfin, il faut expliquer pour quelle raison c'est bien l'initiale du mot suivant qui bloque ou déclenche l'enchaînement et la resyllabation. L'ensemble de ces facteurs fait à l'évidence partie de la compétence des locuteurs du français et doit être engrammé dans les représentations phonologiques qu'il manipule.

En plus de la structure syllabique, la phonologie moderne postule l'existence d'un gabarit temporel de positions qui définit en quelque sorte le patron du mot. C'est « le squelette chronématique ». Dans ce modèle, dit « autosegmental », structure syllabique, squelette et phonèmes sont reliés par des architectures complexes. Pour rendre compte de la liaison « un grand ami », on postulera simplement que les paramètres du français imposent l'existence d'une attaque syllabique, qui peut parfois être vide, mais qui est toujours structuralement définie. De plus les consonnes finales peuvent éventuellement être non interprétées par l'architecture syllabique. Dans un modèle de ce type, l'analyse de la non-liaison et de la chute de la consonne finale dans « un grand camarade » ainsi que son maintien et la liaison enchaînée dans « un grand ami » s'expliquent donc aisément. On a des représentations proches des suivantes.

Le mot grand est lexicalement représenté comme une structure possédant une consonne finale, mais cette consonne n'est pas interprétée par l'architecture syllabique. On dit qu'elle est flottante. Comme tout mot français possède une attaque, « ami » offre une position et une structure latente d'interprétation syllabique de cette consonne finale, ce qui

a)

Lech Walesa a signé le texte avec un énor**m. st**ylo.

b)

un grand/ camarade un grand^ami

Figure 5 – En haut : L'organisation d'une suite de mots dans une architecture syllabique et hiérarchique. En bas : La liaison.

explique qu'elle se lie à l'attaque de ce mot comme pour la *figure 6a*. Ce n'est pas le cas pour la *figure 6b* où l'attaque est déjà remplie par [c], la consonne finale de « grand » ne trouve donc aucun site de liage et aucune interprétation syllabique. Elle ne peut alors être prononcée.

Dans cette approche autosegmentale, il n'y a aucun processus à stipuler, aucune règle particulière à écrire. Tout le savoir du locuteur est « encodé » dans ses « représentations lexicales » qui, de plus, se réaménagent dynamiquement en fonction de principes architecturaux universels. Ce modèle permet de caractériser de façon très fine ce qu'il en est de la compétence universelle des locuteurs, et ce qu'il en est de la paramétrisation particulière qu'elle reçoit dans telle langue.

Conclusion

La phonologie cognitive est donc une science très différente de la phonétique. Elle ne s'intéresse pas à la description physique des sons, mais, prenant au sérieux la

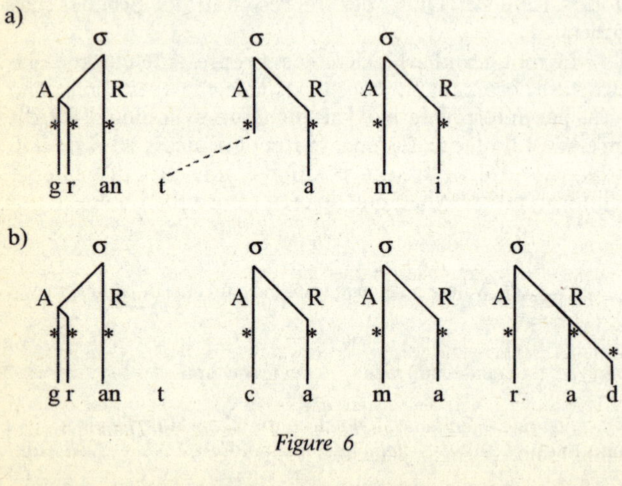

Figure 6

complexité cognitive du réseau de communication qui permet à deux cerveaux d'échanger des messages, elle met l'accent sur les classes d'équivalence fonctionnelles et les représentations mentales abstraites qui sous-tendent cet échange. Elle se propose ainsi de caractériser la compétence cognitive universelle de l'espèce et de rendre compte, sous forme de paramètres locaux, de la singularité arbitraire de chaque langue. Les représentations cognitives qu'elle est conduite à proposer sont hautement architecturées et structurées. C'est cette structure qui explique dynamiquement les processus observés, dans la mesure où elle encode de façon précise le savoir phonologique des locuteurs. Ainsi la phonologie tend-elle à montrer que, comme le disait déjà Saussure, la langue est tout entière du côté mental et abstrait. Même dans sa partie la plus physique, à savoir la production et la réception de sons articulés, la langue est définitivement une activité cognitive.

RÉFÉRENCES

- CHOMSKY (N.), « Language and thought. Anshen transdisciplinary lectureships in art, science, and the philosophy of culture », *Monograph 3*, Wakefield, R. I., Moyer Bell, 1993.
- ENCREVÉ (P.), *La liaison avec et sans enchaînements : phonologie tridimentionnelle et usages du français*, Paris, Seuil, 1988.
- GOLDSMITH (J.), *Autosegmental and Metrical Phonology*, Oxford, Blackwell, 1990.
- JAKOBSON (R.), *Six leçons sur le son et le sens*, Paris, éditions de Minuit, 1976.
- KAYE (J.), *Phonology : a Cognitive View*, Hillsdale, New Jersey, Lawrence Erlbaum, 1989.
- LAKS (B.), *Langage et cognition : l'approche connexionniste*, Paris, Hermès, 1996.
- LAKS (B.), « Nouvelles phonologies », *Langages*, n° 125, 1997.
- MARTINET (A.), *Éléments de linguistique générale*, Paris, Armand Colin, 1960.
- SEGUI (J.) et FERRAND (L.), *Leçons de parole*, Paris, Odile Jacob, 2000.
- TRANEL (B.), *Current Issues in French Phonology: Liaison and Position Theories The Handbook of Phonological Theory*, Goldsmith, John A. Oxford, Blackwell, 1995.

Renouveau des perspectives sur la langue française : contre la monoglossie

par BERNARD CERQUIGLINI

La langue française, qui fédère tant de pays dans le monde, est un idiome strictement normé. Il n'est pas sûr que ce caractère lui assure l'avenir le plus radieux.

Histoire d'une monoglossie

L'histoire du français est celle de la construction, multiséculaire, d'une langue conçue comme unique, homogène, unitaire. Nous parlerons, par contraste avec les situations « diglossiques » (bilinguisme, etc.) que décrivent les linguistes, de « monoglossie » française. Les raisons en sont nombreuses. Politiques, tout d'abord : l'intérêt de l'État, qu'il soit royal, impérial ou républicain, pour la langue est une constante. On en sait les grandes étapes. Dès avant le XVIe siècle, la royauté impose le français dans l'administration, contre le latin, langue de l'Église ; au XVIIe siècle, la langue nationale prend un tour réellement institutionnel (Académie française, organisme d'État) ; au XVIIIe siècle, la Révolution dans sa lutte contre les dialectes et sa volonté de joindre nation et langue, hérite de cette tradition, qu'elle renforce. On peut penser que l'État en France

Texte de la 46e conférence de l'Université de tous les savoirs donnée le 15 février 2000.

s'est constitué au travers de sa langue : on rappellera l'amendement constitutionnel du 25 juin 1992, qui introduit à l'article premier du texte fondateur des institutions, à côté des symboles de la République (drapeau, hymne, devise, etc.) la phrase : « La République a pour langue le français. »

Raisons institutionnelles, ensuite, qui découlent des précédentes. De par cet héritage historique, la France est des mieux fournies en organismes d'aide, de protection, voire de contrôle de son idiome. L'Académie française, dont on a dit qu'on peut la tenir, au rebours de ses sœurs belge, italienne, espagnole, etc., pour un organisme d'État (locaux nationaux somptueux, budget officiel confortable, rang protocolaire élevé de son secrétaire perpétuel, etc.) n'est pas seule. Chaque période de l'histoire a laissé la trace de l'intérêt étatique, par des institutions diverses que l'on a pris soin de conserver en les additionnant. Par exemple, dans les dernières trente années, l'ardent dirigisme gaullien trouva dans la langue matière à son amour ombrageux de l'indépendance nationale, à son désir d'une politique culturelle vigoureuse, à son goût pour la traduction institutionnelle de cette politique. Les présidents de la République qui succédèrent au général, de ce point de vue, furent tous gaullistes. En témoigne la longue liste des organismes et institutions fondés en une trentaine d'années, et dont l'action de l'État en matière de langage semble s'être fait une spécialité. Création en 1966 d'un « Haut Conseil pour la défense et l'expansion de la langue française » (noter les termes) rattaché au Premier ministre. Le Haut Conseil, devenu en 1973 « Haut Comité de la langue française », est remplacé en 1983 par le couple Comité consultatif pour la langue française, chargé de conseiller le Premier ministre, et son bras exécutif, le « Commissariat général à la langue française » ; à ce couple se substitue en 1989 le « Conseil supérieur de la langue française » (que préside le Premier ministre) et la « Délégation générale à la langue française », service du Premier ministre puis du ministère de la Culture. Si l'on ajoute, effet de la volonté du président Mitterrand de traduire en actes le projet francophone, la création d'un Haut Conseil de la francophonie (1983), placé auprès du président de la République, et l'existence depuis 1986, d'un secrétaire d'État voire d'un ministre de la Francophonie (ou chargé de ce portefeuille), on admire l'activité étatique en ce domaine, et la capacité française à empiler les structures. Subsistent de fait, dans une ambiguïté significative, des institutions vouées à la défense de la langue française, et d'autres attachées à son rayonnement.

Les dernières raisons sont idéologiques. Pureté et homogénéité de la langue coïncident, pense-t-on, dans l'unicité partout recherchée. Le thème, des plus mythiques, de la « clarté » inhérente à la langue française est bien connu ; il se lie à une normalisation stricte qui refuse la variabilité, et ignore les multiples variantes dont la langue est faite ; il dépend d'une conception fort resserrée de la langue. L'exemple du *francien* le montre à merveille. Il est partout admis, et reproduit, que le français national provient du dialecte (le *francien*) de l'Île-de-France, région de Paris, promu « dialecte du Roi », et dont l'expansion a suivi le développement de la royauté. Cette idée plaisante et simple a le défaut d'être erronée : non seulement il n'y eut pas de dialecte propre à l'Île-de-France au Moyen Âge (le terme de « francien » fut l'invention des grammairiens de la fin du XIXe siècle), mais bien des arguments historiques militent avec force contre cette vision. Il est intéressant de rechercher les raisons d'une telle invention, au moment où l'État républicain était en pleine conquête ; s'y mêlent, à l'évidence, l'idéologie étatique centralisatrice, le sentiment que la langue est la chose de l'État, le parisianisme, la volonté que la langue, homogène, provienne d'une source unique et pure.

Le règne de la norme

Qu'on le regrette ou s'en réjouisse, l'histoire pluriséculaire de la construction monoglossique paraît achevée. Dans les faits, tout d'abord. L'exemple des langues

« minoritaires » ou régionales est éclairant. Certaines possèdent une réelle vigueur : on peut citer l'alsacien, le catalan, le corse ; à un moindre degré, le basque et le breton. Toutefois, ces idiomes sont réellement minoritaires (l'alsacien est parlé par moins de 0,6 % de la population nationale) et leur transmission est fragile. Les enquêtes de l'Institut national d'études démographiques montrent, années après années, un déclin : il y a toujours moins de locuteurs qui parlent à leurs enfants la langue que leurs parents leur parlaient. En ce sens, l'« intégration républicaine », qui est prioritairement linguistique, a bien fonctionné, et fonctionne toujours. Il n'y a plus dans la France d'aujourd'hui (le fait est récent, et fort significatif) de locuteur natif monolingue d'une autre langue que le français. Ce qui explique sans doute la politique conduite par les défenseurs des langues régionales, laquelle, il convient de le reconnaître, frappe par son équivoque. Le lieu d'apprentissage revendiqué est passé de la famille à l'école, dont on attend, demande, exige qu'elle protège ou tout simplement enseigne. Outre que l'on peut voir là un démarquage inconscient, et donc une reconnaissance de la politique étatique en faveur du français, un soutien scolaire aux langues en péril n'est pas forcément efficace. Une langue qui n'est plus familiale est-elle encore familière ?

Cette monoglossie paraît régner en maître, également, dans les représentations. On l'a dit, la norme est rétive à toute variation ; conçue comme unitaire et inflexible, elle est socialement définie. À la notion très générale d'usage du peuple, que les grammairiens de la Renaissance avait reprise aux latins, la grammaire classique du XVIIe siècle a substitué une conception éminemment stricte. Vaugelas privilégie « l'usage de la meilleure partie de la cour (et des meilleurs auteurs du temps) ». La norme par suite renvoie à un lieu social, qui en est la source et le souverain ; le « bon usage » est affaire d'élitisme social, et de dressage du courtisan : il faut à tout prix « en être ». L'insécurité linguistique que ressentent tant de Français (ce qu'ils viennent de prononcer « est-il français ? ») tient un peu aux pratiques d'insécurisation de la monarchie absolue (« comment se conformer, comment plaire ? »). La norme aujourd'hui, que l'on réfère à la bourgeoisie parisienne cultivée, n'est pas moins sociale et géographique. On lit dans les dictionnaires que le déjeuner est le repas du midi, le dîner celui du soir ; c'est oublier que dans de larges couches sociales de la province française, ainsi qu'en Belgique, en Suisse et au Québec (ce qui n'est pas peu), on dîne à midi, on soupe le soir. « Dîner » en fin de journée, ne serait-ce pas, en fait, un régionalisme... parisien ? Le resserrement sur la norme explique l'abondante et très ancienne littérature sur la décadence du français ; à en croire les innombrables cris d'alarme poussés, génération après génération, par de farouches défenseurs de la pureté de l'idiome, la langue française devrait avoir disparu, ou être réduite à quelques grognements informes. Cela éclaire également le thème de l'invasion linguistique par excès d'emprunts (actuellement, d'origine anglo-saxonne). Tout changement, toute nouveauté issue de l'extérieur est vécue comme une perte, ou une agression.

Le piège monolingue

Une telle monoglossie a des effets que l'on peut regretter. Elle entrave, par conservatisme, une évolution saine de langue. On sait le risque couru à vouloir toucher, même très modérément et pour les meilleures raisons du monde, à l'orthographe du français ; la dernière tentative, pourtant élaborée de concert avec les partenaires francophones et admise, dans un premier temps, par l'Académie française, publiée en décembre 1990, déclencha une véritable guerre civile, qui remplit la presse écrite, les radios et télévisions pendant tout le mois de janvier 1991. Le désir du gouvernement actuel de féminiser les titres et noms de métier, en nommant (ce qui est linguistiquement fondé et ce dont il a parfaitement le droit) des « ambassadrices », des « directrices » et des « inspectrices générales », a déclenché, de la part de puristes, des articles de presse violents. Plus regrettable encore, le développement néologique ne reçoit pas l'accueil et les encouragements qu'il mérite. Créer du vocabulaire indigène dans les domaines scientifique et technique, au lieu de les emprunter, ce qui est légitime et non xénophobe (toute langue a le droit de pouvoir énoncer le monde moderne) est accueilli avec un sourire qui ne facilite pas l'appropriation des termes. Sait-on que le mot « logiciel » (anglais *software*), créé par des experts en informatique, et que tout le monde utilise aujourd'hui, fut d'abord condamné par l'Académie française ?

Cette monoglossie, ensuite, isole la France au sein de l'espace francophone. Cette dernière, tout d'abord, est le seul pays francophone unilingue. Dans tous les autres le français est en présence d'une autre langue (Québec, Belgique, Tunisie, etc.) voire de plusieurs autres (Suisse, pays africains) ; le français est donc une langue de contact, de dialogue. La politique linguistique de la francophonie doit s'appuyer sur ce fait ; la France, où le français est langue nationale, officielle et unique, doit s'accorder à cette politique. Le français, ensuite, qui est maintenant davantage parlé à l'extérieur de la France, fait preuve au-delà des frontières d'une étonnante vitalité, en particulier lexicale : que l'on songe à la chaleur, à la variété, à la saveur des expressions canadiennes, belges, africaines ! Il ne s'agit pas de régionalismes, même planétaires, mais de variations légitimes et fécondes au sein d'une norme très étendue. On rêve alors d'un vaste trésor, informatisé, des parlers francophones, dans lequel chacun puiserait librement : posons une fois pour toute que chaque mot utilisé spontanément par un locuteur francophone appartient au français.

La France, pour conclure, joue certes un rôle majeur au sein de la francophonie. Elle est le berceau de la langue, la source de la norme, et par son action la sœur aînée des pays francophones (les sommets de pays de la francophonie sont une initiative française) ; elle a donc tout intérêt à devenir... réellement francophone. Prendre conscience d'une telle appartenance implique l'abandon de la norme monoglossique et de l'idéologie de cette norme, l'ouverture aux diverses variétés du français, une faveur donnée aux autres langues présentes sur le territoire (langues régionales, d'immigration, langues européennes voisines). Le dialogue, le commerce des langues, le pluralisme sont l'avenir de la francophonie ; c'est également l'avenir de la langue par laquelle se définit cet ensemble de pays, le moyen le plus honorable, le plus juste de la défendre et de la promouvoir.

Linguistique informatique — traduction automatique

par Laurence Danlos

Dans le célèbre film *2001, l'Odyssée de l'espace* de S. Kubrik, l'ordinateur HAL comprend l'homme, dialogue avec lui dans sa langue, exécute ses commandes, et ressent des émotions. En 1968, Marvin Minsky, conseiller scientifique du film en tant que spécialiste de l'intelligence artificielle, pensait qu'on pourrait effectivement réaliser un ordinateur tel que HAL en 2001. En l'an 2000, est-on près de la réalisation de HAL ? Cet article essayera de montrer et d'expliquer pourquoi on en est loin.

Cette affirmation peut paraître d'emblée critiquable à l'heure où les applications de la linguistique informatique (ou plus généralement de l'intelligence artificielle) envahissent à un rythme accéléré notre quotidien. En effet, bon nombre de voitures parlent, tout traitement de textes intègre un correcteur orthographique, des systèmes de dictée automatique ou de traduction automatique fleurissent sur le marché, on nous annonce régulièrement des photocopieurs ou téléphones qui traduisent, les moteurs de recherche sur le *web* proposent un résumé et une traduction des textes trouvés, on peut bénéficier d'une assistante virtuelle personnelle pour gérer ses rendez-vous, etc. Bref, des applications que l'on n'aurait même pas imaginées il y a quatre

Texte de la 47e conférence de l'Université de tous les savoirs donnée le 16 février 2000.

ou cinq ans existent bel et bien aujourd'hui. Pourquoi est-on donc si loin de HAL ? La réponse à cette question repose sur une notion clef : la compréhension. La réalisation de HAL demande que l'ordinateur comprenne le langage, tandis que les applications que l'on propose aujourd'hui ne supposent pas de compréhension ou alors une compréhension très superficielle. Et c'est là où se situe la différence : on ne sait pas simuler à l'heure actuelle la compréhension du langage sur ordinateur.

Cet article sera divisé en deux parties. Dans une première partie, nous présenterons des applications où l'ordinateur manipule du langage écrit ou oral sans rien y comprendre ou pas grand-chose. Nous présenterons par là même ce que peut être la compréhension pour un ordinateur et discuterons de « l'âge mental des robots humanoïdes ». Dans la seconde partie, nous présenterons une application particulière, la traduction automatique, où l'ordinateur aurait besoin de comprendre : on ne traduit pas sans comprendre. À travers cette application, nous exposerons quelques grandes difficultés rencontrées dans le traitement automatique du langage écrit. Ces difficultés expliquent les erreurs fréquemment observées dans les textes traduits automatiquement et illustrent la distance à parcourir pour simuler la compréhension humaine sur ordinateur.

Applications sans compréhension ou avec une compréhension superficielle

Nous allons présenter deux applications, l'une réalisée en 1964, l'autre de nos jours. Cela nous permettra de mesurer la distance parcourue et la distance qui reste à parcourir.

Dès 1964, J. Weizembaum et ses collègues de MIT ont réalisé un logiciel, Eliza, qui a impressionné et impressionne encore. Ce logiciel propose une simulation de dialogues écrits entre un psychothérapeute et un patient, le rôle du psychothérapeute étant tenu par l'ordinateur. Donnons tout de suite un exemple de dialogue : les répliques du patient saisies sur l'ordinateur par un être humain sont en italiques, celles du psychothérapeute en gras.

— Bonjour, je suis votre psychothérapeute. Parlez-moi de vos problèmes.

— Je suis très angoissé.

— Pourquoi dites-vous que vous êtes très angoissé ?

— C'est à cause de ma femme.

— Parlez-moi de votre famille.

— J'adore mes enfants.

— J'aimerais que vous me parliez de vos relations avec vos enfants.

— Personne ne m'aime.

— Est-ce que ça vous ennuie que personne ne vous aime ?

— Oui, je me sens seul.

— Votre vie sexuelle y est peut-être pour quelque chose. Continuez sans crainte.

— ...

On s'y croirait ! Le dialogue est époustouflant ! Et pourtant l'ordinateur psychothérapeute ne comprend rien, absolument rien aux répliques de son patient. Comment cela est-il possible ? Par la technique du *pattern-matching* que nous allons expliquer brièvement sur les échanges de notre dialogue.

« Bonjour, je suis votre psychothérapeute. Parlez-moi de vos problèmes. »

C'est un des textes préenregistrés par lequel l'ordinateur psychothérapeute entame son dialogue. Ce texte est choisi aléatoirement parmi un ensemble de textes préenregistrés au contenu similaire.

« Je suis très angoissé. »

C'est une réponse libre du patient qui est stockée dans une variable R1.

« Pourquoi dites-vous que vous êtes très angoissé ? »

Cette question du psychothérapeute n'est qu'un ajustement morphosyntaxique de la chaîne de caractères : pourquoi dites-vous que R1 ? L'ordinateur n'a pas besoin de comprendre le sens de R1 pour poser cette question. Il se contente de transformer « je suis » en « vous êtes ». Si le patient avait dit « je suis très euphorique », le « psychothérapeute » aurait tout aussi imperturbablement demandé : « Pourquoi dites-vous que vous êtes très euphorique ? »

« C'est à cause de ma femme. »

C'est une réponse libre du patient qui contient le mot « femme ».

« Parlez-moi de votre famille. »

C'est un ordre systématique du psychothérapeute dès que la réplique du patient contient un mot de la liste : « femme », « mari », « père », « mère », etc.

« Oui, je me sens seul. »

Réponse libre du patient qui ne contient rien de spécial.

« Votre vie sexuelle y est peut-être pour quelque chose. Continuez sans crainte. »

Réponse du psychothérapeute quand il ne sait plus trop quoi dire.

En résumé, l'ordinateur psychothérapeute ne comprend rien aux interventions de son patient : il se contente de produire des réponses en activant une des centaines ou milliers de réponses préenregistrées et en effectuant des transformations morphosyntaxiques (en général « je suis » implique « vous êtes »).

Près de quarante ans après Eliza, J. Cassel et ses collègues de MIT sont en train de réaliser un logiciel, Rea, qui est à la pointe de la recherche et de la technologie. Ce logiciel propose une simulation de dialogues oraux entre un agent immobilier et un client. Le rôle de l'agent immobilier est tenu par un robot humanoïde, c'est-à-dire un robot à forme humaine capable de communiquer par gestes, par le regard et par la parole (ce qui est connu sous le terme de « communication multimodale »). Les progrès entre Eliza (1964) et Rea (2000) sont considérables : on est passé d'un dialogue écrit à un dialogue oral (ce qui est dû aux progrès énormes de la reconnaissance et de la synthèse de la parole), on est passé d'un ordinateur à un humanoïde (ce qui est dû aux progrès énormes de la robotique), et enfin on est passé à une communication multimodale grâce à une bonne intégration de différentes technologies. Qu'en est-il de la compréhension ? Les progrès sont minces : Rea comprend à peu près ce dont parle son client, mais uniquement si celui-ci se cantonne à des questions concernant l'immobilier. Si le client passe de l'achat d'un appartement à l'achat d'une voiture, Rea est complètement perdue. Ceci est dû au fait que le module de compréhension n'a que des connaissances linguistiques ou extralinguistiques sur l'immobilier. En particulier, son vocabulaire se limite à celui de l'immobilier. D'une manière plus générale, il n'existe aucun système de compréhension générique, c'est-à-dire fonctionnant pour la conversation courante et pour les multiples domaines fermés (immobilier, juridique, médecine, etc.). À l'heure actuelle, l'ordinateur ne peut comprendre un texte (calculer une représentation sémantique de ce texte suffisamment abstraite pour pouvoir effectuer du raisonnement dessus) que si celui-ci relève d'un domaine fermé et donc restreint linguistiquement et conceptuellement. Les raisons techniques de ces limitations seront expliquées dans la seconde partie de l'article.

Ces limitations dans la compréhension des humanoïdes sont souvent traduites dans les médias dans les termes suivants : « Rea a un âge mental de trois ans. » Nous pensons que ce type d'affirmation est fondamentalement erroné. Non pas du fait que l'âge mental est de deux ou quatre ans au lieu de trois, mais simplement du fait qu'il est spécieux de faire une comparaison entre l'âge mental d'un robot humanoïde et celui d'un enfant. En effet, il n'existe à notre connaissance aucun enfant, même atteint de troubles langagiers, qui ne soit capable de comprendre le langage que dans un domaine restreint (en général la nourriture) à l'exclusion de tout autre domaine (en général les jouets, les câlins, etc.). Autrement dit, on ne peut pas parler de l'âge mental d'un humanoïde en effectuant une comparaison avec l'âge mental d'un enfant. L'apprentissage du langage (et de la perception du monde) par un enfant passe par des mécanismes encore mal identifiés à l'heure actuelle mais qui n'ont forcément rien à voir avec les mécanismes utilisés dans la réalisation d'un humanoïde comme Rea dont on restreint sciemment la connaissance à l'immobilier sans chercher le moins du monde à élargir le champ de ses compétences.

Il est aussi fréquent d'entendre parler des « états d'âme » des robots humanoïdes. Ainsi, un humanoïde « vous confie ses états d'âme », raconte-t-on, lorsqu'il dit : « Mes batteries sont à plat. » Mais alors votre voiture vous confie aussi ses états d'âme lorsque s'allume la lumière rouge de la batterie. Le principe est le même, seuls le mode de communication et la forme de l'objet diffèrent. Suffit-il d'être un objet à forme humaine et à synthèse vocale pour avoir des états d'âme ?

La traduction automatique

Dans un système de traduction automatique (désormais TA), un texte en langue source (notée Ls, le français par exemple) est donné en entrée sous forme électronique au système de TA qui calcule le texte en langue cible (notée Lc, l'anglais par exemple). Cette traduction, qui se présente sous forme électronique, est prête à être imprimée ou diffusée sur le *web*.

La TA est l'application de linguistique informatique la plus ancienne : les recherches en TA sont contemporaines des débuts mêmes de l'informatique (vers la fin des années 1940). C'est une application très prisée car les besoins sont énormes. Ainsi la Commission européenne traduit environ un million de pages par an, les multinationales environ un milliard.

Les premiers systèmes de TA reposaient sur une traduction mot à mot qui est schématisée dans la *figure 1*. La phase de « lemmatisation » en Ls consiste à mettre les noms au singulier, les verbes à l'infinitif, etc. La phase de transfert consiste à associer à un mot en Ls sa traduction en Lc (en général « noir » → *black*). La phase de réajustement en Lc permet de respecter les règles morphosyntaxiques de Lc (en général un adjectif se place avant le nom en anglais).

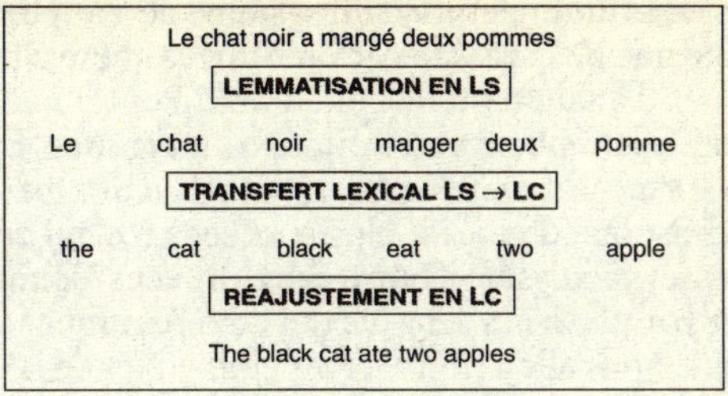

Figure 1 – Traduction mot à mot.

On ne connaît que trop bien les limites de la traduction mot à mot qui donne pour la phrase (1) ci-dessous la traduction erronée (2) au lieu de la traduction correcte (3).

(1) Un pied-noir a mangé une pomme de terre.

(2) *A black foot ate an apple of earth.*

(3) *An Algerian-born Frenchman ate a potato.*

La traduction mot à mot est vouée à l'échec car il est connu que l'on ne peut pas traduire sans comprendre. Un système de TA doit donc (en principe) comporter un module d'analyse et un module de génération *(Fig. 2)*. Le module d'analyse est chargé de la compréhension du texte en Ls et calcule une représentation sémantique de ce texte. Celle-ci est fournie en entrée au module de génération qui produit le texte en Lc.

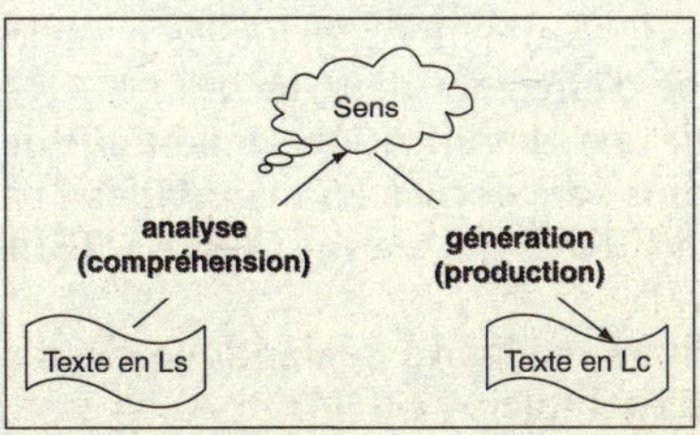

Figure 2 – Architecture d'un système de TA.

Mais cette architecture d'un système de TA relève plus du principe que de la réalité car on n'arrive guère à réaliser des modules d'analyse ou de génération. Pourquoi ? Parce que la langue comporte une infinité d'ambiguïtés. La relation sens-forme n'a rien de biunivoque : d'une part, une forme linguistique donnée a plusieurs sens (ce qui crée des ambiguïtés en analyse), d'autre part un sens donné peut s'exprimer par plusieurs sens (ce qui crée des ambiguïtés en génération). Nous allons illustrer les ambiguïtés de la langue uniquement en analyse et uniquement sur le cas des homographes, c'est-à-dire sur deux mots qui ont la même graphie mais des sens différents (et donc généralement des traductions différentes). Ainsi, « le » est soit un article soit un pronom, « savoir » est soit un verbe soit un nom, « avocat » est toujours un nom mais soit il désigne un homme de loi (et se traduit alors par *lawyer*) soit il désigne un fruit (et se traduit alors par *avocado*). Dans la plupart des cas, les deux sens d'avocat ne crée pas d'ambiguïté réelle : dans les phrases (4) et (5) ci-dessous un humain « désambiguïse » facilement ce mot par le contexte où il est employé et établit qu'avocat désigne un fruit en (4) et un homme de loi en (5).

(4) Zoé a mangé un avocat.

(5) Zoé a rendez-vous avec un avocat.

Mais pour l'ordinateur il y a une ambiguïté virtuelle introduite par le module d'analyse qui connaît les deux sens d'avocat. Cette ambiguïté virtuelle doit impérativement être levée pour éviter des traductions erronées comme (6) et (7).

(6) *Zoe ate a lawyer.*

(7) *Zoe has a meeting with an avocado.*

La levée des ambiguïtés virtuelles pour les homographes demande d'effectuer deux tâches :

— établir une classification sémantique des noms (les classes de noms sont écrites en majuscules), par exemple : avocat est un FRUIT qui est un COMESTIBLE/avocat est un HUMAIN ;

— établir la catégorie sémantique des compléments de verbe, par exemple :

— ANIME manger COMESTIBLE/HUMAIN avoir rendez-vous avec HUMAIN.

Mais l'affaire se complique car les verbes sont aussi souvent des homographes. Ainsi, « manger » a les sens illustrés en (4) et dans les exemples suivants :

(8) Ce poêle mange beaucoup de charbon.
APPAREIL manger COMBUSTIBLE
This stove uses a lot of coal.

(9) Les grosses entreprises mangent les petites.
ORGANISATION manger ORGANISATION
Big firms swallow up smaller ones.

(4) présente donc un phénomène d'ambiguïté croisée : pour désambiguïser « avocat », il faut désambiguïser « manger » et pour désambiguïser « manger », il faut désambiguïser « avocat ». Les ambiguïtés croisées donnent lieu à une explosion combinatoire que l'on peut chiffrer ainsi : si une phrase a n mots m_1 m_2... m_i... m_n et si un mot m_i a k_i sens (donc généralement k_i traductions), alors l'ordinateur doit choisir entre K hypothèses avec $K = k_1 \times k_2 \times ... \times k_i \times ... \times k_n$. On dit que le module d'analyse surgénère en produisant une prolifération d'hypothèses. Il arrive de plus qu'un homographe ne puisse pas être désambiguïsé par le contexte immédiat (la phrase où il apparaît) ni par un contexte plus large. Ainsi, en (10), on ne peut désambiguïser avocat ni par « aimer », ni par « véreux », ces deux prédicats s'appliquant tant à des fruits qu'à des humains.

(10) Zoé a aimé cet avocat. Pourtant, il était véreux.
Zoé loved/liked this lawyer/avocado. However, he/it was shady/worm-eaten.

Soulignons le point suivant : le texte en (10) est réellement ambigu, mais il ne sera que rarement perçu comme tel en situation d'énonciation, par exemple dans un dialogue entre deux personnes car celles-ci savent bien si elles sont en train de parler des amours de Zoé ou de ce qu'elle a mangé à midi. En TA, ou plus généralement en compréhension, on peut simuler ce type de connaissances en restreignant le domaine des textes à traiter : un système comprenant un module d'analyse ne peut produire des résultats satisfaisants que dans un domaine fermé comme le juridique, l'informatique ou l'immobilier. En effet, un module d'analyse dédié au juridique peut ne retenir que le sens « homme de loi » du mot « avocat » et ainsi limiter la prolifération d'hypothèses dues aux homographes. Cette méthode, qui n'est pas sans induire quelques erreurs, est un point de passage obligé car, rappelons-le, les homographes ne sont qu'une illustration des ambiguïtés de la langue : c'est une ambiguïté de type sémantique mais il existe d'autres ambiguïtés sémantiques (en général les temps des verbes, par exemple un présent utilisé pour un événement futur comme dans « Zoé vient demain ») et des ambiguïtés à tous les niveaux de la langue : morphologique, syntaxique et pragmatique. Cette foison d'ambiguïtés, qui débouche pour un texte sur un réseau complexe d'ambiguïtés croisées, ne peut être gérée en grandeur réelle, c'est-à-dire en simulant la compréhension humaine capable d'appréhender tant les conversations courantes que les conversations plus techniques.

Il n'en reste pas moins que les systèmes de traduction automatique progressent lentement mais sûrement avec deux tendances. Dans les laboratoires de recherche, des prototypes sont développés qui donnent des résultats assez satisfaisants dans des domaines restreints et moyennant l'utilisation d'ordinateurs puissants et un temps de calcul conséquent. Sur le marché, les produits commerciaux fleurissent. Ils produisent souvent des traductions erronées mais qui peuvent au moins servir à déterminer de quoi parle le texte (ce qui est important en veille technologique, par exemple). Ces produits couvrent un large vocabulaire, fonctionnent sur des PC et produisent instantanément la traduction. On peut penser que ces deux tendances vont converger avec le développement de la puissance des ordinateurs. Certes, mais cela n'est pas suffisant. Il reste un énorme travail à effectuer qui consiste à formaliser et à enregistrer dans l'ordinateur toutes les connaissances linguistiques et extralinguistiques, et cela ne sera pas achevé en 2001 !

Je remercie mes nombreux amis et collègues qui m'ont aidé pour cette présentation, plus particulièrement Isabelle Faugeras, Frédéric Meunier, Fayez Okdeh, Gaëlle Récourcé et Laurent Roussarie.

Le Sens

par OSWALD DUCROT

Le titre de mon exposé est évidemment mille fois trop prétentieux. Quelqu'un qui pourrait dire ce qu'est le sens donnerait aussitôt la clef qui résout tous les problèmes philosophiques. Tout ce que je veux et peux faire, c'est indiquer comment, en tant que linguiste, on rencontre — je ne dirais pas cette notion de sens, car cela supposerait qu'on la connaisse, et qu'il s'agisse d'une notion. Ce qu'on rencontre, c'est la nécessité d'employer, dans le travail de description, des mots comme « sens » ou « signification », sans trop savoir ce qu'ils veulent dire, sans savoir même s'ils veulent dire quelque chose.

L'objet du linguiste, ce sont des paroles, orales, graphiques ou gestuelles, donc quelque chose d'apparemment sensible, perceptible (audible ou visible). Cela dit, le linguiste ne peut pas s'intéresser à toutes les émissions sonores, à tous les graphismes, à tous les gestes. Il s'intéresse seulement à ce dont on dit d'habitude que cela « a du sens », ou sert à construire des expressions plus complexes, qui « ont du sens », et plus précisément à ce qui a du sens en vertu d'un ensemble de conventions sociales qu'on appelle « la langue ». Les objets sur lesquels nous travaillons se présentent donc, au premier abord, comme des objets perceptibles

Texte de la 48e conférence de l'Université de tous les savoirs donnée le 17 février 2000.

qui renvoient de façon réglée à quelque chose de non perceptible. Cet élément non perceptible, on l'appelle « sens ». Mais il faut bien voir que nous n'en avons encore qu'une définition, ou plutôt une caractérisation, purement négative : le sens, c'est un absent signalé par certaines présences sensibles (disons « apparemment sensibles »).

Arrivé là, on a au moins deux possibilités ; l'une, choisie par les linguistes dits « behavioristes », consiste à dire que ce sens, on lui laissera son statut de grand absent. Dans cette perspective, l'existence du sens sert seulement à déterminer les objets auxquels le linguiste s'intéresse, mots, groupes de mots, phrases, ainsi que les sons élémentaires qui servent à fabriquer ces expressions douées de sens. Et on se contente de chercher les règles selon lesquelles ces éléments se combinent, par exemple quels types de mots, doués de sens, doivent être choisis pour constituer une phrase elle-même douée de sens. Il s'agit, pour ainsi dire, de trouver les règles selon lesquelles la propriété « avoir du sens » se transmet, à partir d'objets élémentaires, à des objets plus complexes.

La plupart des linguistes, cependant, ne s'en tiennent pas à cette sobriété, à cet ascétisme sémantique ; ils pensent que la langue, qui est leur objet d'étude, ne se contente pas de déterminer quelles expressions ont du sens, mais qu'elle dit aussi quelque chose sur leur sens, qu'elle a sa manière à elle de remplir le vide constitutif de l'entité linguistique. C'est pourquoi la plupart des linguistes passés ou présents se reconnaîtraient sans rechigner dans la célèbre déclaration saussurienne, selon laquelle le signe, un des objets élémentaires de la langue, a deux faces, l'une perceptible (Saussure dit souvent « acoustique »), l'autre « conceptuelle », et l'on admet aussi que le linguiste doit décrire l'une et l'autre de ces deux faces. Il n'aurait donc pas seulement à reconnaître l'existence d'une absence, mais à donner quelque contenu, quelque épaisseur, à ce grand absent. Tout le problème est de savoir quelle nature attribuer à ce sens, c'est-à-dire de quel type de contenu il s'agit.

J'ai dit que la plupart des linguistes adhèrent à l'image saussurienne d'un signe à double face. Ils y adhèrent en tout cas si l'on interprète la dualité saussurienne comme une dualité de l'acoustique et du conceptuel, formulation que Saussure utilise souvent (mais, il le dit lui-même, pour des raisons surtout pédagogiques). Cet accord de la pratique linguistique courante avec le texte saussurien a pour conséquence que la plupart des linguistes reconnaissent la légitimité, voire la nécessité, d'une sémantique linguistique : ils tentent donc de dire quelque chose sur ce que j'ai appelé le grand absent du signe, de le tirer de l'ombre pour ainsi dire : là encore ils sont conformes au programme fixé par Saussure.

Cependant les linguistes sémanticiens, dans leur majorité, ont tendance à donner une caractérisation extralinguistique à la face non perceptible du signe. Cela les amène à reprendre avant tout l'expression « conceptuel » dont Saussure, je l'ai dit, se sert souvent, et à donner peu d'importance au fait que Saussure préfère finalement le terme « signifié » au terme « concept », qu'il déclare trompeur. Quand il parle du signifié, c'est toujours pour insister sur ce qu'il appelle son aspect « négatif » ou encore « oppositif ». (Il dit d'ailleurs la même chose du signifiant, lui aussi « négatif » et « oppositif », et qui n'est que provisoirement appelé « acoustique ».) Mais on prend souvent cette distinction saussurienne entre signifié et concept pour une pure subtilité terminologique. C'est pourquoi la reconnaissance du sens comme objet d'étude s'accompagne majoritairement d'une sorte de chosification de ce sens, vu comme une sorte de substance intellectuelle qui serait la contrepartie de la substance sensible.

Je vais d'abord essayer de montrer que la dualité saussurienne, comprise d'une façon plus exigeante qu'on ne fait d'habitude, est incompatible avec la plupart des conceptions sémantiques qui ont l'air de s'y conformer. Ce sera la première partie de mon exposé. Ensuite, je tenterais de présenter les grands traits d'une théorie sémantique qui, tout en essayant de décrire le sens, donc de remplir la case étiquetée « signifié » du schéma saussurien, lui garde quand même son aspect négatif et essaye, ce qui n'est pas facile, de le décrire comme « absent » tout en le décrivant.

Je commence donc par dire quelques mots de cette chosification du sens, de cette description du sens comme un objet réel, contrepartie non perceptible de cet autre objet réel, mais, lui, perceptible, que serait le signifiant. Dire que la réalité acoustique signifie une autre réalité appelée « sémantique », cela semble conduire à placer cette réalité signifiée en dehors de la langue. L'image la plus courante de cette façon de voir consiste à mettre en rapport le sens d'une entité linguistique avec les informations qu'elle donne sur le monde, avec la portion de réalité quelle désigne. Bien sûr, on va rarement jusqu'à dire que le sens est un ensemble d'objets réels ou de situations effectives, auxquels les mots et les phrases renvoient. (Pourtant certains logico-linguistes, comme Occam au Moyen Âge, qui n'avait pas froid aux yeux, le disaient explicitement.) On préfère considérer le sens comme quelque chose qui, sans être en soi un élément du monde, permet de repérer, d'identifier, des objets du monde auxquels le signe est attaché. Le sens serait ainsi, d'une façon ou d'une autre, « donateur » de la réalité. Il y a bien sûr différentes façons de se représenter cette donation. On peut voir le sens par exemple comme une sorte de réalité psychologique, comme une idée, comme un ensemble de propriétés : les objets désignés par le signe seraient alors ceux qui correspondent à cette idée ou qui possèdent ces propriétés. Ainsi le sens du mot « homme », ce serait l'idée d'homme, idée qui permettrait de repérer, parmi l'infinité des choses, celles qui lui ressemblent. (Je n'entre pas bien sûr dans la métaphysique que cette conception suppose sans le dire, dans cette sorte de participation postulée entre les choses et nos idées.) Une autre façon de décrire le sens par rapport aux choses, c'est de présenter le sens d'une entité linguistique comme un ensemble de conditions de vérité. Le sens de la phrase « la vie est belle », ce serait l'ensemble des conditions auxquelles une situation doit satisfaire pour qu'il soit vrai d'énoncer, à propos de cette situation, la phrase « la vie est belle ». J'appellerai « véritative » cette conception du sens, qui consiste à faire appel, pour le caractériser, à la notion de vérité. Deux mots sur cette conception très traditionnelle, ou plus précisément sur la forme atténuée qu'elle prend dans une théorie philosophique très largement admise actuellement, la théorie des actes de langage.

Cette théorie, issue d'Austin, et développée par Searle, est, je l'ai dit, une forme atténuée de la conception véritative, dans la mesure où elle admet, à l'intérieur du sens d'un énoncé, une part non véritative appelée « force illocutoire ». Il s'agit de l'indication du type d'acte de langage accompli par le locuteur de l'énoncé, promesse, affirmation, ordre, etc. Mais la théorie des actes illocutoires reste intérieure à ce que j'appelle conception véritative, car la force illocutoire est dite « appliquée » à un contenu propositionnel, qui constitue la deuxième partie du sens, et consiste en un ensemble de conditions de vérité permettant de repérer des situations effectives. En disant « Pierre viendra », j'applique la force illocutoire d'affirmation à un contenu propositionnel qu'on peut appeler « venue future de Pierre », et ce contenu permet de reconnaître l'ensemble des situations dont j'affirme que l'une d'entre elles se réalisera. En disant « je promets que Pierre viendra », je prends l'engagement (c'est la force illocutoire) de faire que se réalise une des situations repérées par ce même contenu, et l'ordre « que Pierre vienne » impose à mon interlocuteur (c'est la force illocutoire de l'énoncé impératif) de travailler à cette réalisation. On voit que cette théorie consiste finalement à introduire dans le sens des énoncés la grande séparation qui domine la philosophie occidentale, la séparation du subjectif (la force illocutoire) et de l'objectif (le contenu propositionnel). Certes la totalité du sens n'est pas réduite à de l'extralinguistique, car on peut admettre que la force illocutoire, qui en constitue une part, est une réalité linguistique *sui generis* : la langue se présente elle-même comme ayant un type particulier de pouvoir, comme constituant une forme originale de faire. Mais la deuxième part du sens, ce contenu propositionnel auquel s'applique la force illocutoire, et sans lequel la force illocutoire n'existerait pas (car promettre, c'est toujours promettre quelque chose), cette deuxième part du sens nous fait sortir du domaine linguistique, elle consiste en un simple moyen de repérer, par l'énoncé de conditions de vérité, un certain ensemble de situations. Voici quelques exemples visant à mettre en doute la possibilité, postulée par la théorie des actes de langage, d'isoler dans le sens de l'énoncé un contenu objectif.

D'abord des exemples d'assertions. Dire à propos d'un film « il est intéressant », ou à propos d'une réunion « elle a été très agréable », est-ce vraiment ajouter une force illocutoire affirmative à une proposition susceptible de vérité ou de fausseté ? Pour soutenir cela, il faudrait pouvoir déterminer à quelles conditions un film ou une réunion doivent satisfaire pour qu'on puisse leur attribuer de façon véridique l'un de ces adjectifs. Or je vois mal comment définir ces conditions. J'ai été particulièrement sensible à ce fait en voyant, un jour, des parents qui essayaient d'empêcher leur enfant de jouer avec un chien. Ils disaient à l'enfant : « Ne touche pas : c'est sale. » Essayons de nous placer du point de vue de l'enfant. Que pouvait signifier pour lui l'assertion « c'est sale » ? Certainement pas une proposition concernant le chien. Car l'enfant ne sait rien de l'adjectif « sale », sinon que cet adjectif sert à justifier des ordres de ne pas toucher, de ne pas manger, ou, plus généralement, d'éviter le contact, de mettre à l'écart. Certes les parents avaient sans doute l'impression de donner une description du chien, description dont il résulterait, par une inférence simple, qu'il ne faut pas le toucher. Mais, pour l'enfant, cette conclusion est interne, à la signification même du mot « sale », c'est à travers elle qu'il comprend ce mot : l'ordre de ne pas toucher n'est pas une conclusion, mais plutôt une explicitation ou une spécification de la phrase déclarative. Et on pourrait se demander s'il n'en est pas de même, en fait, pour les parents, malgré l'impression qu'ils ont peut-être d'effectuer une sorte de raisonnement. Car ils auraient bien du mal à définir la saleté autrement que par les interdits auxquels elle fait allusion. Pour moi, le sens de « sale » n'est rien d'autre que de fournir un argument pour tenir à l'écart, pour exclure.

Prenons maintenant un énoncé impératif. Supposons que, pour demander à quelqu'un de faire quelque chose, vous lui disiez : « Sois raisonnable. » En disant cela, vous n'appliquez pas une force illocutoire d'ordre à une proposition « tu seras raisonnable », et vous ne demandez pas au destinataire de satisfaire les conditions qui rendent vraie cette proposition. Car il est bien évident, de toute façon, qu'il faut être raisonnable, et ce n'est pas la peine de l'ordonner. En réalité, ce que vous ordonnez, cc n'cst pas d'« être raisonnable », mais de faire un certain acte, et, pour cela, vous qualifiez de raisonnable l'acte en question. Le mot « raisonnable », dans cette phrase, ne sert pas à construire une proposition, il contient, dans son sens même, la fonction de justification : sa valeur sémantique consiste à présenter un acte comme devant être fait. Ce que je voudrais, quand j'aurai à décrire sémantiquement cet adjectif, c'est indiquer, dès le début, les fonctions argumentatives qu'il possède, le type de justification qu'il permet. C'est en cela pour moi que consiste son sens, et non pas dans sa participation au contenu propositionnel de l'énoncé, même si l'on prend soin de signaler qu'un tel contenu n'est luimême qu'une partie du sens global de cet énoncé.

J'en viens à la seconde partie de mon exposé. Je dois montrer que l'on peut décrire la face signifiée du signe, c'est-à-dire le correspondant non perceptible du signifiant, sans faire intervenir des éléments extralinguistiques. En d'autres termes, il faut maintenir que le sens, tout en étant fondamentalement l'autre, le non-entendu, le non-vu, d'un discours, n'est pas cependant autre que la langue, n'est pas ce qui accroche la langue à un domaine de réalité distinct d'elle.

Vous le devinez, je vais encore recourir au patronage de Saussure, non pas bien sûr au Saussure du couple image acoustique-concept, mais au Saussure, à mes yeux plus fondamental, du couple signifiant-signifié. L'idée centrale est celle de valeur. La valeur d'un signe, pour Saussure, ce sont ses rapports avec les autres signes du système linguistique auquel il appartient. Pour lui, le signifié d'un signe (ce que j'ai ici convenu d'appeler son sens), c'est une partie de sa valeur, c'est-à-dire une partie des rapports que ce signe, considéré comme totalité, entretient avec les autres. (La même chose valant d'ailleurs pour le signifiant, qui est constitué lui aussi par des rapports entre le signe et les autres, la différence étant simplement qu'il ne s'agit pas des mêmes rapports.) On voit quel est l'impact de la substitution du couple signifiant-signifié au couple image acoustique-concept. Le couple image acoustique-concept laisse entendre qu'il s'agit de réduire le signe à l'association de deux objets qui existent indépendamment de lui. Le choix des mots signifiant-signifié sert au contraire à inscrire le signe lui-même, pris comme totalité, dans chacune de ses deux parties, inscription dont Saussure signale le caractère paradoxal et apparemment contradictoire. Le problème est évidemment de savoir quel type de rapports va être pris en considération. Sur ce point la théorie que je vais esquisser perd ses attaches avec Saussure, et déplairait sans doute à beaucoup de linguistes qui se réclament de lui (car elle fait intervenir le discours, notion que Saussure rattache souvent à la parole et oppose donc à la langue).

La théorie en question a pour origine celle que J.-C. Anscombre et moi avons initiée sous le nom de « théorie de l'argumentation dans la langue » (ADL). Marion Carel a récemment transformé cette première esquisse en en faisant la théorie dite des « blocs sémantiques ». C'est à la théorie des blocs sémantiques que je me référerai surtout. D'une façon générale, l'ADL est fondée sur la décision de n'entendre, quand on parle du sens d'une entité linguistique, rien d'autre qu'un ensemble de discours que cette entité évoque. (L'entité peut être un mot, un groupe de mots, une phrase, peu importe.)

Notre point de départ, très lointain maintenant, a été une tentative de description des mots « peu » et « un peu ». Comment décrire la différence de sens entre « j'ai peu dormi » et « j'ai un peu dormi » ? Il nous a semblé impossible de la décrire par des propriétés extralinguistiques. Par exemple, on ne saurait, selon nous, recourir à des notions référentielles comme la quantité, et dire par exemple que dormir peu, c'est dormir moins longtemps que dormir un peu. On peut parler de la même durée de sommeil en la qualifiant de « peu » ou de « un peu ». Impossible aussi de recourir à des notions cognitives comme l'idée de suffisance, qui serait signalée par « un peu », et celle d'insuffisance, exprimée par « peu ». Car on peut très bien dire que l'on a peu dormi, et que cela a pourtant suffi, ou que l'on a un peu dormi, mais que pourtant cela n'a pas suffi. Ce ne sont donc pas les notions mêmes de suffisance ou d'insuffisance qui sont pertinentes pour décrire le sens intrinsèque de « un peu » et de « peu ». Ce qui est discriminant, c'est un fait discursif : si, après avoir dit « j'ai peu dormi », je veux continuer avec une phrase marquant la suffisance de mon sommeil, je dois employer une liaison du type de « pourtant », et de même après « un peu », si je veux enchaîner sur une affirmation d'insuffisance. Des observations de ce genre, auxquelles nous donnons une valeur basique, et non pas dérivée, nous amenaient à décrire le sens des mots « peu » et « un peu » par l'effet qu'ils ont sur les continuations possibles après les phrases où ils entrent. Tout ce que nous nous sentions capables de dire d'eux, c'est le rôle qu'ils ont dans le discours. Pour nous, cette contrainte exercée sur la suite du discours était la seule chose que nous pouvions mettre avec certitude dans leur sens.

Et ils ne sont pas, bien sûr, les seuls dans ce cas. Songez à des adverbes comme « près » et « loin ». Quelqu'un vous demande à quelle distance d'ici se trouve, disons le Louvre ; vous pouvez indiquer cette distance aussi bien sous la forme « c'est près » que sous la forme « c'est loin ». La seule différence, mais capitale pour nous, est que, dans le cas de « c'est près », vous pouvez continuer « donc allez-y à pied », et dans le cas de « c'est loin », il vous faudra dire « pourtant allez-y à pied ». Vous voyez vers quel programme de travail ces observations nous menaient : essayer de construire une description sémantique consistant uniquement à donner la « valeur » des mots dans le discours. (Je donne ici au terme « valeur » le sens technique qu'il a chez Saussure, où il s'agit des rapports du mot avec d'autres mots.)

Le grand problème, dans cette construction, c'est de choisir les rapports que l'on va prendre en considération. Mes exemples de « peu » et de « loin » montrent déjà qu'il s'agit de rapports discursifs. Mais, là encore, il faut choisir, parmi les discours que le mot évoque, et qui constituent une infinité désordonnée, le type particulier de discours auquel on s'intéressera. La décision fondamentale de la « théorie des blocs sémantiques » est de considérer comme basiques deux types de discours, les enchaînements (dits « normatifs ») de deux énoncés par un connecteur du type de « donc » (par conséquent, de ce fait, etc.), et les enchaînements (dits « transgressifs ») du type de « pourtant » (cependant, malgré cela, etc.). Pour simplifier, je les appellerai respectivement enchaînements en DC et en PT. La raison du rôle privilégié que nous leur donnons, est que, dans ces deux types d'enchaînements, les énoncés enchaînés n'ont pas une réalité sémantique qui pourrait se comprendre abstraction faite de leur enchaînement. Considérez par exemple le DC de « il fait chaud, donc Pierre doit être content ». La chaleur indiquée dans le premier segment n'est déterminable que par le fait qu'elle entraîne le contentement exprimé, après « donc », dans le second. (Il ne peut pas, sauf ironie, s'agir du type de chaleur qu'on appelle « étouffante ».) De même le contentement dont il s'agit dans le second segment est uniquement celui que peut entraîner la chaleur mentionnée dans le premier, pas celui que donne éventuellement le gain du gros lot. (Si vous en avez la patience, remplacez, dans les énoncés précédents, le « donc » par un « pourtant » suivi d'une négation, vous vous apercevrez que là encore il est question du type de contentement dû à la chaleur et du type de chaleur qui peut amener le contentement.) Les enchaînements en DC et en PT résistent donc à toute tentative de description extralinguistique, ils ne peuvent pas être décrits comme une relation entre deux propriétés « réelles » (chaleur et contentement dans mes exemples), car chaque segment est incompréhensible indépendamment de sa liaison avec l'autre au moyen du connecteur.

Sur quelques exemples élémentaires, je vais montrer comment un mot peut être décrit au moyen de ce genre d'enchaînements. J'envisagerai d'abord un verbe comme « travailler ». Ce que demande la conception sémantique présentée ici, c'est de trouver des discours en DC ou en PT évoqués par des énoncés où intervient le mot « travailler ». C'est d'ailleurs ce que font explicitement la plupart des dictionnaires, tel le Petit Larousse, qui propose la définition « soutenir un effort en vue d'obtenir un résultat ». Transcrite dans notre théorie, cette définition signifie que l'on peut, après avoir signalé que Jean a travaillé, continuer « ... donc il a dû obtenir des résultats », ou tout aussi bien « ... pourtant il n'a pas obtenu de résultats ». (On notera que le « pourtant », autant que le « donc », associent le travail à l'idée de résultats.) D'autres enchaînements sont également évoqués par le verbe, ainsi « ... donc il doit s'être fatigué » ou « ... pourtant il ne s'est pas fatigué ». On est fatigué à cause du travail (DC), on est reposé malgré le travail (PT).

On objectera peut-être que les enchaînements cités expriment seulement des constatations empiriques : on sait que le travail fatigue et qu'il produit des résultats. À quoi on peut répondre d'abord que l'expérience ne nous apprend rien de bien évident sur ces points, notamment sur le second. Mais surtout il faut noter que ces explications « empiriques » supposent le problème résolu. Pour « constater » que le travail apporte des résultats ou de la fatigue, il faudrait « d'abord » avoir une définition du travail « indépendante de l'idée de résultat ou de fatigue », et observer « ensuite » que, la plupart du temps, quand il y a travail, il y a fatigue et résultats (comme les parents l'affirment à leurs enfants). Mais je mets justement en doute la possibilité de construire une telle définition préalable. Imaginons une ascension faite par un guide de montagne et son client. Au retour, le guide peut dire qu'il a travaillé — parce que la course lui a rapporté de l'argent —, mais le client, même s'il a fait autant d'efforts que son guide, ne peut, sans ridicule, se vanter d'avoir bien travaillé.

Jusqu'ici, les enchaînements discursifs qui m'ont servi à décrire de façon structurelle un mot ou un énoncé contenaient l'entité décrite. (Je décrivais « Jean a travaillé » par la suite « Jean a travaillé, donc il doit être maintenant fatigué ».) Ce que j'exprimerais en disant que, par rapport à l'entité décrite, il s'agit d'enchaînements « externes ». (Ce qui ne les empêche pas d'être, pour nous, « structurellement » attachés au mot, d'être « intrinsèques » à son signifié.) Je voudrais, pour finir, signaler un autre type d'enchaînements, qui peuvent être, eux aussi, « structurellement », c'est-à-dire « intrinsèquement », attachés au signifié des mots, et que M. Carel et moi appelons « internes ». Ce sont des discours autorisés par l'entité décrite, mais où celle-ci n'apparaît pas. Considérons par exemple un énoncé causatif comme « la chaleur a fait fondre la neige ». Non seulement il évoque des enchaînements externes tels que « il y a eu beaucoup de soleil donc la chaleur a fait fondre la neige », mais il contient en lui-même, et ne fait finalement qu'expliciter une suite comme « le temps a été chaud donc la neige a fondu ». On peut aussi penser à un adjectif comme « prudent ». Il évoque des enchaînements externes, dont il est lui-même un élément : « Pierre est prudent, donc il n'aura pas d'accident. » (« ... Pourtant il peut avoir un accident ».) Mais la qualification d'un homme comme prudent autorise aussi à faire, à propos de lui, des discours du type « quand il y a du danger, il prend des précautions » (ou, selon notre terminologie, « Danger DC précautions ») : un tel enchaînement est, pour nous, « interne » au mot « prudent ».

Les enchaînements constituant l'argumentation interne d'une entité peuvent d'ailleurs être aussi bien constitués par un PT que par un DC. Dire de quelqu'un qu'il est « indulgent », c'est dire qu'il lui arrive de ne pas punir même lorsqu'une faute a été commise, ce que nous résumons par la formule « Faute PT non-punition ». De même on peut penser que l'attribution à une personne de la propriété « être intelligent » autorise, et ne fait rien d'autre qu'autoriser des discours du type « ce problème est difficile PT il le comprendra ». (On notera que, dans un cadre structural, nous pouvons tenir les divers enchaînements internes pris comme exemples pour des éléments de la définition des adjectifs « prudent », « intelligent », « indulgent » sans être obligé pour autant de dire — ce dont je serais actuellement incapable — ce que signifient les mots « danger », « précaution », « difficulté », « faute », etc. Nos descriptions sémantiques ne font que mentionner des discours liés au mot décrit, elles ne prétendent pas permettre de reconnaître les objets auxquels ce mot peut et ne peut pas être attribué. On ne me fait donc pas une objection en notant que je décris un terme par des termes que je ne sais pas définir.)

Pour Saussure, on le sait, les rapports d'un signe avec les autres, rapports dont certains constituent le signifiant du signe, et d'autres son signifié, ces rapports forment un « système » où, selon une formule célèbre, « tout se tient ». Nous ne pourrions espérer réaliser, dans le domaine du sens, le programme saussurien si nous ne montrions pas que les enchaînements en DC et en PT constituant le sens des entités linguistiques obéissent à des règles systématiques. C'est ce que nous tentons de faire en constituant, à partir des suites en DC et en PT, une sorte de grammaire du sens. Juste deux exemples simples. D'abord celui de la négation, dont l'effet se décrit facilement à l'aide des concepts que j'ai présentés. On a en effet pour règle que si le sens d'une entité E comporte, à titre interne, un enchaînement du type « ceci DC cela », la négation de E aura pour argumentation interne « ceci PT non cela » (de même « Ceci PT cela » a pour négation « Ceci DC non cela »). Ainsi nous avons proposé de décrire « Pierre a été prudent » par « il y avait danger DC Pierre a pris des précautions ». Dire qu'il n'a pas été prudent, c'est dire que malgré le danger, il n'a pas pris de précautions (« il y avait danger PT il n'a pas pris de précautions »). De même, si « la chaleur a fait fondre la neige » se comprend comme « il faisait chaud DC la neige a fondu », sa négation revient à dire « il faisait chaud PT la neige n'a pas fondu ». Considérons maintenant le mot « indulgent », dont l'argumentation interne, je l'ai dit, contient le discours « une faute a été commise PT il n'a pas puni », sa négation et son antonyme sévère évoquent le discours « une faute a été commise DC il a puni ».

Mon second exemple de règle combinatoire concerne le mot français « trop » (dont je signale en passant qu'il n'a pas de correspondant simple dans la plupart des langues). Son étude pose aux sémanticiens de nombreux problèmes, et nous sommes loin d'être arrivés à une description complète. Mais notre parti pris argumentatif fait apparaître des faits que l'on peut juger intéressants. On s'aperçoit ainsi que si un adjectif A a une argumentation interne du type « ceci DC cela », le groupe adjectival « trop » A aura une argumentation « non ceci PT cela » : dire que quelqu'un est trop prudent (ce qui est à peu près équivalent à « timoré »), c'est dire qu'il prend des précautions « même » s'il n'y a pas danger, ce que prévoit la formule « non danger PT précautions ». On s'aperçoit alors que la règle proposée pour les mots dont l'argumentation interne est en DC ne vaut pas pour ceux constitués par un PT. Nous avons placé dans « intelligent » des enchaînements du type « difficulté PT compréhension » : il est bien clair que « trop intelligent » ne peut pas se décrire par « pas de difficulté DC compréhension », ce qui serait prévisible si l'on construisait, pour expliquer l'effet de trop sur les mots en PT une règle symétrique de celle qui réussit avec les mots en DC. Voilà le type de problèmes que notre théorie fait apparaître, et qu'elle cherche à résoudre. Problèmes liés, je le rappelle, à la volonté de construire une grammaire des enchaînements discursifs, où l'on décrit l'effet sur un mot d'opérateurs comme « trop » ou la négation comme une transformation de l'ensemble de discours constituant, selon nous, le signifié du mot auquel ces opérateurs s'appliquent.

Il me reste à rappeler les propositions que j'ai faites et rapidement illustrées. Je suis parti de l'idée que le sens, c'est l'absent du signe. La linguistique sémantique se propose malgré tout de le décrire, et tout le problème est de le décrire sans le transformer en chose, sans lui donner une réalité. Pour ce faire, la théorie que je vous ai présentée demande de ne pas le décrire au moyen de données empruntées à un domaine qui ne serait pas d'ordre linguistique, donc de ne pas le décrire par référence au monde physique, à la pensée, ou, plus généralement, à « la réalité » — car ce que les linguistes appellent « réalité », c'est simplement ce qui, selon eux, est l'objet d'autres sciences sur lesquelles on se décharge de l'obligation de prouver.

Il nous a semblé possible de remplir ce programme si on décrivait les mots et les phrases par un type particulier de discours, à savoir les enchaînements d'énoncés ayant soit la forme « normative » (donc), soit la forme transgressive (pourtant). Si nous avons choisi ces deux types d'enchaînements, c'est, je l'ai dit, parce qu'ils nous semblent purement discursifs, et irréductibles à des relations entre propriétés indépendantes. De plus, comme je viens d'en donner des exemples, il nous semble possible d'obtenir, en associant aux entités linguistiques des enchaînements d'autres entités linguistiques, une description systématique des effets sémantiques produits lorsqu'on combine un mot avec un autre. Par là, nous espérons pouvoir donner une forme scientifique à une idée souvent utilisée pour nier la possibilité même d'une sémantique scientifique, à savoir l'idée que le sens des mots tient seulement à l'infinité de leurs utilisations possibles dans le discours. Pour nous, on peut constituer une notion de sens qui le réduise à un ensemble de virtualités discursives, et en même temps lui donner le caractère sémantique exigé d'un objet de science. Il nous semble donc qu'on peut construire une science de la signification linguistique en se fondant sur des thèmes qui servent généralement à déconstruire cette prétention.

Le langage des signes et des images : pictogrammes, idéogrammes, signalétique et publicité. Le pouvoir créateur des signes

par JACQUES FONTANILLE

L'image se diffuse et se généralise dans tous les domaines de la communication la plus courante, avec une très grande diversification de ses usages, de ses rôles, et des modalités de son interprétation. Et le mélange des modes d'expression (image et écriture, notamment) et même des différents usages de l'image, est devenu la règle.

Par exemple, les consignes de sécurité dans les avions sont présentées sur un dépliant cartonné qui mélange du texte écrit (des panneaux de signalisation), des images qui représentent des choses (un avion, une porte), d'autres indiquant des gestes (des flèches), d'autres enfin qui signalent une direction ou une interdiction ; mais ce dépliant est accompagné d'une version en forme de pantomime (soit « vivante », soit enregistrée et diffusée sur écran), qui se compose à la fois d'une gestuelle « descriptive » (les gestes à accomplir) et d'une gestuelle « indicative » (les lieux et la signalisation à repérer et à mémoriser).

L'hétérogénéité des messages pose un problème autrement plus compliqué que la seule interprétation de l'image en elle-même, d'autant que nous ne sommes plus dans la perspective d'une interprétation « contemplative », comme celle d'un tableau, mais dans celle d'une assignation

Texte de la 49e conférence de l'Université de tous les savoirs donnée le 18 février 2000.

quasi-automatique d'un sens (dans le cas de la signalétique) ou dans celle d'une perception fragmentaire, inattentive et répétitive (comme dans le cas de l'affiche publicitaire). Et le fait nouveau, c'est l'élargissement de ces combinaisons, leur diffusion envahissante : on en invente tous les jours.

La « communication multimodale » nous oblige à nous interroger avec plus de précision non seulement sur le sens des images, mais aussi sur la manière dont il s'impose à nous, et sur leurs interactions avec tous les éléments de réalité dans lesquels ils sont plongés.

La sémiologie a déjà proposé de distinguer trois modes de fonctionnement qui s'appliquent aussi aux images : l'« icône », l'« indice », et le « symbole », même si cette classification est indéfiniment discutée et remaniée, car il est bien rare qu'on puisse rencontrer des réalisations « pures ».

Mais il y a un présupposé de ces définitions que je veux discuter. On considère qu'on a affaire à un signe quand une chose, présente et tangible est censée renvoyer à une autre chose, pas immédiatement accessible ou tangible, absente, et que le signe ne serait donc pas dans la réalité, puisqu'il est supposé « renvoyer » à un élément absent de cette réalité. Or, les signes qui peuplent notre quotidien — et notamment les images — contredisent souvent cette conception du « signe-renvoi », de la représentation indirecte de la réalité, car les signes modifient, suscitent et inventent notre réalité, et on voudrait montrer ici comment, bien au-delà de leur capacité (imparfaite) à se référer à la réalité, les signes agissent sur le monde et dans le monde, et modifient notre relation avec lui.

Les signes dits « visuels » sont définis par ce qu'on appelle leur « modalité sémiotique », c'est-à-dire leur « substrat matériel » qui décide (indirectement) du canal ou des canaux sensoriels par lesquels nous sommes censés les recevoir. En outre, les expressions visuelles doivent s'inscrire dans un espace délimité par des bords, et défini comme un « espace d'inscription » (espace à deux dimensions, ou à trois dimensions, mais circonscrit comme un cadre). Par ailleurs, pour préciser les relations avec l'écriture, nous devons introduire deux autres catégories de signes visuels : les « pictogrammes » et les « idéogrammes ». L'« idéogramme » est une image qui joue le rôle de « figure » dans une écriture. Mais, au contraire de la lettre qui n'a aucun sens quand on la considère isolément, l'idéogramme est doté d'une signification, qui équivaut à un nom, à un concept ou, comme on dit en sémiologie, à un « signifié » ; c'est un signe à part entière. Le « pictogramme » est une sorte d'idéogramme qui aurait en plus une valeur d'icône, un idéogramme désignant une idée ou une chose par ressemblance. N'étant destiné ni à une représentation descriptive ni à une interprétation contemplative, il ne garde que quelques traits stylisés de ce à quoi il est censé ressembler, et cette stylisation doit beaucoup à nos habitudes culturelles, à nos décisions institutionnelles et à nos apprentissages. (Il existe d'ailleurs une norme *ISO*7000-7001 pour les pictogrammes.) De fait, cette classification vacille de toutes parts. C'est ce que nous voudrions montrer rapidement, pour dégager quelques grands principes de questionnement.

Bien sûr, le pictogramme conserve une capacité de représentation, mais elle est battue en brèche de toutes parts. Ce n'est pas à cause de sa ressemblance que tel pictogramme est retenu à défaut d'autres, mais à cause de son pouvoir « distinctif » supérieur par rapport à d'autres formes, résidant parfois dans la capacité analytique de l'image. Regardons ces trois pictogrammes de la Norme *ISO*7001 : celui de l'« escalier » *(Fig. 1)*, celui de la « poubelle » *(Fig. 2)*, et celui du « parc naturel protégé » *(Fig. 3)*. Aucun n'est interprétable par le seul pouvoir iconique de l'image de l'objet : l'image de l'escalier n'est qu'une ligne brisée oblique, et c'est la représentation de silhouettes en train de monter et de descendre qui en fait un escalier ; l'image de la poubelle n'est qu'un trapèze polygone régulier mais auquel il manque un côté, et c'est la représentation du geste de « jeter » qui en fait une poubelle. Quant à l'image de l'arbre et du cerf, elle renvoie tout au plus à la notion de « naturel » et elle ne peut conduire à la notion de Parc naturel protégé que si on passe, par métonymie, des objets et des habitants typiques, au lieu qui les rassemble, et si on admet que le seul fait d'implanter un panneau de signalisation indique la prise en charge « institutionnelle » de ce lieu, et, par inférence, son caractère « protégé ». Dans tous les cas, l'interprétation du pictogramme, même « normalisé », impose le passage par un acte (ce que nous appelons, en sémiotique, une « prédication »), un acte représenté ou implicite, un acte décrit (comme « jeter ») ou impliqué (comme « protéger »). Le pictogramme apparaît alors sur le fond d'une « scène élémentaire » organisée autour d'une action, que nous reconstituons au moment de lui attribuer un sens, et, dans cette « scène », la figure désignée n'est qu'un des objets ou des personnages nécessaires (agent, instrument, bénéficiaire, etc.) à la réalisation de l'action. Le pictogramme perd donc une partie de son pouvoir de représentation car il comporte une instruction qui guide son interprétation, et cette instruction est inhibée dès qu'on s'avise de fixer l'attention sur sa valeur de représentation iconique et particulière de tel ou tel objet, « et réciproquement ». Le pictogramme ne décrit ni ne représente vraiment : il nous « fait faire » quelque chose, il nous interdit quelque chose, il nous menace ou nous dissuade de quelque chose, il nous autorise, etc.

L'idéogramme, en revanche, s'efforce de faire oublier qu'il pourrait avoir une référence dans le monde naturel. Il s'affirme d'emblée comme signe pour trois raisons :

— l'origine des composants de l'idéogramme, abstraite ou concrète, représentative ou géométrique, n'est plus en général perceptible : uniformisés par un égal traitement graphique et chromatique (le trait de pinceau chinois, le coin du calame sumérien, par exemple), ces différents types de figures ne se distinguent plus les uns des autres ;

— l'idéogramme a certes un sens pris isolément, mais il ne prend sa valeur que du système d'idéogrammes auquel il appartient ;

— l'idéogramme requiert la collaboration de son support, c'est-à-dire des règles de fonctionnement de la surface d'inscription : dispositions linéaire, tabulaire, quadrillée, horizontale, ou verticale, etc. deviennent nécessaires à l'inter-

Figure 1

Figure 2

Figure 3

prétation. La lecture des traces du renard, telle que la pratiquent les Dogons en est une bonne illustration : en effet, dans l'art de la divination selon les Dogons, il ne faut pas d'abord identifier les signes, mais commencer par définir une surface d'inscription, et la doter d'une grille de lecture ; ainsi, une certaine zone du sol devient-elle une surface-support délimitée et quadrillée, sur laquelle on attend que le renard passe et laisse ses traces, pour en lire ensuite la place, le nombre, les positions relatives, l'orientation et la forme ; alors seulement, la divination peut commencer, comme l'exploration du sens enfoui dans cet ensemble de signes. En somme, c'est la structure de la surface qui fait de la trace un signe.

Les images montrent, représentent, racontent, mais aussi prescrivent, interdisent, autorisent. Elles nous font nous déplacer ou nous arrêter, elles nous posent des énigmes, elles nous guident dans la réalisation des tâches quotidiennes, etc. Si les images et les signes « font » quelque chose, c'est qu'ils ont un pouvoir sur la réalité, ils « font être » et ils « font faire », ils nous transforment et ils transforment notre monde. C'est ce que je voudrais maintenant montrer concrètement.

Pour cela, je vais commencer par des signes qui semblent de bien peu de poids par rapport aux réalités qu'ils désignent : les logos des régions françaises.

Le logotype (ou « logo ») est un objet sémiotique qui s'apparente à la signature, et se définit donc plutôt par ce qu'il fait que par ce qu'il désigne : peu importe que la signature soit illisible pourvu qu'elle ait une forme globale stable, et qu'elle puisse être associée en permanence et sans ambiguïté à une personne donnée. La signature atteste de la responsabilité d'une personne à l'égard de l'énoncé qu'elle suit. Dans le cas du logo, il s'agit d'une personne dite « morale ». Le logo comme la signature engagent une énonciation personnelle, et disent « au nom de qui » l'énoncé est inscrit et communiqué. Mais le logo décrit également, problématise et invente au moins en partie l'identité de la personne morale. Contrairement à la signature, qui peut être illisible, le logo combine des figures, tout comme un pictogramme ; certaines, même stylisées, conservent une valeur iconique. Le logo permet de fixer certains traits de l'identité, pour des personnes morales qui doivent pouvoir être distinguées immédiatement de leurs semblables.

Lors de leur création, à la suite de la loi sur la décentralisation, les régions françaises, malgré la similitude de leur statut législatif, géographique et institutionnel, sont apparues d'emblée d'une grande diversité. Certaines régions furent crées par reconduction de régions et de provinces consacrées par l'histoire, et d'autres, grâce à des découpages et des regroupements entièrement nouveaux. Ces nouvelles entités, établies sur des fondements géographiques, économiques et culturels communs, n'en avaient pas moins une identité à construire et à affirmer : il ne suffisait pas de créer une entité institutionnelle, mais aussi une identité, un sujet collectif, un sujet d'énonciation, une personne susceptible de s'engager dans ses actes et dans la signification de ses actes, c'est-à-dire un « sujet symbolique ».

Le logo de l'Alsace *(Fig. 4)*, par exemple, repose sur l'identification et le traitement spécifique d'une partie (un triangle) détachée d'un tout en forme d'étoile ; la partie en question, une fois isolée, fonctionne comme un triangle, mais le tout, une fois amputé de cette partie, n'est plus une étoile. On voit tout de suite le problème sous-jacent : dès lors que la partie est identifiée, elle pourrait fonctionner de manière autonome, alors que le tout a besoin de toutes ses parties pour rester reconnaissable ; il s'agit, en quelque sorte, d'une relation de nécessité unilatérale. Dès lors, le problème posé est celui du rattachement de la partie au tout. L'identification repose sur quatre procédés complémentaires : (1) une solution de continuité entre le triangle et le reste de l'étoile, (2) le dédoublement du seul triangle en deux formes, l'une faisant office d'ombre portée pour l'autre, (3) la couleur jaune, qui s'oppose au bleu de l'étoile entière (y compris au bleu de l'ombre portée du triangle), (4) l'anaphore qui associe ce triangle à la lettre initiale A, rappelée à droite. Ainsi l'identité s'affirme à la fois (1) comme celle d'une entité reconnaissable isolément (un triangle), avec une couleur propre (le jaune, qui « avance », par son dynamisme de couleur chaude, et qui « éclate », par sa luminance), et (2) comme celle d'une composante nécessaire à l'identification d'un tout en tant que forme (l'étoile) et couleur (le bleu, qui fait « horizon » et « fond de référence » pour la figure triangulaire). Le lien entre ces deux affirmations

Figure 4

différentes est assuré par la relation considérée en général comme indicielle et indissoluble entre le triangle jaune et son ombre bleue. Sur le plan visuel, ce logo traite donc un problème posé par l'histoire : région frontière avec l'Allemagne et l'Europe, l'Alsace a parfois été détachée de la France, et elle est à chaque fois revenue en son sein, au nom de l'intégrité et de la complétude du territoire national ; c'est pourquoi la structure visuelle affirme à la fois le caractère spécifique de la région, son caractère virtuellement détachable, et l'appartenance nécessaire à un territoire. Tout un processus conceptuel de sélection, de problématisation et de résolution se trouve donc engagé dans ces quelques formes visuelles abstraites ; et, du même coup, elles condensent potentiellement des récits, des drames, et des tentations, passés ou futurs.

Avec le logo de la Bretagne *(Fig. 5)*, nous abordons la problématique des relations entre les parties constitutives de la région. En effet, ce logo est composé de quatre bandes qui convergent vers la gauche, et divergent vers la droite. Ces quatre bandes sont à la fois hiérarchisées et disposées symétriquement (deux, vertes et plus longues, au centre ; deux autres, bleues et plus courtes, en haut et en bas). Cette composition pose et traite à la fois deux problèmes. En effet, si la région est composée de quatre parties, la ques-

RÉGION
BRETAGNE

Figure 5

tion se pose à la fois de savoir si leur intégration dans une même entité leur ôte leur propre identité, et aussi de savoir pourquoi seulement ces quatre sont concernées. Or la forme de l'assemblage ici retenue, le « faisceau de bandes convergentes » (la « gerbe » des départements, en quelque sorte) ne répond à aucune de ces deux questions. Dès lors, il faut (1) introduire un principe de différenciation entre les parties (la couleur, la longueur et la position), et (2) introduire un principe de clôture et de nécessité interne (la symétrie des couleurs et des longueurs). Le logo de Bretagne est donc un idéogramme qui traite une question à la fois conceptuelle, topologique et politique, grâce à un jeu de formes abstraites. Il n'est pourtant pas dénué d'une certaine valeur iconique, pris globalement : la forme rétrécie et allongée vers la gauche évoque en effet celle des contours d'ensemble du promontoire breton.

Pour finir, et pour le contraste, jetons maintenant un œil sur le logo du Limousin *(Fig. 6)*. Il joue lui aussi sur les deux fonctionnements sémiotiques dominants : celui du pictogramme, par combinaison de figures différentes, par stylisation des mêmes figures, et celui de l'idéogramme, par association de deux « concepts », celui évoqué par la

LIMOUSIN
CONSEIL REGIONAL

Figure 6

lettre L et celui évoqué par la feuille de châtaignier : un concept « fond » et « thème », sur lequel, visuellement, avance et prend appui un concept « figure » et « prédicat ». Il faut dire pour commencer que le Limousin a une tout autre difficulté à traiter, plus résistante parce que plus insidieuse. Certes, cette région a une identité héritée, et forte, et le découpage institutionnel ne remet pas en cause, ni ne brouille, cet héritage. Elle ne peut donc tenir aucun discours pertinent et opportun sur sa composition en parties. Elle ne peut pas plus discourir sur sa position dans le territoire, qui n'est ni dramatique (sur les frontières), ni remarquable (elle n'est pas vraiment au centre, mais pas très loin pourtant). En revanche, elle doit à la fois assumer cette image héritée et la transformer positivement ; la feuille de châtaignier remplit le premier objectif (pour une région verte et rurale), mais avec une première modification qui y introduit une dualité : la dentelure curviligne à droite, qui a un effet « naturel », a pour pendant, à gauche, une dentelure rectiligne et anguleuse, du type de celle imposée par les pixels d'un écran électronique, qui a un effet de « technique avancée ». Mais le second objectif est surtout rempli par le L rouge, qui par son dynamisme chromatique (il avance sur le fond vert) manifeste clairement une activité.

Ce logo pose donc lui aussi un problème et s'efforce de le résoudre : comment exprimer une activité transformatrice et créatrice de valeurs contemporaines à partir d'une image et d'un état hérités du passé ? Pour cela, il faut disposer en fond la figure de l'image héritée (la feuille verte), et inscrire sur ce fond la figure de l'acteur dynamique susceptible de la transformer, le L pouvant renvoyer aussi bien au Limousin (singulier) qu'aux Limousins (pluriel), en tant qu'acteur collectif. Une activité portée par un acteur, et portant sur une situation établie : c'est le minimum nécessaire pour former ce qu'on appelle un énoncé de transformation.

L'analyse d'un petit nombre de logos montre en quoi les signes visuels sont susceptibles, tout en « signifiant » quelque chose, et bien au-delà de leur valeur représentative et iconique, de transformer notre perception de la réalité ou même d'en transformer au moins certaines dimensions. Tout d'abord, ils affirment l'existence de quelque chose qui, pour être intangible, se traduit néanmoins quotidiennement par des manifestations concrètes (économiques, fiscales, politiques), à savoir l'existence d'une « personne morale », d'un collectif qui décide, qui tranche, qui oriente, qui finance. L'existence de l'institution est déjà attestée, mais sa conversion en personne collective doit être affirmée tous les jours, et surtout sa conversion en personne morale, qui s'engage et met en question son identité à chaque nouvelle énonciation. Les logos, et plus généralement les images nous parlent de notre histoire, de nos héritages culturels ; ils argumentent, posent des problèmes et proposent des solutions qui constituent alors des modèles pour rendre cette réalité intelligible. Et il est bien évident que la manière dont nous modélisons et comprenons les choses a une influence directe sur la manière dont nous agissons en elles et sur elles. La preuve en est que c'est bien souvent au moment du choix d'un logo ou d'une charte graphique que bien des institutions se mettent à reconsidérer et à modéliser tout ou partie de leur stratégie. Enfin, les logos posent et traitent des problèmes (historiques, économiques, politiques), mais ne les inventent pas. On ne peut donc pas se contenter de dire que l'image est le simulacre d'une réalité extérieure, et pas plus qu'elle signifie quelque chose par elle-même et sans référence à un monde quelconque. De fait, l'image (ici, le logo) est un des éléments de ce monde-là ; la création des logos régionaux, par exemple, est un des rouages de la décentralisation, cette grande transformation historico-politique. L'image, en somme, est une partie indissociable de notre réalité.

L'espace où nous nous déplaçons, où nous inscrivons des signes, et que nous organisons pour y vivre n'est pas seulement un espace mesurable, occupé par des objets, traversé par des usagers ou un espace que nous percevons (proche ou lointain, étroit ou étendu, par exemple), mais un espace qui, pour être intelligible, doit être structuré ou, comme on dit en sémiotique, « modalisé ». Nous avons vu tout à l'heure le cas où l'organisation d'un espace-support rendait possible la lecture des inscriptions en tant qu'idéogrammes ; nous allons maintenant examiner plus généralement quelques cas de l'interaction entre les signes visuels et leurs espaces d'inscription : il s'agit plus particulièrement de la signalétique, et, plus généralement, de l'interaction complexe entre la topologie d'un espace, les parcours de l'usager, et les signes inscrits dans cet espace.

En effet, **la signalétique** n'est pas seulement destinée à « indiquer » ou « signaler » l'identité des lieux et les chemins qui y conduisent, même si c'est dans ce but qu'elle est conçue : en faisant cela, elle fait aussi autre chose. C'est une question qui intéresse les aménageurs, les architectes et les responsables des espaces publics et commerciaux : comment prévoir la manière dont les usagers vont s'approprier l'ensemble complexe que forment la topologie d'un espace et sa signalétique ? Plusieurs études ont été réalisées sur des espaces de ce type : le métro, les aéroports, les hypermarchés, notamment ; on s'aperçoit alors que la combinaison entre la topologie de l'espace et les divers signaux visuels qui l'accompagnent, la désignent ou la commentent, constituent pour l'usager un ensemble de « zones critiques » : obstacles, bifurcations et intersections, zones de ralentissement, zones d'activité immobile, zones où l'attention sensorielle est sollicitée, etc. Il suffit alors d'observer la manière dont les usagers gèrent le passage de ces zones critiques pour comprendre comment ils « valorisent l'espace signalisé », et comment, par conséquent, ils le font signifier. Les parcours des usagers se caractérisent essentiellement par deux propriétés sémantiques, qui sont, respectivement, la continuité/discontinuité, et l'accélération/décélération*. Par exemple, devant un obstacle, l'usager a le choix entre quatre types principaux de parcours : un parcours accéléré

* Parmi les nombreuses études concrètes sur cette question, on peut retenir celle de Jean-Marie Floch, sur le métro parisien : Floch (Jean-Marie), *Sémiotique, marketing et communication. Sous les signes, les stratégies*, Paris, PUF, 1990, p. 19-47.

mais discontinu (style « heurté »), il se presse mais sans souci de « lisser » les aléas de son trajet ; il arpente, s'arrête devant une inscription, repart de plus belle, etc. Un parcours accéléré mais continu (style « modulé ») : il se presse mais en anticipant chaque ralentissement potentiel, il guette les panneaux à l'avance, prévoit son chemin, et « efface l'obstacle » au dernier moment. Un parcours ralenti mais discontinu (style « errant ») : au hasard des occasions, il s'arrête, contemple un affichage, flâne, repart, hésite devant une indication, etc. Enfin un parcours ralenti mais continu (style « glissé ») : sans jamais perdre le fil de son trajet, tel un somnambule, l'usager traverse l'espace comme sans y prendre garde, automatiquement, et sans souci de se presser. Globalement, il s'agit donc de la manière dont l'usager valorise les continuités et les discontinuités suscitées par la morphologie et la signalisation ; cette valorisation consiste, entre autres, à les rapporter au temps, au temps qu'elles font perdre ou gagner, mais aussi, plus profondément, « à valoriser ou dévaloriser la résistance des zones critiques ». Valoriser, c'est ici accepter, voire rechercher et apprécier les lieux de résistances ; dévaloriser, c'est refuser, effacer ou éviter ces mêmes lieux de résistances. Le style « heurté » de l'« arpenteur » exprime son « acceptation » des résistances : sans les anticiper ni les effacer, il les affronte quand elles se présentent. Le style « modulé » de l'« homme pressé » exprime son refus des mêmes résistances : il les connaît, il les anticipe et les neutralise. Le style « errant » du « flâneur » exprime au contraire son abandon aux zones critiques : il les goûte, s'y complaît, et les laisse rythmer son trajet. Le style « glissé » du « somnambule » exprime enfin son ignorance des résistances : il les efface, les néglige, les traverse sans à-coup mais sans les prendre en considération. C'est dans le réglage même de l'interaction que prennent forme les « valeurs ». L'espace est valorisé aux zones critiques, en réponse à la résistance qu'elles opposent à l'usager, et l'ensemble de ces valorisations procure à la fois sa signification au trajet, et à l'espace parcouru : il s'agit alors d'un espace d'arpentage ou d'errance ou de promenade ou de déplacement optimal. De telles typologies deviennent indispensables pour traiter les espaces publics, pour y distribuer la signalétique, l'information et les différentes fonctions affectées au lieu. Mais c'est l'espace signalisé et parcouru par les usagers qu'il faut considérer comme un ensemble signifiant et intelligible, et pas seulement la signalétique. Dans ce cas tout particulièrement, la part qui revient respectivement aux réalités matérielles, aux signes visuels et aux pratiques sociales est extrêmement difficile à démêler ; il est bien clair en tout cas que la charge de signification porte plus sur l'interaction entre le comportement humain et les divers éléments de la réalité spatiale (y compris les signes visuels) que sur les signes (la signalétique considérée isolément) eux-mêmes.

Les signes, et notamment les signes visuels de la publicité, participent à la création de réalités économiques ; il serait vain de faire remarquer que leur incidence est immatérielle, puisque, au contraire, c'est cette dimension immatérielle des objets qui nous coûte (dans tous les sens) le plus. C'est ce que je voulais montrer : il n'y a pas d'abord la réalité, et ensuite les signes qui y renvoient, il n'y a pas d'abord des choses, et ensuite des images qui les représentent, mais une interaction constante et fascinante entre les deux, et même, parfois, des signes qui inventent les réalités les plus concrètes.

La communication et le sens

par DAN SPERBER

La communication ? Il n'y a rien de plus banal. Nous sommes des animaux communicants dans toute notre vie éveillée, et en partie dans nos rêves. Nous communiquons par la parole, mais également par gestes, expressions, écrits, façons de faire, façons de s'habiller, etc. La communication existe, bien sûr, dans un grand nombre d'espèces animales, mais aucune n'y accorde autant de temps, d'attention, ni ne possède en la matière des compétences semblables aux nôtres. Aucune espèce ne communique, et de très loin, une telle richesse et complexité de contenus. La communication, nous la pratiquons sans y penser — mais souvent aussi en y pensant — et avec un taux de succès extraordinaire (pensons à tout ce que nous parvenons à communiquer), avec évidemment des échecs et des limites. Ces moments d'échec sont les seuls où nous commençons à réfléchir aux difficultés de la communication. Le reste du temps, nous nous appuyons sur elle comme sur la chose la plus disponible et la plus évidente.

Comment la communication, en général, est-elle possible ? Cette activité si banale, que nous pratiquons si facilement, est en même temps pour le théoricien, pour le psychologue ou pour le linguiste, quelque chose de difficile

Texte de la 50e conférence de l'Université de tous les savoirs donnée le 19 février 2000.

à analyser. La facilité avec laquelle nous communiquons peut nous dissimuler le problème d'explication que pose cette facilité même. Ce problème, quel est-il ? Lorsque je communique, j'ai en tête une certaine idée, et, si je réussis à communiquer, mes auditeurs auront en tête eux aussi en fin de processus, sinon exactement la même idée, en tout cas une idée assez semblable, une copie approximative, une version de l'idée que j'ai voulu communiquer. Or, les idées sont des choses qui naissent, vivent et meurent à l'intérieur des boîtes crâniennes et qui n'en sortent jamais. Ce sont des états mentaux réalisés dans des cerveaux et non des objets ou des propriétés de l'environnement commun aux êtres humains. Comment puis-je transmettre, partager avec vous quelque chose qui est dans mon cerveau et ne peut pas en sortir ?

Il y a une théorie, au fond très simple, qui semble expliquer la possibilité même de la communication. Cette théorie, ou ce modèle — on peut l'appeler le « modèle du code » —, c'est l'idée suivante : ce qui permet de partager ces idées, qui par ailleurs restent à l'intérieur de nos boîtes crâniennes, c'est la possession d'un code commun. Qu'est-ce qu'un code ? C'est un système qui permet d'associer à un sens (donc à quelque chose de mental), une expression (c'est-à-dire quelque chose d'externe) ; ou, comme on dit aussi, d'associer à un « message » interne, un « signal » externe comme par exemple, les sons que j'émets en vous parlant. Si l'on possède un système — par exemple une liste de couples message-signal dans le cas d'un code simple, ou une grammaire dans le cas d'un code plus compliqué — qui permet d'associer à tout sens que l'on voudrait communiquer une expression, et inversement à toute expression un sens, alors un communicateur voulant communiquer un certain sens, peut choisir l'expression qui correspond à ce sens, et l'émettre dans l'environnement commun qu'il partage avec son destinataire ; le destinataire, disposant du même code, peut reconnaître l'expression, retrouver dans sa grammaire ou sa liste mentale le sens qui y correspond, et ainsi le sens, l'idée, sera transmise du communicateur à son destinataire.

Le modèle du code se résume donc en trois thèses :

— un code permet d'associer à tout sens une expression, et à toute expression un sens ;

— les langues humaines sont des codes ;

— le locuteur encode au moyen d'une expression le sens qu'il veut communiquer puis l'auditeur décode l'expression et identifie ainsi le sens voulu.

Ce modèle explique comment la communication peut se produire, et qui plus est, comment elle se produit en effet dans pratiquement tous les cas de communication entre animaux non humains.

Le modèle du code explique-t-il aussi bien la communication humaine ? C'est ce qui aura été tenu pour une évidence d'Aristote à la sémiotique contemporaine. Après tout, les êtres humains disposent des codes les plus riches qui existent : les langues humaines.

Les langues humaines sont des codes, je ne le conteste pas. Il ne suffit pas cependant qu'il y ait code pour que le modèle du code s'applique. Appliqué au cas des humains, le modèle du code dit non seulement que les langues humaines sont des codes, mais aussi et surtout que ce sont des codes qui permettent d'encoder précisément tous les sens que nous pourrions vouloir communiquer. Selon le modèle, le locuteur est censé encoder au moyen d'une phrase le sens qu'il veut communiquer et l'auditeur est censé décoder cette phrase et découvrir ainsi ce qu'a voulu dire le locuteur.

Qu'est-ce qui ne va pas avec le modèle du code ? La communication humaine n'est-elle pas fort bien expliquée par cette idée peut-être banale, mais qui ne manque pas d'élégance dans sa simplicité même ? Où donc est le problème ?

Le problème tient à ceci : les phrases d'une langue humaine sont riches de sens linguistique et pourtant elles ne donnent jamais qu'une indication toujours ambiguë et toujours incomplète du sens voulu par le locuteur. Comme nous disons dans notre jargon, le sens linguistique sous-détermine le vouloir-dire du locuteur.

Pierre demande à Marie : « Veux-tu dîner avec moi ? » Elle répond : « J'ai déjà mangé. » Des dialogues comme celui-ci, nous en avons tout le temps les uns avec les autres. Quel est le sens linguistique de la réponse de Marie : « j'ai déjà mangé » ? « J'ai déjà mangé » signifie que le locuteur, Marie en l'occurrence, a mangé à un moment antérieur à l'énoncé. Ce qui est certainement vrai, sinon elle ne serait pas là pour le dire. Et, linguistiquement, cette phrase ne veut rien dire de plus. Ce que signifie cette phrase est vrai si, une fois dans sa vie, le locuteur a mangé, ne serait-ce qu'une cacahuète. Ce sens linguistique n'est pas — loin de là — identique à ce que veut dire Marie en énonçant cette phrase. Marie veut dire, évidemment, qu'elle a dîné, et en outre, elle veut dire que, parce qu'elle a déjà dîné, elle ne veut pas dîner avec Pierre. Ce qu'elle dit, ce n'est pas simplement qu'il lui est déjà arrivé de manger mais qu'elle a dîné le soir même, et en le disant explicitement, elle communique implicitement un refus de l'invitation à dîner que lui fait Pierre. Le sens voulu est nettement plus riche, aussi bien au niveau de ce qui est dit que de ce qui est impliqué, que ce qui est linguistiquement encodé.

Le sens linguistique est différent, et même souvent très différent, du sens voulu par le locuteur. Donc, même si la langue est un code qui associe à des sons des sens linguistiques, le modèle du code ne suffit pas à expliquer comment nous communiquons au moyen du langage.

Le décodage du sens linguistique n'est qu'un aspect de la compréhension. Il se produit toujours quelque chose de plus. Intervient aussi un processus d'inférence. L'auditeur ne se contente pas de décoder le sens linguistique de l'énoncé, il infère le sens voulu par le locuteur. Il l'infère à partir de deux types d'éléments qui sont, d'une part ce sens linguistique et d'autre part le contexte.

Que veut dire « inférence » ? C'est un mot qu'on emploie surtout en psychologie dont le sens est voisin de celui de « raisonnement ». Pourquoi alors ne pas dire simplement « raisonnement » ? Parce que quand on pense au raisonnement, on pense à un acte réfléchi, conscient, alors que la psychologie cognitive a montré que des processus mentaux semblables à un raisonnement, mais qui se produisent de façon spontanée, automatique et largement inconsciente, opèrent à tous les niveaux que ce soit dans la perception, dans la planification du mouvement, ou dans la compréhension d'autrui et, en particulier, dans la compréhension verbale. Une inférence est un processus qui part de prémisses et aboutit à une conclusion, qui en ce sens fonctionne comme un raisonnement, mais qui peut opérer de façon automatique et inconsciente. Lorsque Marie répond à Pierre « j'ai déjà mangé », le sens strictement linguistique de cet énoncé, à savoir qu'il lui est déjà arrivé de manger dans sa vie, ne nous vient même pas à l'esprit. Spontanément, inconsciemment, nous inférons le sens qui est approprié dans le contexte, à savoir que Marie a déjà dîné le soir même. C'est une inférence car ce n'est pas cela que Marie a dit. C'est un sens que nous inférons de ce que Marie a dit et du contexte.

Comment s'effectue ce processus d'inférence ? Ici, je dirai seulement que, dans le processus de la compréhension inférentielle — dans ce processus qui consiste à aller du sens linguistique au sens voulu, en tenant compte du contexte —, l'auditeur est guidé par des considérations de pertinence. C'est là une idée que Deirdre Wilson et moi avons développé dans notre livre *La Pertinence, communication et cognition** et dont le détail intéresse ceux qui étudient la compréhension des énoncés en contexte, étude qui est devenue l'objet d'une discipline : la pragmatique.

Pour comprendre Marie, Pierre utilise comme prémisse, dans ce processus d'inférence automatique et inconscient, d'une part le sens linguistique de « j'ai déjà mangé », et d'autre part le contexte. Le contexte comporte plusieurs aspects, en particulier, le fait que l'énoncé de Marie est produit en réponse à la proposition que Pierre a faite à Marie de dîner avec lui. Le contexte ne se réduit pas simplement au contexte immédiat, il comporte aussi des connaissances d'arrière-plan, des connaissances générales, des connaissances culturelles.

* Paris, Minuit, 1989.

Ainsi, dans notre culture, on ne refuse pas une invitation amicale sans donner de raison. Pierre est en droit de s'attendre à ce que, si Marie refuse, elle s'en explique. Enfin, et cela est une connaissance contextuelle encore plus générale : quelqu'un qui a dîné le soir même n'a guère envie de dîner à nouveau. Donc, tenant pour acquis que l'énoncé de Marie est pertinent dans le contexte où elle le prononce, Pierre enrichit le sens linguistique, le précise, le complète et comprend « j'ai déjà mangé » comme voulant dire non seulement que Marie a déjà mangé, mais aussi et plus précisément qu'elle a dîné le soir même, sans quoi ce qu'elle dit ne serait pas pertinent. Il comprend qu'en disant avoir déjà dîné le soir même, elle indique implicitement qu'elle ne veut pas dîner avec lui. Enfin, il comprend qu'elle donne comme raison du fait qu'elle ne veut pas dîner avec lui le fait qu'elle a déjà dîné le soir même. Ainsi compris l'énoncé de Marie répond à la question de Pierre, et devient pertinent dans le contexte. Dans ce genre de dialogue — que j'ai choisi à dessein pour sa banalité même — l'auditeur comprend d'emblée un sens voulu qui est nettement plus riche et plus complexe que le sens linguistiquement encodé par l'énoncé. En même temps qu'un processus de décodage, s'accomplit un processus inférentiel, et tout ceci à la vitesse de la parole.

Faut-il, dans ces conditions, abandonner le modèle du code, ou bien se contenter de le réviser ? Dans la mesure où ce modèle remonte à la Grèce ancienne et fait partie de nos habitudes mentales, la tentation est de le réviser plutôt que de l'abandonner. Cela relève d'un conservatisme théorique assez normal.

Comment donc pourrait-on réviser le modèle du code ? En gardant les deux premières thèses du modèle et en modifiant la troisième. On dira désormais (les changements sont en italique) :

— un code permet d'associer à tout sens une expression, et à toute expression un sens ;

— les langues humaines sont des codes ;

— le locuteur *peut* encoder au moyen d'une expression le sens qu'il veut communiquer. L'auditeur *peut décoder* l'expression et identifier ainsi le sens voulu. *Cependant, le locuteur peut aussi n'encoder que partiellement le sens voulu et laisser à l'auditeur la tâche d'en découvrir les aspects non encodés par inférence, à partir de la signification linguistique et du contexte.*

Nous nous comprenons assez bien les uns les autres et nous sommes assez intelligents pour pouvoir utiliser des raccourcis. Selon le modèle du code révisé, le rôle des processus inférentiels dans la communication consiste à fournir de tels raccourcis au processus de décodage. Il y a des situations où ce n'est pas la peine de tout dire pour être compris. Marie n'a pas besoin de dire : *J'ai déjà dîné ce soir et par conséquent je ne veux pas dîner avec toi*. Il suffit qu'elle dise : *j'ai déjà mangé* et Pierre comprend tout ce qu'elle veut dire. L'inférence remplit en quelque sorte une fonction d'économiseur d'effort.

Cette stratégie conservatrice de révision du modèle du code laisse planer un doute. Pour faire fonctionner le modèle du code révisé, on va être obligé de le compléter par une description des processus inférentiels qui permettent d'aller du sens linguistique et du contexte au sens voulu. Car il ne suffit évidemment pas de dire : nous sommes si intelligents que nous comprenons à demi-mot ! Il faudra bien décrire les processus qui permettent la compréhension complète d'un message qui n'est que partiellement encodé. Sans ce composant inférentiel développé, le modèle du code révisé ne fonctionne pas. Or il se peut qu'en découvrant et décrivant les mécanismes inférentiels de la compréhension, on mette en évidence des processus qui permettent d'expliquer la communication de façon relativement indépendante du codage.

En fait, nous sommes un certain nombre de chercheurs à penser qu'il faut inverser le rapport entre décodage et inférence. Nous préconisons un autre modèle qu'on pourrait appeler le « modèle inférentiel » de la communication, par opposition au modèle du code. Selon le modèle inférentiel, le communicateur produit un « indice » du sens voulu. Cet indice peut être linguistique ou non, codé ou non. Après tout, on ne communique pas seulement avec des paroles, on communique avec des mimiques, on communique en pointant du doigt, on communique avec gestes conventionnels ou improvisés. On peut communiquer par des comportements stéréotypés, mais aussi par des comportements nouveaux qui ne relèvent d'aucun code préexistant et qui néanmoins donnent un indice de ce que l'on veut transmettre à autrui. (J'en donnerai des exemples dans quelques instants.)

Parmi les indices qui servent à communiquer, il y a évidemment les indices linguistiques. Un énoncé est un indice — un indice particulièrement compact, riche et précis — mais seulement un indice du sens voulu par le locuteur. Ce n'est pas un encodage du vouloir-dire. Le destinataire infère le sens voulu à partir de l'indice fourni et du contexte, que l'indice soit codé ou non, linguistique ou non. Si le communicateur laisse une bonne part de travail inférentiel au destinataire ce n'est pas qu'il s'est abstenu (par paresse ?) de tout encoder. Paradoxalement, les codes humains qui sont incomparablement plus riches que ceux des autres animaux, n'en ont ni la complétude (par rapport aux messages possibles), ni l'univocité. Les codes humains sont toujours ambigus et incomplets et ne permettent jamais d'encoder pleinement ce que l'on veut dire. Telle, du moins, est l'hypothèse du modèle inférentiel de la communication humaine, qui se résume en trois thèses :

— le communicateur produit un indice du sens voulu ;

— le destinataire, dans tous les cas, infère ce sens voulu à partir de l'indice fourni et du contexte ;

— un énoncé linguistique est un indice complexe du sens voulu par locuteur. Ce n'est pas un encodage de ce sens voulu.

Comment le destinataire d'un acte de communication parvient-il à reconstituer le vouloir-dire d'un communicateur à partir des indices que lui fournit celui-ci et du contexte ? Quelle aptitude psychologique est-elle mise en œuvre ? Mon hypothèse est que la compréhension inférentielle est rendue possible par une capacité psychologique éminemment caractéristique des êtres humains, une capacité de se représenter mentalement les représentations mentales d'autrui, une capacité que l'on peut appeler « métareprésentationnelle » (une « métareprésentation » est la représentation d'une représentation).

Les humains sont en effet des psychologues spontanés, toujours peu ou prou attentifs aux états mentaux d'autrui. En cela ils diffèrent de toutes les autres espèces animales. Il est possible que nos plus proches cousins — les grands singes — aient un minimum de capacité métareprésentationnelle, c'est-à-dire de capacité de reconnaître dans d'autres membres de leur propre espèce des états mentaux tels que des intentions ou des croyances. Mais, même si une telle capacité existe chez les grands singes — ce qui est encore controversé — elle est radicalement rudimentaire par rapport à celle des humains. Pour nous, êtres humains, rien de plus automatique, de plus spontané, et de plus constant que le fait de nous voir les uns les autres comme mus par des désirs, des craintes, des hypothèses, des convictions, des états mentaux en tout genre.

Cette aptitude à nous représenter les représentations mentales, quelle est sa fonction ? En l'absence d'une capacité métareprésentationnelle, les autres espèces animales voient le comportement d'autres animaux non point comme des actions guidées par des états mentaux, mais comme des mouvements d'un corps. La capacité métareprésentationnelle permet de comprendre que de tels mouvements sont régis par des intentions et guidés par un savoir, et ainsi de bien mieux comprendre et prédire le comportement d'autrui. Ce pouvoir prédictif enrichit les possibilités de coopérer avec autrui, ou de s'en protéger, ou encore de l'exploiter. La capacité métareprésentationnelle a pour fonction première de permettre une plus grande richesse des interactions entre membres de l'espèce. Cependant, et c'est ce que je vais essayer de montrer, la capacité métareprésentationnelle, même si ce n'est pas là sa fonction première, rend possible la communication inférentielle, et ce même en l'absence de tout langage.

Reportons-nous 500 000 ans en arrière et imaginons qu'à cette époque nos ancêtres, des « homo » pas encore « sapiens », possédaient déjà une capacité métareprésentationnelle, mais pas encore de langage. Observons deux d'entre eux en particulier, que nous appellerons Marie et Pierre. Marie est en train de cueillir une baie sur un buisson. Elle la mord. Le goût est amer. Elle la recrache. Elle infère du goût amer que ces baies de ce buisson sont immangeables. Il se trouve que Pierre observe Marie et, comme il possède une capacité métareprésentationnelle, il s'explique le comportement de Marie en lui attribuant des états mentaux. Il infère de son comportement qu'elle pense que ces baies sont immangeables, et il en conclut lui aussi qu'elles le sont. En observant et surtout en comprenant le comportement de Marie, Pierre aboutit à la même pensée que celle à laquelle Marie avait aboutit en goûtant les baies. Ce n'est pas encore de la communication — après tout, Marie ne savait peut-être même pas que Pierre était là à l'observer —, mais c'est déjà, en un sens, une transmission de pensée rendue possible par les capacités métareprésentationnelles de Pierre.

Imaginons maintenant une version un peu différente de l'histoire. Dans cette nouvelle version, Marie sait que Pierre l'observe, et non seulement elle le sait mais le souhaite, et elle le souhaite précisément parce qu'elle veut agir sur les états mentaux de Pierre. Elle veut lui faire penser que ces baies sont immangeables. En quelque sorte, cette fois-ci elle veut l'informer (elle a ce que nous appellerons une « intention informative ») que ces baies sont immangeables. Comment accomplit-elle cette intention informative ? En agissant d'une façon qui donne à penser à Pierre qu'elle pense que ces baies sont immangeables.

On n'a toujours pas affaire à de la communication à proprement parler, mais on a affaire à une transmission intentionnelle de pensée.

Qu'est-ce qui pourrait amener Marie à vouloir agir ainsi sur les pensées de Pierre ? Tout dépend de savoir si elle lui veut du bien ou du mal. Si elle est bienveillante, elle peut vouloir informer Pierre, et lui épargner d'avoir à goûter ces baies peut-être empoisonnées. Si elle est malveillante, Marie peut vouloir garder pour elle seule ces baies qui, en fait, sont délicieuses. Sachant que Pierre la regarde, elle fait semblant de les recracher avec dégoût, escomptant qu'il passera son chemin. Tandis que nos sens, l'ouïe, la vue, le toucher, l'odorat, ne sont pas particulièrement disposés à nous tromper et ne nous trompent que par leur imperfection et jamais à dessein, la transmission intentionnelle de pensée, et, bien sûr, sa forme principale, la communication, sert aussi bien à tromper qu'à informer autrui.

Compliquons encore un peu notre histoire.

En fait Pierre s'est rendu compte que Marie voulait être observée par lui, il a reconnu son intention informative. Comment a-t-il pu la reconnaître ? Peut-être s'est-il rendu compte qu'elle s'assurait du coin de l'œil qu'il la regardait bien. Il comprend qu'elle veut agir, non seulement sur les baies, mais encore et peut-être surtout sur ses états mentaux à lui. Quel effet cela va-t-il avoir sur Pierre de se rendre compte que c'est pour son édification que Marie cueille et mord la baie ? S'il pense que Marie est malveillante à son égard, il comprendra qu'elle veut qu'il croie que les baies sont immangeables, mais il ne le croira pas. Si Pierre pense qu'elle est bienveillante envers lui, le fait qu'elle veuille le convaincre que ces baies sont immangeables contribuera à le convaincre qu'elles le sont en effet.

Compliquons encore.

Imaginons que Marie veut non seulement informer Pierre que les baies sont immangeables, mais veut aussi l'informer du fait qu'elle veut l'en informer. Elle veut non seulement être observée par Pierre, mais aussi que Pierre se rende compte du fait qu'elle veut qu'il l'observe. Une façon simple de s'assurer qu'il en va bien ainsi, c'est de procéder à un échange de regards. Marie a cette fois-ci non seulement l'intention de premier ordre d'informer Pierre de l'immangeabilité des baies, mais aussi l'intention de second ordre de l'informer de cette intention de premier ordre. (En fait le contenu de cette intention de deuxième ordre est une métareprésentation de quatrième ordre, mais je vous épargne le détail.) À ce niveau d'interaction et à ce niveau-là seulement quelque chose de complètement nouveau apparaît, quelque chose qui constitue la communication humaine proprement dite.

Dès lors que Marie a fait ouvertement comprendre à Pierre qu'elle veut l'informer de quelque chose, il ne lui est plus nécessaire d'accomplir une action qui témoignerait de son état mental même sans intention communicative. Puisqu'elle a manifesté cette fois-ci une intention d'agir ouvertement sur les états mentaux de Pierre, Marie peut lui donner un indice direct non pas du fait que les baies sont immangeables, mais de son intention informative de lui faire comprendre qu'elles le sont. Donc au lieu de prendre véritablement la baie, de la mettre dans sa bouche, de la mordre, d'en éprouver le goût amer et de la recracher, Marie peut se contenter par exemple de mimer cette action. Ou, à supposer que ses lointains ancêtres disposaient déjà de quelques signes vocaux dont l'exclamation « beuark ! », elle pourrait montrer les baies et dire : « beuark ! » L'exclamation « beuark ! » qui peut servir à communiquer des tas de choses différentes dans des contextes différents, sera interprétée par Pierre, dans ce contexte particulier, comme un indice du vouloir-dire de Marie, du fait qu'elle veut lui faire comprendre que ces baies sont mauvaises.

La communication humaine est caractérisée par deux niveaux d'intention, une intention informative et une « intention communicative » qui n'est rien d'autre qu'une intention informative de niveau supérieur, l'intention d'informer le destinataire de l'intention informative que le communicateur a à son égard. En rendant manifeste le fait qu'il est mû par une intention informative, le communicateur acquiert la possibilité de transmettre une information à autrui par des moyens symboliques. Ces moyens peuvent être de l'ordre du langage, mais aussi de l'ordre du mime ou du comportement improvisé, dès le moment où ce comportement donne véritablement un indice du vouloir-dire du locuteur.

Il existe un rapport essentiel entre intention informative, intention communicative et sens voulu. Le sens voulu n'est autre que le contenu d'une intention informative qui elle-même fait l'objet d'une intention communicative. Dans la série des scénarios envisagés (hormis le premier, où Marie ne se soucie pas de savoir si Pierre l'observe), Marie a l'intention informative de faire savoir à Pierre que les baies sont immangeables. Dans l'ultime scénario, où elle a aussi une intention communicative (et où elle peut désormais se contenter de mimer l'action de recracher ou dire « beuark ! »), le contenu de l'intention informative peut être décrit comme ce que Marie « veut dire », comme le sens voulu de son acte de communication.

Ce qui constitue donc le contenu d'une intention informative comme un « sens », c'est précisément que cette intention informative fait elle-même l'objet d'une intention informative de niveau supérieur, d'une intention communicative. C'est lorsque quelqu'un a voulu informer quelqu'un d'autre de quelque chose, et a voulu pour ce faire l'informer de cette intention qu'est apparue une nouvelle propriété dans le monde : la signification.

Imaginons que nos ancêtres, Pierre et Marie et tous leurs congénères, aient eu des capacités métareprésentationnelles suffisantes pour former des intentions communicatives. Pour cela ils n'avaient pas besoin de langage. Tout indice qu'ils pouvaient donner de leur intention — et pas seulement linguistique — pouvait faire l'affaire. Mais évidemment, pour ces êtres capables de concevoir et de reconnaître des intentions communicatives, un langage comme le langage humain est extrêmement avantageux. Il constitue une source, un répertoire infini d'indices d'une richesse extraordinaire. Le langage permet de donner des indices précis et détaillés de sens voulus indéfiniment variés et complexes.

La communication humaine est un effet secondaire de la capacité d'attribuer des états mentaux à autrui. Le trait qui, plus que tout autre, distingue les êtres humains des autres espèces animales auxquelles ils sont apparentés, ce n'est pas comme on le pense souvent le langage — encore qu'évidemment le langage joue un rôle fondamental —, c'est cette capacité métareprésentationnelle. Cette capacité rend possible une forme de communication inférentielle qui n'est présente chez aucune autre espèce animale. À partir du moment où la communication inférentielle se développe, les conditions sont réalisées pour qu'évoluent à l'intérieur de l'espèce, à la fois les capacités biologiques nécessaires pour l'acquisition du langage, et les langues elles-mêmes. Les langues humaines sont des codes d'une richesse sans pareille, mais en même temps elles sont pleines d'ambiguïtés, de flou, d'allusions. Elles ne sont pas de bons instruments pour la communication codée. En revanche, elles fournissent une richesse d'indices extraordinaire à la communication inférentielle. Les langues humaines, donc, ne trouvent leur fonction que chez une espèce capable de communiquer inférentiellement.

La communication fondée sur la capacité de reconnaître en autrui un être mû par des états mentaux sera restée relativement rudimentaire jusqu'à ce qu'apparaissent et se développent les langues humaines. La communication inférentielle est possible sans langage, mais grâce au langage, son pouvoir expressif est prodigieusement démultiplié. Le rôle du langage dans la communication du sens voulu par le locuteur est de fournir un ensemble d'indices indéfiniment variés et complexes de ce sens. Je le répète, le rôle du langage n'est ni moins, ni plus que cela.

Propagande, publicité, information et désinformation

par SERGE TISSERON

Le sujet qu'on m'a proposé de traiter devant vous est considérable, mais j'ai gardé son intitulé tel qu'il m'a été proposé. Cet intitulé présente en effet l'intérêt de mettre sur un même plan les images de publicité et les images de propagande. Or vous allez voir qu'en effet, ce sont les mêmes mécanismes qui y sont mis en jeu, et que par rapport à ces mécanismes, ce sont les mêmes moyens de résistance qui doivent être développés.

Il y a beaucoup de façons d'aborder ces problèmes de propagande, d'information et de désinformation. On peut le faire notamment d'un point de vue économique, sociologique ou politique. Mon point de vue à moi sera différent. Étant psychanalyste, ma question sera : pourquoi avons-nous tellement tendance à croire aux images ? Cette croyance ne concerne d'ailleurs pas seulement les images visuelles matérielles, mais aussi les images véhiculées par le langage. Les images « racontées » ont tendance à se traduire directement en croyances exactement de la même manière que les images regardées à partir du moment où elles sont présentées comme des « choses vues » et donc objectives. Notre tendance à faire confiance de façon non critique aux images racontées est pratiquement identique

Texte de la 160e conférence de l'Université de tous les savoirs donnée le 8 juin 2000.

à celle qui nous conduit à croire sans réserve aux images visuelles.

La première chose essentielle est de comprendre que ce problème de la croyance dans les images n'est pas un problème de savoir ou de connaissance. Nous savons que la connaissance que nous donne une image est extrêmement partielle. Mais entre les images et l'homme, ce n'est pas une affaire de raison, c'est une affaire de cœur, de passion, ou, si on préfère, de fascination, et c'est pour cela que le psychanalyste a quelque chose à en dire. Le problème se pose de la façon suivante : nous savons bien avec notre esprit que les images ne racontent pas la vérité, mais notre corps l'ignore. C'est là-dessus que jouent les publicités. Nous savons bien qu'elles nous racontent des histoires et pourtant nous achetons les produits dont elles nous parlent. Et c'est là-dessus aussi que jouent toutes les propagandes. Elles ne donnent pas forcément des images fausses, mais des images partielles que nous reconnaissons comme telles, et qui pourtant nous poussent à l'adhésion.

Prenons un exemple récent. Pendant la guerre du Kosovo, on voyait à la télévision des colonnes de réfugiés se pressant à la frontière grecque. Ces reportages donnaient indiscutablement une image partielle de la complexité de la situation. Mais nous avions beau savoir que ces reportages ne montraient qu'un « point de vue », nous nous sentions proches de ces réfugiés et haineux de ceux qui les avaient réduits à cette situation. Nous avons beau savoir avec notre esprit que toutes les images sont des « points de vue » qui n'expliquent rien, nous ne pouvons pas nous empêcher d'y adhérer, émotivement et corporellement, comme à des vérités. Les images ne convainquent pas notre intelligence, mais elles emportent notre adhésion émotive.

Je commencerai par parler de la publicité parce qu'elle nous permet de comprendre quelque chose d'essentiel, c'est que, dans les images, nous ne sommes jamais seuls. Si nous adhérons aux images, c'est toujours portés par le désir d'y être avec d'autres.

Le laboratoire de la publicité

À la suite de Freud, on a souvent dit, à propos de la publicité, que son moteur principal serait les désirs sexuels. Elle agirait d'abord en les excitant, puis en les détournant. Il peut s'agir d'une excitation directe associant par exemple une belle femme légèrement vêtue à un produit quelconque. Il peut s'agir aussi d'une excitation indirecte à travers les innombrables métaphores possibles des organes sexuels et de leur rencontre. La publicité agirait ainsi un peu comme un pompier pyromane. Elle allumerait le désir sexuel, puis, comme elle ne peut évidemment pas l'assouvir dans la réalité, elle tenterait de l'éteindre en le détournant vers un objet à consommer.

C'est en effet ainsi parfois que les choses se passent. Mais il est essentiel d'ajouter que ce désir attisé par la publicité n'est pas une source de plaisir, mais plutôt d'embarras, voire de déplaisir. Ce n'est pas confortable d'être excité, la preuve en est que nous cherchons à apaiser l'excitation. Dans une optique purement freudienne, le client achète pour décharger la tension sexuelle excessive que la publicité a fait naître en lui. Ça se passe parfois ainsi, mais, très souvent, le malaise que crée la publicité n'est pas de l'ordre d'un désir sexuel. Il peut s'agir par exemple d'angoisse, de honte ou de colère comme l'ont montré les publicités pour la marque Benetton. Or ces sentiments, si on croit les publicistes, poussent à acheter le produit qui y sont associés.

Pour comprendre comment cela fonctionne, il nous faut dire quelques mots de la vie psychique. Il existe un désir fondamental de l'être humain qui est de se donner des représentations de ses diverses expériences du monde. Ces représentations sont de trois types : d'abord sensorielles, émotives et motrices, ensuite imagées et enfin verbales. Mais, dans tous les cas, ces représentations ne peuvent être reconnues par le sujet lui-même que si elles sont validées par un tiers. Nous ne communiquons pas pour communiquer et encore moins pour transmettre. Nous communiquons parce que nous ne nous construisons des représentations de nos expériences du monde qu'en les faisant authentifier par un interlocuteur. Ce point de vue permet de mieux comprendre comment fonctionnent les publicités, et notamment celles qui choquent.

Elles produisent un excès d'excitation qui déstabilise et menace la pensée. Le spectateur perd ses repères. Il est saisi par un trouble qu'il a souvent peine à identifier. Il ne peut alors envisager de venir à bout de ce dérangement que de deux façons : soit en parlant de la publicité pour s'en donner des représentations verbales qui lui permettent de gérer son stress — et alors il augmente l'impact de la publicité —, soit en achetant le produit. En agissant ainsi, en effet, il adhère illusoirement au groupe de tous ceux qui sont censés résoudre leur malaise face à cette image de la même façon. C'est à la fois pour le consommateur une façon de se dire que d'autres que lui éprouvent le même malaise et que d'autres que lui le gèrent de la même façon en achetant le même produit. Bref, c'est une façon de se dire deux fois normal, dans le malaise éprouvé et dans la façon de le résoudre. En effet, plus une publicité suscite des états du corps étranges accompagnés de fantasmes dérangeants, plus il est important de nous rassurer sur leur normalité en adhérant à un groupe. C'est ce qui explique que ces publicités soient toujours à la limite des représentations acceptables pour une culture donnée. En deçà de cette limite, elles ne mobilisent pas assez de sensations, d'émotions et d'états du corps qui attisent le désir d'appartenance et de rattachement pour se donner les moyens de les symboliser. Au-delà, elles courent le risque que le désir d'appartenance se retourne et que le spectateur se range au large parti de ceux qui les refusent. C'est le risque du système « Benetton » et la dernière campagne de la marque autour des condamnés à mort américains y est tombée, puisque plusieurs chaînes de magasins ont refusé de diffuser leurs produits aux États-Unis et que leur inspirateur Toscani a été remercié...

Vous voyez comme il est insuffisant de raisonner en terme « d'impact émotif » des images. En effet, cette formule laisse entendre que c'est l'intensité de l'émotion qui est en jeu. Mais, si c'était le cas, les images qui font plaisir auraient autant d'impact que celles qui bousculent. Or ce n'est pas du tout la même chose qui se passe. Les images qui malmènent leur spectateur ont un effet bien particulier qui est de le menacer et de le pousser à se rattacher au groupe de tous ceux qui sont censés éprouver le même malaise, afin de se sentir moins seul. Or c'est pareil pour une information sur l'actualité. Plus elle vous bouscule et plus elle a des chances de vous pousser à adhérer à un groupe. À la limite, ce n'est pas la justesse d'une cause qui importe dans les images, c'est le fait de la partager.

Si on pense la publicité en termes de désirs sexuels, on s'empêche de penser dans la continuité les images publicitaires et les images de propagande. En fait, elles agissent de la même façon en provoquant un excès d'excitation que le spectateur est ensuite invité à gérer en suivant le mode d'emploi qu'on lui propose en même temps. Ça peut être un produit à consommer, une ligne politique à suivre, ou simplement être scandalisés ensemble.

Pourquoi avons-nous une funeste tendance à croire aux images ?

Le désir d'appartenir à un groupe est donc un élément important de notre adhésion aux images. Nous allons voir qu'il n'est pas le seul.

Revenons pour cela à notre question initiale. Pourquoi avons-nous toujours tendance à croire ce que nous voyons ? Cette question n'a pas une seule réponse, mais trois qui sont complémentaires. En effet, trois fois dans notre histoire, nous avons chacun été sauvés de croire à une image : quand nous nous sommes constitué une première représentation visuelle de notre environnement et que nous avons décidé d'y croire ; quand nous nous sommes constitué une première représentation de nous-même et que nous avons décidé d'y croire, et enfin quand nous avons décidé de croire aux images qu'autour de nous, dans notre famille, notamment, nos parents nous présentaient comme vraies.

La première de ces croyances concerne les origines de la pensée, la seconde concerne les origines de l'identité individuelle et la troisième les origines de l'identité de groupe. Je vais dire rapidement quelques mots de chacune :

Tout d'abord, nous avons tendance à croire ce que nous voyons parce que le désir de savoir, chez l'être humain, est inséparable du désir de se donner des images. Avant les images, l'être humain est noyé dans ses expériences corporelles, sensorielles, émotives et motrices. Avec les images qu'il se donne, aussi bien psychiques que matérielles, il commence à émerger de cet état. Aux origines, pour le nouveau-né, le désir de se donner une image est inséparable de celui de sortir de l'indifférenciation première où il se trouve, dans laquelle les états du corps sont confondus avec ce qui les produit. Avec les images, nous nous constituons un premier écran où notre pensée peut advenir. Connaître, c'est d'abord se donner une image. C'est pourquoi l'illusion où nous sommes de croire que les images disent la vérité est en quelque sorte un tribu quotidien payé à ce premier service qu'elles nous ont rendu. La croyance que l'image est vraie est fondée pour chacun sur une expérience fondatrice essentielle, l'émergence d'une pensée qui ne soit plus enfouie dans le corps, mais objectivable et reproductible grâce à une image. Le problème est que cette expérience essentielle est aussi l'une des raisons qui nous font adhérer sans réserve aux images.

La seconde raison pour laquelle nous avons tendance à croire les images concerne le narcissisme, et précisément l'image de soi. Voir une image, pour chacun d'entre nous, réactive toujours des enjeux du côté de la découverte de l'image de soi. Se voir entier dans un miroir, c'est se croire entier pour de vrai. C'est en quelque sorte le second tribu que nous payons aux images, et la seconde raison pour laquelle nous sommes tentés d'adhérer, émotivement et sensoriellement, à leur vérité. Quand nous avons découvert pour la première fois notre image unifiée dans un miroir, il a été essentiel pour nous d'y croire. Telle est la seconde raison pour laquelle nous avons un funeste penchant à croire les images. Dans le fait de croire aux images, il y a toujours un peu du désir de nous guérir de l'angoisse du morcellement primitif. Croire à une image, c'est vivre l'illusion de nous unifier à travers elle et de surmonter nos divisions intérieures. Celui qui regarde une image et l'adopte comme vraie a toujours l'illusion d'être unifié à travers elle (c'est ce que j'ai formulé ailleurs en disant qu'elle permet d'intérioriser un contenant autant qu'un contenu).

Enfin, la troisième raison pour laquelle nous avons tendance à croire aux images concerne notre adhésion au groupe de tous ceux qui croient ensemble à la même image, même s'il n'y a rien à voir, comme dans la fable des « Habits neufs de l'empereur ». Chaque spectateur qui adhère à une image le fait toujours en étant porté par le désir de faire partie de tous ceux qui y adhèrent, soit pour s'y reconnaître, soit pour s'en offusquer. Les images sont une sorte de colle sociale*. Contempler les mêmes images assure d'une sorte de communication virtuelle même en l'absence de toute communication réelle. C'est se sentir participer d'une instance — on pourrait dire aussi une force — qui dépasse et enveloppe chacun, presque d'un « mana » au sens où en parlait Freud dans *Totem et Tabou*.

Vous voyez que les images que nous voyons n'ont jamais seulement des enjeux d'information. Elles ont toujours en plus trois autres fonctions à notre insu : elles nous confirment dans l'idée que nous avons eu raison de désirer voir pour savoir, notamment dans le domaine de la curiosité sexuelle ; elles nous assurent de notre intégrité narcissique ; et enfin, elles nous assurent de notre appartenance à un groupe. C'est pourquoi le problème de la confusion

* Cette notion est développée, sur le plan théorique, dans mon ouvrage *Psychanalyse de l'image, des premiers traits au virtuel*, Paris, Dunod, 1996 et, pour ses conséquences pratiques sur les groupes, dans *Y-a-t-il un pilote dans l'image ?*, Paris, Aubier, 1998.

entre l'image et la réalité n'est pas seulement un problème d'adhésion « affective » contre lequel nous pourrions nous protéger en « gardant la tête froide ». C'est un problème lié aux enjeux du narcissisme, à la fois individuels et collectifs.

Les diverses facettes de notre adhésion affective aux images

Vous savez qu'il existe en informatique des logiciels qui permettent de tourner autour d'un objet. Je vous propose de faire pareil avec notre question des relations que nous établissons avec les images. Nous les avons jusqu'ici envisagées du point de vue de l'histoire commune à chacun, nous pouvons maintenant les envisager du point de vue dont nous nous situons face aux images. Dans les relations que nous établissons avec elles, les images ont deux types de pouvoirs, d'enveloppement et de transformation.

Les pouvoirs d'enveloppement des images ont trois aspects complémentaires. Tout d'abord, ils contribuent à constituer chaque image en territoire à explorer qui crée, pour son spectateur, l'illusion de pouvoir le contenir. Cette illusion concerne le narcissisme. Une image est toujours un espace que nous sommes invités à habiter, et, à la limite, un peu une seconde peau. Ensuite, toutes les images ont le pouvoir d'éveiller des expériences émotionnelles et sensorielles avec l'objet qu'elles représentent comme si celui-ci était présent en réalité. Cette illusion, fustigée depuis des siècles par la pensée occidentale comme « fétichiste » ou « idolâtrique », ne correspond certes pas à une réalité physique (il n'est pas question de dire que l'image contienne « en réalité » une partie de ce qu'elle représente), mais à un désir inscrit au cœur de notre rapport à toute image. Ce désir concerne encore le narcissisme, c'est-à-dire les investissements du corps, puisqu'il consiste à penser que l'autre est présent dans son image comme je le suis dans la mienne. Enfin, ce sont les pouvoirs d'enveloppement des images qui contribuent à créer l'illusion qu'une même image matérielle est perçue de la même manière par tous ses spectateurs, passés, présents et à venir. Autrement dit, l'image ne nous enveloppe pas seul, mais avec l'ensemble de ses autres spectateurs, présents ou potentiels.

Heureusement, les images n'ont pas que ces pouvoirs d'enveloppement, elles ont aussi des pouvoirs de transformation. Ceux-ci, tout comme leurs pouvoirs de contenance, ont plusieurs aspects. Tout d'abord, ils participent à la constitution du symbole. Pour cela, l'image fait glisser le sens d'une représentation première à une représentation seconde qui évoque la première en son absence. Mais de même que les pouvoirs d'enveloppement des images ne se réduisent pas au désir et à l'illusion d'être « dans l'image », leurs pouvoirs de transformation ne se réduisent pas à la formation du symbole. La lecture d'une image peut provoquer un déplacement, une action ou un changement intérieur de son spectateur. Elle peut également agir sur les images elles-mêmes : toute image suscite d'autres images légèrement différentes (« transformées »), mais proches, avec lesquelles elle puisse entrer en « série ». Dans tous les cas, le pouvoir de transformation de l'image nécessite deux temps, celui de la séparation symbolique qui est une forme de coupure, et celui de la redétermination symbolique qui est une forme de connexion : les émotions et les états du corps rapportés à une représentation en sont séparés pour être rapportés à une autre.

Vous voyez que ce qui nous protège des pouvoirs d'enveloppement des images, c'est finalement leurs pouvoirs de transformation. C'est en transformant les images que nous évitons d'être transformés par elles.

Comment résister à la confusion des images ?

Le vrai danger des images, encore une fois, est donc que nous savons bien qu'elles ne sont pas le vrai, mais que nous ne pouvons pourtant pas nous empêcher d'y croire ! Mais nous avons un point de repère important. Nous avons vu que la confusion des images a trois origines : corporelle, narcissique et groupale :

Envisageons d'abord comment échapper au pouvoir des images lié à l'adhésion corporelle qu'elles entraînent. Il s'agit d'y réintroduire le corps. Il nous faut apprendre à repérer le corps du créateur des images en les regardant. Je ne désigne pas par là les intentions qui ont pu diriger cette fabrication, mais les conditions concrètes qui y ont présidé*. D'ailleurs, il est remarquable que les enfants et les adolescents se posent aujourd'hui autour des images des questions bien différentes des adultes. Pour la génération des gens âgés de 30 ans et plus, la question principale autour d'une image est le plus souvent : « que veut-elle dire ? » ou « qu'est-ce que l'auteur a voulu dire ? » Au contraire, pour les enfants et les adolescents les questions principales qu'ils se posent sont souvent : « comment cette image a-t-elle été fabriquée ? » ou « qu'est-ce que je peux en faire ? » De ce point de vue, le meilleur antidote aux pouvoirs aliénants et mystificateurs des images réside heureusement dans la façon dont chacun est invité à créer ou à transformer les siennes avec les nouveaux objets du quotidien, que ce soit un appareil photographique jetable, une télécommande de magnétoscope, un camescope, un jeu vidéo ou un logiciel de traitement d'images. En engageant le corps et les sens, ces pratiques nous conduisent à vivre à la fois différemment les images et l'identité, c'est pourquoi elles doivent être non seulement encouragées partout, mais aussi reconnues dans leurs conséquences. La passion des images sera de moins en moins une passion de voir et de plus en plus une passion de faire soutenue par nos nouveaux objets quotidiens. En dissolvant lentement, mais sûrement, nos anciennes mythologies de l'image, ces pratiques constituent probablement le meilleur remède contre tous les risques de manipulation à venir.

---

* Savoir par exemple si une image a été fabriquée avec un objectif de 50 mm ou un téléobjectif permet de développer un mode de connaissance des diverses formes de construction qui y ont présidé.

Envisageons maintenant comment échapper au pouvoir de fascination narcissique des images. La première chose est de comprendre que leur hypnose n'a quelque chance d'agir que sur ceux qui ont envie de se laisser hypnotiser parce que c'est pour eux une façon d'échapper à l'angoisse narcissique. L'hypnose de l'image est d'abord organisée par le désir du spectateur de s'hypnotiser lui-même ! C'est en effet pour lui une façon de surmonter la souffrance narcissique et l'angoisse de l'ambivalence. C'est pourquoi il nous faut toujours revenir à cette idée essentielle. Celui qui présente une image comme vraie et engage les autres à y croire est toujours habité par le désir de s'auto-hypnotiser lui-même et c'est pour cela qu'il tente d'entraîner les autres à partager son illusion. Pour lutter contre la fascination narcissique des images, il nous faut bien sûr apprendre à reconnaître nos propres souffrances narcissiques, mais ce n'est pas le seul moyen. Il y a aussi un moyen indirect. C'est d'apprendre à accepter les failles dans les images parce qu'elles sont à la fois l'image des failles que nous portons en nous et de celles qui divisent le monde. Toutes les images qui n'introduisent pas le jeu du doute portent un risque hypnotique et, inversement, toutes les images hypnotisantes sont des images qui n'introduisent pas le jeu du doute. Et c'est, encore une fois, le cas des images verbales, parlées ou écrites, autant que des images visuelles. Dans tout fragment du monde, il y a des remous, des tourbillons, des mouvances et des trajets imprévus, bref du centrifuge et du centripète, et c'est justement ce qu'une image, aussi bien visuelle que verbale, doit s'employer à privilégier. Ce sont les failles dans l'image qui permettent de déjouer ses pièges hypnotiques. L'image homogène porte l'illusion de la personnalité sans ambivalence de son spectateur. C'est pourquoi elle porte aussi le risque du totalitarisme. Leni Riefenstahl nous a laissé de telles images pures et sans tache, tellement nettes qu'on continue à craindre leurs effets d'adhésion. Au contraire, l'image ambiguë questionne à la fois le monde et son spectateur sur lui-même.

Enfin, le troisième changement auquel nous obligent les nouvelles formes d'images concerne la nécessité de nous éloigner de l'utilisation de groupe des images. Il faut apprendre à développer une pensée individuelle, et même individualiste des images, pour nous opposer à ses risques d'adhésion collective. Mais comment faire ? Il nous faut apprendre à les utiliser comme une source d'information sur nous-même. Traditionnellement la compréhension des images, ou ce qu'on appelait encore la mise en sens, désignait une compréhension des images « en soi », c'est-à-dire de leurs règles de combinaison, de construction, d'agencement telle que la sémiotique nous a appris à la repérer. Il me paraît essentiel d'appeler aujourd'hui chaque spectateur des images à en faire un moyen de connaissance de lui-même. Pourquoi ? Parce que nous risquons, à tout moment, chacun d'être confrontés à des images qui nous choquent, nous bouleversent, nous émeuvent*. Or, de ce point de vue une image qui malmène son spectateur est une source d'information bien plus importante sur ses zones de fragilité personnelle et les événements de son histoire mal élaborés qu'une image qui fait plaisir et qui, à cause de cela, n'invite pas à questionner ses effets sur nous. Renonçons à privilégier le sens des images « en soi » pour envisager la signification qu'elles ont pour chacun d'entre nous, bref, leur sens « pour soi ». Nous y gagnerons une clairvoyance sur nous-mêmes qu'aucun pouvoir constitué ne pourra nous arracher et qui nous mettra à l'abri de toutes les manipulations qu'engendrent leurs nouvelles technologies !

En outre à partir du moment où les adultes acceptent de se confronter aux images qui les inquiètent le plus et d'essayer de comprendre les raisons personnelles de cette inquiétude, ils deviennent beaucoup plus disponibles aux angoisses et aux perturbations que vivent leurs enfants face

* Je rejoins ici ce que Roland Barthes appelait le *punctum*. (*La Chambre claire*, Paris, Gallimard.) Mais Barthes réserve cette désignation au monde de la photographie alors qu'elle me paraît devoir aujourd'hui concerner toutes les formes d'image.

à d'autres images. Le questionnement sur les effets des images sur soi n'est pas seulement une manière de faire des images une source permanente d'information sur nous-mêmes, notre histoire et notre personnalité. Elle est aussi une manière d'introduire à une circulation permanente de l'information dans le dialogue familial.

Traditionnellement les images nous informaient sur le monde. Cette conception qui doit beaucoup à l'invention de la photographie et au début de la télévision, n'est plus tenable aujourd'hui. La multiplication des images oblige à les penser non pas comme des sources d'information sur le monde, mais comme des sources d'information à la fois sur elles-mêmes et sur le spectateur que nous sommes pour elles.

Qu'est-ce que le style ?

par Marie Darrieussecq

« Style : manière d'écrire. » Les dictionnaires usuels s'accordent sur cette définition liminaire. « Style » vient de *stylus*, la pointe qu'utilisaient les Romains pour graver les plaques de cire. La définition se diversifie ensuite pour aborder tous les domaines de l'esthétique : on parle de style en ameublement, mode, architecture, peinture, voire pour caractériser les individus. En tant qu'écrivain je m'en tiendrai au *stylus*. Je laisserai aussi à la stylistique, telle que l'a illustrée Léo Spitzer avec ses *Études de style*, le soin d'analyser ces « manières d'écrire », de les décrire de l'intérieur comme des mécaniques à démonter. Je voudrais plutôt prendre le « mot » à bras le corps. Ce mot de « style » m'intrigue, parce qu'il semble si flou qu'il creuse un trou dans le langage. C'est une sorte de non-mot, de non-lieu du langage, un mot qui, depuis le *Discours* de Buffon — le fameux « Le style, c'est l'homme même » —, ne signifie plus grand-chose, ou signifie trop. La critique littéraire récente s'en méfie d'ailleurs, le dédaigne, et dans ce contexte, poser la question du style peut sembler désuet. Pourtant le mot existe, il a toujours une place dans notre langue. Comment, alors, le définir — quitte à mieux s'en débarrasser peut-être ?

Texte de la 365e conférence de l'Université de tous les savoirs donnée le 30 décembre 2000.

Le mot « style » aujourd'hui : ce que dit la critique

Après la Seconde Guerre mondiale, une nouvelle forme de critique littéraire, née du structuralisme, a en effet voulu remplacer par des outils précis plusieurs notions encombrantes ou mal définies, sources de confusion plus que de clarté, pour mieux parler des textes, pour légitimer notre droit à parler des textes. On a tenté ainsi de se débarrasser de mots qui laissent trop place aux idées reçues, comme les aériens « inspiration » ou « s'exprimer », ballons gonflés à l'air du XIXe siècle. Le mot « style » a fait partie de ce grand ménage. Il ne semble plus guère utilisé de nos jours que par les critiques des journaux : *Le Monde des livres* ou *Le Figaro littéraire*, pour ne citer qu'eux, l'emploient de façon récurrente pour désigner tout ce qui pose question dans un texte. Par son caractère flou, « style » participe de l'idéologie du « c'est bien ou mal écrit » ; la critique journalistique peine en effet à envisager les textes autrement que recoupant le champ des forces sociales : affaires de goût et de couleurs, luttes d'intérêt, de classes, *a priori* sur les niveaux de langues, beau ou mauvais style, motivent ces articles. En surlignant le mot « style » à chacune de ses apparitions, on voit la page se percer d'autant de trous d'insignifiance verbale : « style » est très exactement mis à la place de ce qu'on ne sait pas nommer dans l'écriture.

En regard de l'aspect pléthorique du mot dans la critique journalistique, le phénomène s'inverse quand on aborde la critique « savante », ou universitaire, telle qu'elle se présente depuis la guerre : chez Gérard Genette ou Jean-Pierre Richard, si le mot est parfois questionné, il est le plus souvent laissé de côté, voire sciemment évité. Il ne fait pas non plus partie du vocabulaire des théoriciens du Nouveau Roman, Michel Butor, Nathalie Sarraute ou Alain Robbe-Grillet. Un stylisticien comme Tzvetan Todorov l'évite dans toute sa production critique sauf, précisément, dans sa tentative de définition : c'est l'article « Style » de son *Dictionnaire encyclopédique des sciences du langage*. Procédant par élimination pour restreindre le champ de ce vaste signifiant, Todorov évacue d'abord les sens courants ayant trait aux catégories esthétiques, idéologiques et fonctionnelles (« style administratif »...), pour s'arrêter au « choix que tout texte doit opérer parmi un certain nombre de disponibilités contenues dans la langue ». Le « choix » allégué n'implique pas de psychologie agissante — un auteur — mais une langue perçue comme une structure déterminant l'énonciation. Cette approche technique est motivée par le souci légitime de bâtir des outils d'étude stylistique : le style est défini comme système opératoire d'un texte, mais il est évacué en tant que mot du discours littéraire.

Un courant critique marqué par Leo Spitzer, Jean Cohen ou Michel Riffaterre insiste sur la notion d'« écart ». Spitzer cherchait à découvrir le dénominateur commun des styles, à travers les « déviations » que le style invente par rapport à un « usage moyen ». Cohen définit l'écart à la fois comme infraction au code de la langue et comme détournement de ce code : où il y aurait écart, il y aurait style. Cohen en vient donc à organiser la littérature suivant son degré de style, la poésie constituant le degré paroxystique du style, la prose n'étant qu'une poésie modérée : « De la prose à la poésie, et d'un état de la poésie à l'autre, la différence est seulement l'audace avec laquelle le langage utilise les procédés virtuellement inscrits dans sa structure*. » Là encore, c'est la structure du langage qui détermine ce qui s'écrit, sans référence à la psyché d'un auteur. « Audace », « ajout », le style ne se définit ici que par rapport à une hypothétique langue neutre, de laquelle on peut plus ou moins s'« écarter** ». Le style viendrait donc en surplus, comme ornement de l'expression linguistique.

---

* Jean Cohen, *Structure du langage poétique*, Paris, Flammarion, 1966.

** Dans le même esprit, Riffaterre suppose « un processus de communication minimale », en quelque sorte une parole neutre, à laquelle le style ajouterait quelque chose, par des « modifications expressives (intensification de la représentation, coloration affective, connotation esthétique) ».

Corollaire à cette théorie du « surplus », le lieu commun symétrique est celui du « manque ». Quelque chose manquerait à la langue, que la poésie — ou le style, selon l'amalgame de Cohen —, en tout cas le travail littéraire, viendrait combler. Mallarmé inaugure ce qui va devenir un *topos* : la poésie, dit-il, « rémunère le défaut des langues ». Loin d'être un écart qui force le langage, elle tire parti de ce défaut originel et l'apothéose. Car s'il y a diversité des langues c'est bien, pour Mallarmé, qu'il y a défaut : Babel est la preuve que le langage originel, celui qui était total, universel, sans faille, s'est perdu. Pour le retrouver, il ne reste que la poésie, qui consiste essentiellement en la motivation du signe. Le « défaut » du signe est en effet d'être arbitraire : contrairement à la rêverie poétique de Kipling dans les *Histoires comme ça*, le « A » de « carpe » n'est pas motivé par l'ouverture muette de la bouche de ce poisson... Et Cratyle avait tort quand il pensait que la langue est, à l'origine, orchestrée par une harmonie imitative, la chose traduite dans la sonorité du mot à la façon des onomatopées, comme si « arracher » rendait des sons déchirants précisément parce qu'il déchire (crac !) ou comme si « liquide » l'était, phonétiquement, par ses qualités fluides (plouf !)... Ce mythique « état de nature » du langage s'étant soi-disant perdu, Mallarmé déplore « la perversité conférant à jour comme à nuit, contradictoirement, des timbres obscur ici, là clair ». Or, décréter que « ui » a un timbre clair quand « ou » serait sombre est une autre convention phonétique, qui peut se discuter : on sent que Mallarmé a « besoin », pour écrire, de croire en un défaut de la langue, pour en faire la dynamique de son art poétique, de son « style ».

Style, prose, poésie

On voit dans ce parcours critique combien se mêlent les mots de style, de poésie et de prose. Il est frappant de constater que même lorsque Roland Barthes ou Gérard Genette poussent la radicalité critique jusqu'à vouloir définir poésie et prose par opposition, ils ont tous deux besoin de la notion de style — et l'on peut se demander si ce recours les aide, ou ne fait que leur compliquer la tâche. Genette, après avoir questionné la théorie de Cohen, admet que le style soit un écart, « en ce sens qu'il s'éloigne du langage neutre par un certain effet de différence et d'excentricité* » ; mais la poésie ne serait plus tant écart que réduction utopique du défaut, « marge de silence** » autour d'un moment du langage. Apollinaire, dès *Zone*, faisait ainsi fi de la rime et de la versification traditionnelles, en isolant sur le silence de la page des phrases, des noms, voire des marques croisés au fil quotidien des rues :

« Tu lis les prospectus les catalogues les affiches qui chantent tout haut
Voilà la poésie ce matin et pour la prose il y a les journaux
[...]
Les inscriptions des enseignes et des murailles
Les plaques les avis à la façon des perroquets criaillent
J'aime la grâce de cette rue industrielle
Située à Paris entre la rue Aumont-Thiéville et l'avenue des Ternes »

On a ici un des effets du style poétique d'Apollinaire : l'écart, ce silence créé autour des mots de tous les jours, les métamorphose en poème. Pour Genette ce serait en effet la prose qui manifesterait un langage disjoint, au sens où elle ne chercherait pas, comme la poésie, cet état sans faille, ce rêve d'un langage motivé de « A à Z ». Or, si « prose » et « poésie » trouvent dans cette classification de Genette un sens séparé, « style » semble rester d'un emploi confus, et devenir franchement péjoratif : comme on dit « faire du style » ou « exercice de style » au mauvais sens du terme, le style — repoussé du côté de la prose — serait une pose du langage, opposée à son hypothétique naturel, à

* « Langage poétique, poétique du langage », in *Figures II*, Paris, Le Seuil, 1969.
** L'expression est d'Eluard.

cette nature que chercherait à retrouver la poésie. Pour Barthes, le style — les styles — serait en revanche un état de grâce de la poésie, lorsqu'elle se dégage des discours idéologiques ou de l'emprise d'une époque : alors « il n'y a que des styles, à travers lesquels l'homme se retourne complètement et affronte le monde objectif sans passer par aucune des figures de l'Histoire ou de la sociabilité* ».

« Style » a en effet un sens bien défini pour Barthes — à ma connaissance le seul critique d'après-guerre à s'être délibérément confronté au mot. Barthes associe d'emblée le mot « style » et le mot « *auteur* », en distinguant trois instances de la création littéraire : la « langue », horizon du possible, champ d'action englobant toute création littéraire ; le « style », qui au même titre serait une nécessité, une nature non choisie, mais unique, indissociable d'un auteur ; et enfin l'« écriture », exercice de liberté de l'auteur, action, manifestation d'un choix dans une société donnée. Barthes fait ainsi une nette distinction entre le style, « produit d'une poussée et non d'une intention** », et l'écriture, inscription sociale de l'auteur dans l'Histoire. L'auteur aurait le choix de son écriture, non de son style. L'écriture est une façon de réfléchir la littérature, d'y prendre place en conscience, quand le style, dit Barthes, a une origine biologique : « Des images, un débit, un lexique naissent du corps et du passé de l'écrivain et deviennent peu à peu les automatismes mêmes de son art. Ainsi, sous le nom de style, se forme un langage autarcique qui ne plonge que dans la mythologie personnelle et secrète de l'auteur. »

Écrit en pleine période structuraliste de « mort de l'auteur », cet article replace auteur et style, ces mots problématiques, au centre du discours critique. Plus question, donc, d'ajout ou d'ornement que le style apporterait à une écriture : ni surplus ni infraction à la langue, ni sanction d'un manque, le style ne va pas sans l'auteur : il est son

---

* « Y a-t-il une écriture poétique ? » in *Le Degré zéro de l'écriture*, Paris, Le Seuil, 1953, rééd. 1972.

** « Qu'est-ce que l'écriture ? », *ibid*.

incarnation sur la page. Avec cette définition du style comme phénomène « biologique* », le « corps » prend une place qu'il ne va plus quitter dans le discours sur la littérature. Le style, c'est le corps littéraire de l'auteur, un corps textuel, vivant et continu de livre en livre.

La distinction que fait Barthes entre style et écriture paraît en effet très opérante. Si des auteurs comme Proust, Céline ou Bernhard ont un style immédiatement détectable « à l'œil nu » (page compacte de Bernhard, points de suspension de Céline, « longueur » de Proust...), il en ira différemment pour bien d'autres auteurs, dont l'écriture varie de livre à livre. Chez Butor, de *Passage de Milan* au *Génie du lieu*, ce que les journalistes appellent couramment le style — cet aspect que donne aux phrases une lecture rapide — paraît de plus en plus composite, traversé de styles différents. De même pour Sollers qui, de *Paradis* à *Passion fixe,* semble avoir souvent « changé de style ». Pourtant le style de ces auteurs est ce qui fait qu'en les lisant, on sait qu'il s'agit d'eux : l'écriture varie, le style reste. On oublie souvent que Flaubert, notre « grand styliste national », est tout autant l'auteur de *Madame Bovary* que de la *Tentation de saint Antoine*, livre d'écriture bien différente. Et le Joyce de *Gens de Dublin* n'est pas celui d'*Ulysse*, encore moins celui de *Finnegans Wake*. Ces auteurs sont-ils pour autant des girouettes, des schizophrènes, des velléitaires ? Chaque page de Flaubert, Butor ou Sollers est « du Flaubert », « du Butor », « du Sollers ».

Continuité du style : le style et les artistes

Le peintre Jean-Michel Sanejouand expliquait récemment** que si son œuvre, apparemment très hétéroclite,

* Sans donner lieu nécessairement à du biographique : la théorie de Sainte-Beuve selon laquelle toute œuvre s'élucide selon la vie de l'auteur est, depuis Proust au moins, formidablement désuète.

** Émission *À voix nue* du 15 décembre 2000 sur France Culture.

était traversée de multiples courants — qu'il s'amusait à étiqueter à la façon des critiques : surréalisme, calligraphie, figuration libre, lyrisme abstrait... —, il n'avait « jamais changé de style », une seule question l'ayant toujours occupé : « rendre compte de la complexité de l'espace », à l'aide de formes dont la diversité lui donne sens. À la fameuse affirmation de Picabia, « Le style n'existe pas », Sanejouand rétorque qu'on reconnaît tout de suite un Picabia, quelle que soit la période : il y a un style Picabia. Le style serait donc la cohérence du parcours, quelles que soient les ruptures qui semblent le marquer. D'année en année, Sanejouand constatait non sans satisfaction que — comme dans la chanson des Beatles — ses œuvres « allaient très bien ensemble ». « Mes œuvres convergent vers quelque chose, un point qu'il faudrait définir — même si je ne sais pas dire ce que c'est, ce quelque chose. »

Cette interview de Sanejouand me paraît symptomatique de l'embarras comme de la détermination des artistes face à la notion de style. L'affirmation : « J'ai toujours le même style » revient pour arguer de l'« authenticité » ou du « sérieux » d'un travail — autres mots fastidieux réclamés par ceux qu'affole l'apparente hétérogénéité d'une œuvre. Les écrivains perçoivent souvent le mot de style comme prélude à une attaque* : « N'avoir pas le même style » serait l'indice d'un manque d'être, d'un tâtonnement préjudiciable au métier d'écrire — bref, d'un manque de style. Si l'on suit cette logique on doit séparer les écrivains en deux catégories : ceux qui « font toujours le même livre » — ceux qui auraient un style — et ceux qui font des

* On peut lire tout le *Portrait de l'artiste en jeune singe* de Butor sous l'angle du mot « style », comme la métaphore de son parcours d'écrivain : toujours pris dans ce livre au sens d'outil pointu, le « style » y est lié au plaisir de tracer les lettres, il se fait aussi moyen d'exploration — pour creuser des marches vers les profondeurs d'une bibliothèque rêvée — ou vecteur de menace : laissé à terre, il dénonce la présence du jeune scribe ; perdu, il entraîne sa métamorphose en singe ; retourné contre lui, il peut lui être « passé à travers le corps » : autant de postures de l'écrivain moderne, explorateur vulnérable mais armé, sujet à métamorphose.

« livres différents » — ceux qui n'auraient pas de style. Qui est alors le champion de la littérature ? Annie Ernaux, qui semble — expression consacrée — « creuser toujours le même sillon », est-elle un auteur plus ou moins valable, plus ou moins « authentique », que cet autre autobiographe, Hervé Guibert, qui se caractérise par une écriture variée, voire des pastiches ?

Le style n'est peut-être qu'un désir qui dure : désir d'écrire, désir de donner le monde à voir. S'il fallait superposer au mot « style » un autre mot, je pencherais pour le mot de « voix ». Le style est une voix qui insiste. Les livres de Pierre Guyotat, très divers au cours de sa vie, prennent leur pleine cohérence et clarté quand il les lit à haute voix, quand il les « chante » : on entend alors la voix qui parle en Guyotat lorsqu'il écrit.

« La langue d'un auteur-artiste, c'est sa voix, c'est ses poumons qui lui sont donnés [...], c'est la vitesse innée du cœur, la vitesse de réaction du cœur enfant au monde qu'il découvre [...] ; ce rythme a une ponctuation qui se retrouve, amplifiée bien sûr, dans les écrits adultes. Mais c'est toujours pareil ; cela veut dire qu'on est toujours soi. Rien qu'un homme en somme, hélas.

« Je ne regarde plus mes anciens écrits, mais je sais, c'est la même construction. La structure n'a pas changé, une préférence même pour certains mots, le rejet de certaines liaisons, de ce qui n'est pas matériel*... »

Pour Guyotat, « la langue d'un auteur grandit avec lui ; elle fait son chemin dans son cerveau, dans son cœur et dans son corps ». Est-ce qu'un enfant change de « style » parce qu'il gagne en vocabulaire, en expérience, en syntaxe ? Il y a eu bien des malentendus au sujet de mon premier roman, *Truismes*. Autant que l'aventure d'un corps, ce livre est l'aventure d'une voix, qui se transforme, s'identifie, s'individualise, pour s'extraire à coups de reins des clichés, des « truismes ». Le livre n'a pu s'écrire que lorsque

* Pierre Guyotat, *Explications*. Entretiens avec Marianne Alphant, Paris, éd. Léo Scheer, 2000.

cette voix, naïve, illettrée, s'est mise à sonner dans ma tête. Ce n'était pas « ma » voix — pas la voix de la personne psychologique que je suis « dans la vie » : écrire, c'est s'absenter — ; mais tout ce que cette voix disait était mien ; et se retrouve dans mes romans suivants, qui sont tous l'aventure d'une voix. Essoufflée, haletante, coupée de virgules et de parenthèses pour *Naissance des fantômes*, voix qui a perdu son centre et le cherche au bout de phrases longues, affolées ; vague, oscillante, égarée pour *Le Mal de mer*, roman à la troisième personne qui avance au rythme d'un ton, avec une couleur au sens musical du terme. Le style qui est mien, « ce que je tiens quand j'écris », c'est cette force qui veut donner voix — limite, espace et cohérence — à un balbutiement ; à des voix embryonnaires qui en début de livre sont en dehors d'elles-mêmes, prises par le « on-dit » des mots des autres. Sur le plan narratif, les personnages — « mes voix » — sont en errance, luttant pour prendre la parole et, corollairement, agir. L'erreur serait d'y voir de la psychologie, quand ce sont des romans vocaux*. L'enjeu est de donner voix aux fantômes, et, par ce biais, donner à voir le monde comme si c'était la première fois qu'il se dévoilait. Car le style vient sans doute d'abord de l'enfance, de ce temps où on ne parle pas : de ce temps archaïque où le langage se crée pendant que le monde se découvre.

J'ai posé la question « qu'est-ce que le style ? » à plusieurs artistes, écrivains et poètes dont je me sens proche.

« Affaire énorme, tout à fait brûlante, gouffre, en même temps absolument invraisemblable comme sujet », me répond Dominique Fourcade. « Le style est : soit ce à quoi je ne comprends rien, soit ce qu'un écrivain préférerait, entre toutes choses, ne pas avoir, soit la battue d'une relation, immédiate ou non, avec le mot, la syllabe, le sens-son, dans le temps espace, affaire intérieure (langue à l'intérieur de la langue) dont nul écrivain n'est pleinement

* Peut-être reconnaît-on les bons traducteurs au fait que, de langue à langue, ils maintiennent la voix.

conscient et moins encore le maître, battue mieux rendue peut-être par le mot anglais *beat*, une cadence fatale en même temps qu'une vertigineuse liberté d'allure [...] ; une continuité insensée quelque syncopée qu'elle soit. Voix déterminée par les possibilités données à la parole par l'ouverture du dire, en cascades très strictes, voix déterminante mais voix de personne, voix qui ne veut rien et qui à la limite ne veut pas d'elle-même. »

« Manière d'être », propose Claude Simon.

« Le style, c'est la fuite — ce qui nous échappe. Ou n'est-ce rien d'autre qu'un mot de plus pour ne pas avoir à nommer, affronter, ce que toute action littéraire dévoile comme mouvement pur, effroi ? » demande Frédéric Boyer.

« Ce dont on ne peut s'empêcher », constate la photographe Jeanne Hilary*.

« Le style est la voix de l'écrivain », dit Camille Laurens. « Il paraît que les cordes vocales ont la même caractéristique que les empreintes digitales : elles sont uniques, propres à chaque individu. L'origine du style [...] tiendrait à cette différence. Le style serait ce qui fait de l'écrivain, comme le dit Gide, "le plus irremplaçable des êtres". On le reconnaît donc à son style comme on reconnaît quelqu'un à sa voix ou à ses empreintes — à ses emprunts aussi, sans doute. Car le style se forge, bien sûr, il n'est pas donné d'emblée. Il fait son miel des autres voix, il est culturel — mais il ne s'apprend pas pour autant [...]. C'est la rencontre unique d'un individu et d'apports musicaux extérieurs. »

« Le style est une façon d'énoncer le monde », répond Annie Ernaux, « propre à une époque voire à une classe sociale, un sexe (style "féminin"), ou propre à un écrivain et lui seul. Dans ce cas, le style est, s'offre comme, une voix singulière, dont on peut, certes, analyser les composants, pointer les procédés, la manière très profonde, mais sans jamais expliquer, épuiser, cette singularité. On aura beau arracher les habits, la peau même (le style), on n'atteint

---

* Une autre photographe, Anne Parian, déclarait dans le n° 6 de la revue *Fin* : « Le postulat du style : j'ai en moi tout ce qu'il me faut. »

pas l'être. [...] » Elle conclut en citant Flaubert : « C'est à lui seul une façon de voir les choses. »

Passée la stupeur générale que soulève la question — « Que répondre ? » (Simon) — « Quand j'écris, la question du style ne se pose jamais » (Ernaux)... — suivie du constat dont je suis moi-même partie — que le mot, sinon la chose, existe, espace vacant du vocabulaire —, chaque définition manifeste évidemment le style de chaque auteur : la réponse est dans leur écriture. Voix, monde, vision, être, rythme, musique, mouvement involontaire, sont les mots et les idées qui reviennent.

En parallèle, les poètes Pierre Alféri et Olivier Cadiot ne reculent pas non plus devant le mot, en le désacralisant, lui conférant un statut « transférable ». Dans leur théorie « jetable » de la fiction (une par numéro de revue*), tout objet de la langue peut, par diverses manipulations — *cutting*, citation, échantillonnage, technique du *sampling***, réduction, fractalisation, distorsion, traduction, compactage... — devenir un « OVNI » — un objet verbal non identifié — et s'intégrer ainsi dans un *continuum*, un texte, à la production duquel il participe. Le style fait partie de ces matériaux au même titre que le genre, ou l'alexandrin, l'épithète homérique, le souvenir d'enfance, la recette de cuisine, le catalogue des Trois Suisses... unités aussi manipulables et transportables les unes que les autres. L'auteur comme *auctoritas* disparaît, non le lyrisme : « Avec ces maquettes de formes, ces styles en réduction, l'unité n'aurait en tout cas plus rien d'une incarnation globale, dans un style qui serait un homme (plus rien d'intime). Elle ne devrait plus rien à la signature d'un auteur, et tout à la continuité d'un parcours transstylistique. Passagèreté des styles, passage des frontières au vol. » Notons que ce joyeux « transstylisme*** » rend totalement caduque l'idée

* *Revue de littérature générale* 1 et 2, P.O.L, 1995, 1996.

** « Le *sampling*, par exemple, ne se résume pas au collage, ni à la citation. Il permet de reprendre tout un style en esquisse (disons l'improvisation bop ou la musique symphonique de Malher) sous forme d'objet musical standard [...] », *ibid.*

de frontière entre prose et poésie, qui avait jusque-là toujours sous-tendu la notion de style. Soumises à ces « torture-tests », les anciennes formes se réactivent, peuvent se redéployer, échapper — mais rien n'est joué à l'avance — à la sclérose ou au cliché, pour « gagner une liberté supplémentaire », dans une vaste « concurrence des voix », tressage des plans du texte qui réinvente la littérature comme « machine à créer de l'émotion ».

Face à la phrase lasse et vaincue — « Tout a déjà été dit » —, face à cet « à quoi bon ? » qui domine par endroits le discours français autour de la littérature — avec l'illusion tenace que l'avenir de la littérature serait à chercher à l'étranger : selon les modes, Amérique du Sud ou du Nord —, face au *topos* sur la mort de la littérature, souvent proféré par des épigones, des critiques qu'irrite l'écriture, ou des auteurs supportant mal qu'on écrive après eux, la réactivité des auteurs « vivants » face au mot de style, ainsi que le travail de quelques revues, me semble témoigner d'une belle vitalité en ce début de XXIe siècle. Le travail que Mallarmé assignait au poète, « donner un sens plus pur aux mots de la tribu », doit concerner tous les aspects du travail littéraire — prose, poésie, critique, distinctions fastidieuses. Le propre de l'écrivain est de prendre son temps, et l'écriture avance au rythme de ce temps, ni plus ni moins. Le style n'est peut-être qu'une façon de passer le temps, d'épouser son rythme tout en échappant à son emprise, une absence à soi-même prise par une cadence.

*** Dans sa réponse à mon « enquête », Butor propose : « hyperstyle » pour dire cette circulation ou superposition des styles dans un même texte, de Balzac (style des personnages) à son propre *Boomerang*.

La programmation du sens

par Jean-Pierre Balpe

Un exemple

Sur les murs d'une ville, une affiche : elle porte sur un fond totalement noir, en grosses lettres grises, l'inscription suivante : « Le problème avec le dernier verre c'est que c'est parfois le dernier. » Tout locuteur français comprend cette affiche. Elle a pour lui un sens évident. Et pourtant, un examen plus attentif en révèle toutes les ambiguïtés : prise au pied de la lettre, en ne tenant compte que de ce que disent les mots qu'elle porte, elle énonce une tautologie sous forme de pléonasme : « un dernier verre est un dernier verre », comme « $H_2O = H_2O$ »... Or tout lecteur de cette affiche sait que le sens exprimé n'est pas celui-là car ce sens-là ne l'intéresserait pas. En fait, ce qu'il comprend est plus complexe : il perçoit immédiatement le jeu sur les mots qui fonde le sens et repose sur la métonymie. Ce qui est en jeu, n'est pas le verre, mais la consommation éventuelle de son contenant ; d'autre part « un dernier verre n'est pas un dernier verre ». Il y a plusieurs « derniers verres » possibles, autant que d'échelles temporelles : un verre peut-être le dernier d'un moment donné. Or la liste de ces moments possibles est aussi infinie que les possibilités de

Texte de la 261e conférence de l'Université de tous les savoirs donnée le 17 septembre 2000.

fractionnements temporels. C'est ce que, sans le dire, affirme le slogan. Et c'est parce que cela va sans dire que ce slogan pose problème car le sens qu'il porte n'est pas dans les mots, mais dans un extérieur à ces mots que le lecteur convoque. Ce que le lecteur comprend est à la fois un avertissement — trop boire est dangereux : un dernier verre implique une série indéfinie de verres vidés dans une courte période donnée —, un conseil — ne buvez pas trop car vous risquez un accident, une constatation : toute vie a une fin — et une position philosophique — la vie vaut la peine d'être vécue le plus longtemps possible. La chaîne sémantique qui s'établit est donc la suivante : si vous buvez trop dans une période courte de temps et que vous preniez votre voiture, alors, parce que vous serez ivre, donc moins lucide, vous risquez un accident qui peut vous coûter la vie et ce serait trop bête de mourir pour cette raison-là. Ce qui se cache sous les mots est à la fois une connaissance et une philosophie du monde qui ne pourraient s'exprimer sans les mots, avec d'autres mots, mais pour laquelle ces mots-là ne sont qu'un *pré-texte*.

Il serait facile de multiplier de tels exemples et de trouver pour chacun une explication *ad-hoc* : le sens de tout texte est bien plus en dehors du texte que dans le texte lui-même. Pour autant, sans texte, sans tissage de liens, il ne peut y avoir de sens.

Qu'est-ce que le sens ?

Le sens est un tissage de relations. Lorsque du sens apparaît, c'est-à-dire lorsqu'un locuteur est capable, au-delà de la signification d'un texte, d'en tirer des conséquences pragmatiques, ce qui se construit, c'est une organisation de relations entre objets du texte et du monde : sans connaissance des pratiques consommatrices en terme de boissons, sans connaissance des divers types de boissons, sans connaissance des effets sur l'homme des boissons alcoolisées, sans connaissance des modes de déplacements humains, sans connaissance des véhicules automobiles, etc.

Le slogan cité est asémantique. Le sens n'est pas un « donné en soi ». Il n'existe pas dans la langue mais à travers elle, qui n'est qu'un instrument de médiation. C'est pour cette raison précise que toute langue est apte à porter n'importe quel sens, y compris des sens contradictoires. Tout établissement de sens repose sur un tissage de relations effectives dans un ensemble de relations possibles : le sens est une mise en contexte, une mise en réseau d'informations, de significations et de connaissances. Ce qui entre en jeu est un enchevêtrement complexe de systèmes de mises en relations. Pour aller vite, un ensemble de structures emboîtées de contextualisation qui peut être décrit ainsi *(Fig. 1)* :

Le sens se calcule toujours entre le prévisible (les choses ont déjà été dites, sont connues et immédiatement acceptées) et l'aléatoire (les choses n'ont pas encore été dites et sont de l'ordre d'un possible ouvert) : une partie en est toute faite, alors qu'une autre se construit. Ce qui implique une dissymétrie : comme le montrent à l'envie toutes créations fictionnelles ainsi que les usages quotidiens de chacun. Produire du sens et interpréter du sens ne sont pas deux mécanismes inversés faisant appel en miroir aux mêmes opérativités.

L'informatique ne traitant que des formes descriptibles, tout le problème de la programmation du sens est là, à la

Texte	relations entre les signes réellement présents dans un message particulier donné
Phénotexte	relations entre les signes du message et tous les signes de tous les messages du même auteur
Intertexte	relations entre les signes du message et l'ensemble des messages du même type
Péritexte	relations entre les signes du message et son entour pragmatique immédiat
Métatexte	relations entre les signes du message et l'ensemble pragmatique des mondes

Figure 1

fois dans l'asymétrie fonctionnelle et dans les possibilités d'établissement de divers niveaux de relations.

LE TRAITEMENT DU TEXTE

Si programmer du sens consiste à produire ou analyser du texte, c'est-à-dire une forme, alors cela ne pose pas de problème majeur. En effet, analyser du texte et produire du texte consistent à ne reconnaître ou construire que des formes. Bien entendu, il y a un certain niveau de complexité bien connu des spécialistes du traitement automatique du langage. En voici quelques exemples :

— Les formes et leurs relations internes sont propres à chaque langue et sont arbitraires : *dog* et *chien* sont et ne sont pas le même mot ; le français connaît des relations d'accord qu'ignore l'anglais, *pretty* ne change pas devant *dog* ou *dogs*, alors que *beau*, reste *beau* devant *chien* et devient *beaux* devant *chiens*, etc. Mais la totalité de ces formes est descriptible — c'est le rôle des dictionnaires — et la totalité, ou presque de leurs relations l'est également — c'est le rôle des *grammaires*.

— Dans certaines langues comme le français, les formes sont polysémiques, sous une même forme peuvent se cacher des entrées différentes. *Livre* par exemple diffère suivant son contexte immédiat : *il livre, le livre, la livre*... Cette difficulté oblige à concevoir des analyseurs disant soit la nature syntaxique de la forme, soit conservant les multiples sens possibles, mais elle n'est pas rédhibitoire. Elle implique simplement que les dictionnaires utilisés comportent des informations intralinguistiques comme la nature syntaxique et une certaine forme de synonymie.

— Il n'y a pas homogénéité entre formes (entrée d'un dictionnaire) et mots (définis, en français par exemple, par un ensemble de lettres entre deux signes de ponctuation). La plupart des formes sont composées et cette composition peut revêtir des aspects divers : radical-terminaison dans la plupart des cas — formes = forme + *s* — mais aussi adjonction d'une séquence indéterminée de formes : un *chien assis* n'est pas plus un chien qui s'est assis qu'un *hot dog* n'est un chien chaud, et aucune règle ne permet de savoir si la forme totale est composée de deux ou *x* formes élémentaires comme dans *garde-boue, corps de garde* ou *garde du corps*... Cette difficulté complique l'analyse d'une part parce qu'elle multiplie les synonymies, d'autre part parce qu'elle oblige à accroître, de façon considérable, les entrées, mais elle n'est pas de l'ordre de l'impossible... La difficulté principale réside dans la dynamicité du système linguistique qui, chaque jour, produit de nouvelles entrées.

— L'ensemble des relations possibles dans un texte entre les formes et l'incidence de ces relations sur les formes — les *règles* de syntaxe —, s'il n'est pas totalement ouvert, comme le montrent bien les faiblesses des analyseurs syntaxiques, est complexe, parfois mal fixé (exceptions, tolérances, etc.), mais descriptible pour plus de 90 % des textes.

Ces difficultés concernent essentiellement l'analyse. La production du texte peut en effet être réalisée à partir d'un sous-ensemble restreint de dictionnaires et de syntaxes sans que son lecteur n'y trouve à redire. Le lecteur est en effet habitué à produire des textes à partir de sous-ensembles, aucun locuteur d'une langue n'en connaissant ni tous les mots ni toutes les possibilités syntaxiques. Cependant, il faut souligner que ces niveaux de traitement ne produisent pas du sens : ils produisent une description formelle de la langue. En ce qui concerne la production, ils produisent une séquence acceptable en langue sans aucune idée de ce qu'elle peut bien vouloir signifier. Aussi un générateur maîtrisant les règles symétriques : connaissance des termes, des groupes de termes et de leurs relations d'accord, peut écrire : « le couple avait raccourci la vengeance » ou « le cheval avait entêté le synonyme ». Il est à remarquer que, dans ce cas, il est très génératif puisque, à partir d'un dictionnaire donné et de quelques règles, il produit un nombre infini de séquences.

LE TRAITEMENT DU MÉTATEXTE

Cela montre bien les manques : pour qu'un analyseur aille au-delà d'une simple description formelle, pour qu'un générateur produise des séquences susceptibles d'avoir du sens, il faut dépasser le texte et envisager l'ensemble des autres niveaux de contextes et notamment considérer les relations formes-monde ; donc considérer le monde comme un ensemble d'objets en relations où objets et relations peuvent être formellement définis.

Deux exemples encore :

Représenter un *chien* en terme de métatexte consiste à dire que :

— Le chien est un animal généralement domestique.

— Le chien est représenté par des variétés de formes appelées races.

— Le chien a quatre pattes.

— Le chien est omnivore, mais plutôt carnivore.

— Le chien est un animal diurne.

— Etc.

Évidemment, une telle description n'est opératoire que si chacun des termes qui définissent les liens et les nœuds de liens fait partie du réseau. Ainsi dire que le chien est utilisé pour la chasse suppose que le terme chasse soit défini comme « action de poursuivre, de prendre et de tuer le gibier » (Petit Larousse). Tous termes qui doivent figurer à leur tour dans le réseau.

Représenter l'aboiement du chien en terme de formes est possible. Il suffit d'établir qu'il existe une relation entre une classe d'animaux et une production sonore audible par l'homme, relation générique qui permet aussi de traiter « la pie jacasse », « l'éléphant barrit » ou « la vache meugle » et de déterminer le cas de l'application de cette relation à la classe des animaux désignés par la forme *chien*.

Il y a bien entendu autant de cas d'applications que de sous-classes dans la catégorie des animaux à cris que de cas intermédiaires. Par exemple, dire que « l'oie cacarde » oblige à distinguer au moins trois classes d'oiseaux : ceux qui ne chantent pas, ceux qui chantent et ceux — dont l'oie — qui ont un cri spécifique. Ces ensembles de descriptions relationnelles constituent autant de représentations de connaissances sur le monde. La puissance d'un programme sémantique dépend strictement de l'ensemble de ces représentations de connaissances. Et là est bien la difficulté qui n'est pas de l'ordre du théorique mais du pragmatique : la possibilité de description se heurte à l'infini du réel et à sa mobilité. Si le monde était fini, fermé, une telle approche, même si elle prenait du temps, serait envisageable — et elle l'est d'ailleurs tout à fait dans le cas de micromondes spécialisés et bien définis — mais elle ne l'est pas dans un monde ouvert et dynamique où les relations entre objets du monde ne cessent de se reconfigurer. L'apparition récente, par exemple, des pitbulls et autres rottweilers ainsi que des nouvelles relations maîtres-chiens et chiens-public qui y sont liées oblige à remodifier une part importante des relations. Les objets du monde et les relations que les objets entretiennent dans le monde sont dans une reconfiguration permanente. Pour obtenir une programmation du sens aussi efficace que celle réalisée par le cerveau humain, il faut un programme qui ait des caractéristiques humaines, c'est-à-dire qui, captant sans cesse des informations, soit capable de reconfigurer sans cesse ses représentations. Dans ce cas, à moins d'être une intelligence collective, c'est-à-dire de ne négliger aucune information émise où que ce soit et n'importe quand, cette programmation aura également les défauts humains de la non-exhaustivité et de la non-homogénéité : elle ne permettra pas une maîtrise sémantique de tout sur tout et comportera des zones spécialisées.

Produire du sens

Il n'est pas ici possible d'examiner l'ensemble des problèmes liés à la programmation du sens. La suite de l'exposé sera donc centrée sur un aspect particulier du problème, celui de la génération automatique.

Un générateur automatique est un programme particulier qui, à partir d'algorithmes et de données, peut rédiger le texte suivant :

« Crépuscule bleu, tombée de nuit, ciel noir sombre : le vent emplit l'espace de son poids horrible ! Alors que le jour tombe, sous les vociférations du peuple, sous des milliers de regards agressifs, les nuages se déchirent ! Trois charrettes débouchent sur la place. Un nuage se met à couvrir le soleil, lent, large et gris ; gris, le cercle du soleil tourne. Les Tuileries et les Champs-Élysées regardent, la nuit tombe comme un couperet, des barboteuses font de l'œil aux hommes qui passent ! Trois chariots peints de rouge débouchent sur la place. Sur une des charrettes une condamnée harangue le peuple, un autre chante une chanson, un autre encore menace. Il fait noir ; une jeune fille, immobile, descend du chariot, monte lentement les escaliers de l'échafaud, s'approche du bourreau et de ses aides, grand ciel rouge, nuages ; des voix s'élèvent : « sale putain, boucaneuse ! » Les nuages obscurs couvrent la ville d'un voile de deuil, les aides du bourreau s'emparent de la condamnée ! Le soleil lance dans les nuages de grands jets de sang. À son tour le bourreau rouge s'avance, approche de la guillotine, libère le couperet. Le ciel traîne. La tête coupée roule sur l'échafaud ! Le bourreau se tourne vers le peuple comme en quête d'applaudissements ! Le sang coule en abondance sur le pavé — le soleil lance de grands jets de sang ; le corps est jeté dans une carriole... Des cris traversent la foule — la chaleur est terrible ! L'espace sombre du ciel lourd enferme l'âme — sur le chariot plusieurs condamnés pleurent... »

Si l'on s'en tient à ce qui vient d'être dit, produire de tels textes — issus du roman *Trajectoires* installé à l'adresse *www.trajectoires.com* — est une gageure. En effet, le programme génératif semble avoir une connaissance assez riche du monde dont il traite. Or il n'en est rien ! Ce générateur romanesque utilise une particularité intéressante de la sémantique : à partir du moment où une séquence formelle semble bien formée dans une langue donnée, qu'elle n'est constituée que de termes de cette langue et que le lecteur accepte de la considérer comme telle, alors il accepte d'importer en elle le sens qui ne s'y trouve pas. Par exemple, que le programme de génération ignore totalement ce que signifie « un grand ciel rouge » ne gêne en rien le lecteur qui, à partir de ses connaissances du monde, attribue un sens à cette expression. Lorsque cette règle n'est pas respectée, le fonctionnement sémantique n'est pas immédiat et demande au lecteur un plus grand effort de coopérativité comme dans l'extrait de poème suivant produit par le générateur de *Trois mythologies et un poète aveugle* :

La mer triture son plectre again arbres d'hiver colours in the sky glacée
Par les pluies et les vents d'automne
Sous le souffle vide de la mort restes de vent dans la plaine d'Ivry
Lumière interne ai piedi d'una estinta cheval de pluie thick
Air and wet ciel couleur de loque nuage et pluie les fleurs éclatent comme des étoiles
Compter les frissons du jour a little movement in the leaves ombre
Verte pâlissante glacée par les pluies borough polluted wich provides colours
When the poppies are out of flowers les fleurs éclatent
Derrière les genévriers obscurs obscurs haies...

Cependant, le lecteur ne recule généralement pas devant cet effort pourvu qu'il accepte l'intertexte « poésie contemporaine ». En effet, à cause de l'emboîtement des contextes définissant des situations multiples de communication, il y a toujours possibilité de sens. Le problème est de savoir quel sens il y a, donc qu'est-ce qui doit être programmé pour quel usage. S'il n'y a pas possibilité d'un programme universel de traitement sémantique, existe la possibilité de nombres d'algorithmes spécifiques efficaces dédiés à des traitements particuliers. Dans certains cas limites, la production de sens peut être même entièrement abandonnée au lecteur, le programme se contentant de faire des propositions aléatoires syntaxisées dont il ne maîtrise aucune signification.

Scénarii

Ce n'est quand même généralement pas le cas.

L'exemple ci-dessus du roman *Trajectoires* se contente de maîtriser trois types de relations :

— La première est l'appartenance à un univers. Cet univers est strictement défini par les possibles relationnels qu'il contient. Sa définition n'est donc pas théorique mais pragmatique. *Trajectoires* est un roman policier sur la Terreur dont l'action se déroule à deux périodes : 1793 et 2009. Ses dictionnaires de description contiennent des représentations de connaissances adéquates à ce propos : ils ne contiennent pas la totalité des informations possibles sur 1793, mais un nombre suffisant de représentations de connaissances sur cette époque pour que le lecteur accepte cette affirmation. Par exemple, les personnages ne se déplacent pas en 1793 comme en 2009.

— La deuxième est le fractionnement d'un univers de connaissances en un emboîtement de micro-univers plus spécifiques et plus maîtrisables. Chacun de ces micro-univers essaie d'explorer un aspect particulier du réel avec une connaissance suffisante pour que le générateur puisse produire à son sujet une variété de textes de surface. Parmi les micro-univers, celui d'une exécution capitale en 1793, ou celui d'une soirée mondaine, ou celui de la pluie, ou celui d'une journée ensoleillée d'août. Ces micro-univers ne peuvent produire que sur un thème et un seul : le micro-univers de la pluie ne peut ainsi que dire sans arrêt « il pleut », même s'il peut le dire avec une infinie variété. Ces micro-univers sont gigognes, chacun peut contenir de nouveaux micro-univers spécifiques : le bruit de la pluie ou les cris de la populace… Ces micro-univers une fois constitués, rien n'interdit de les réemployer dans d'autres univers différents. Ainsi un univers est constitué par un ensemble de micro-univers et c'est cet ensemble qui distingue un univers d'un autre.

— La troisième est la scénarisation des séquences de micro-univers. Cette scénarisation dit quelle place peut, lors de la génération, occuper tel micro-univers par rapport à tel autre. Le texte ci-dessus décrivant une exécution capitale est ainsi guidé par le scénario suivant :

— *datation → arrivée des condamnés → montée sur l'échafaud d'un condamné → prise en charge du condamné par les bourreaux → exécution proprement dite*

Ce *scénario* constitue l'ossature de la scène où l'ordre des événements n'est pas interchangeable. Pour citer Barthes, il s'agit des fonctions qui structurent le récit. Cependant deux autres possibilités viennent se greffer sur cette ossature :

— La définition d'un des micro-univers spécifiques comme une séquence de micro-univers encore plus spécifiques, l'exécution est ainsi décrite comme : *placement du condamné sur la machine → chute du couperet → chute de la tête coupée → saignement du corps → enlèvement du corps de l'échafaud*. L'intérêt de cet emboîtement de micro-univers est que le générateur peut détailler les événements. L'exécution peut être évoquée rapidement ou, au contraire, minutieusement détaillée.

— La possibilité d'introduction, sur cette ossature, de micro-univers spécifiques non contraints par l'enchaînement des séquences. Les cris de la foule ou la météorologie, par exemple, sont de ceux-là. Le générateur peut, à tous moments, parler du temps qu'il fait, quel que soit le point de la séquence en cours auquel il est parvenu. Certains de ces micro-univers sont obligatoires, d'autres facultatifs, certains peuvent être définis comme contraints et d'autres comme aléatoires. Le programme peut ainsi générer la séquence :

météorologie → datation → météorologie → arrivée des condamnés → montée sur l'échafaud d'un condamné →...

ou :

datation → arrivée des condamnés → montée sur l'échafaud d'un condamné → prise en charge du condamné par les bourreaux → météorologie → exécution proprement dite →...

L'ensemble constitue un moteur de génération qui, tout en n'ayant que des connaissances limitées sur le monde, est suffisamment génératif pour, quel que soit le nombre de séquences produites, ne jamais devoir se répéter à l'identique.

Les mots et le monde

Le dernier problème qui reste à évoquer est la relation des graphes de représentation des connaissances à l'usage linguistique proprement dit. Si un graphe de relation peut « dire » qu'un homme peut sourire et que, par ailleurs, un sourire peut recevoir divers qualifiants, ce graphe de relation ne dit rien sur la façon dont cette relation peut être exprimée et il n'y a aucune règle formelle qui détermine cette relation à la langue :

— L'homme affichait un sourire aimable.

— L'homme arborait un sourire aimable.

— L'homme avait un sourire affable.

— L'homme montrait un <grand> sourire aimable.

— L'homme souriait avec <gentillesse>.

— Le sourire de l'homme était <des plus> aimables.

— Un <grand> sourire <aimable> illuminait le visage de l'homme.

— Un sourire <aimable> éclairait le visage de l'homme.

— Etc.

Si le but fixé au générateur est de produire de la variété et non un message standard, la seule solution est de recenser les modes d'expression possibles et de les codifier de façon à densifier les dictionnaires qu'ils constituent. Cela revient à dire que ces modes d'expression sont constitués de noyaux autour desquels, à des places définies, fixes ou non, peuvent venir se greffer des satellites facultatifs, noyaux et satellites étant chacun constitués de classes de termes non syntaxisés. Ce n'est en effet qu'une fois la structure fixée que la syntaxisation de surface peut se produire. Dans le cas ci-dessus, il y a recours à quatre modes d'expression différents pour exprimer un sens identique.

Et si un déplacement de la classe des qualifiants soit sur le sourire, soit sur l'action de sourire, n'est considéré que comme une variante d'un même cas, il n'y a plus alors que deux modes d'expression distincts.

La constitution des graphes de relation et des classes qui y sont attachées dépend à la fois des conventions acceptées par la langue et de l'inventivité de leurs auteurs. Le rôle de l'écrivain, bien souvent, est de définir de nouveaux graphes, de modifier les classes conventionnelles et de faire en sorte que ces modifications soient acceptées par le récepteur du texte. Dans ce cadre, programmer le sens consiste à constituer des dictionnaires de scénarii, de modes d'expression et de classes de termes de façon à ce que le texte soit constitué et acceptable à l'issue de leurs parcours.

Fiction/non-fiction

Une dernière remarque : si l'homme ne disait que les déjà-là des sens possibles du monde, il lui serait loisible de n'utiliser que des modes d'expression préfabriqués, donc de disposer d'un ensemble restreint de dictionnaires à programmation relativement facile. La contrainte viendrait du monde, non de la langue. Ainsi réaliser un générateur de lettre commerciale est assez facile sauf que ce générateur ne dispose d'aucune marge de liberté : si la lettre est une lettre de commande d'un livre donné, les possibilités de modes d'expression sont pauvres — à moins de vouloir en faire de la littérature — et les variations nulles car il n'est pas pensable d'inventer un titre au livre désiré. La pragmatique du monde impose ses contraintes et l'expression sémantique ne consiste qu'en leur mise en évidence. Ainsi un générateur de petites annonces n'aurait aucun sens car il ne pourrait que mettre dans une forme élémentaire les informations qui lui auraient été préalablement communiquées. Le sens se passe de la langue et la sémantique n'est que celle du métatexte :

« Travaux d'intérieur. Peint, carr, papier, élec, maçonnerie, plomberie. Tél. : 0145325420 ou 0676645620

Mr Bunac » est plus proche de la base de données — qui tire l'efficacité indéniable de son sémantisme de l'appartenance de ses termes à une classification reconnue — que d'un texte. Analyser le sens de cette annonce ne présente pas de difficulté majeure mais en produire ne présente aucun intérêt. À l'inverse, la fiction n'a pas à tenir compte du monde. Ce qu'elle demande, c'est la simulation d'un fonctionnement linguistique assez crédible pour que le lecteur accepte de le considérer comme vrai. Elle est davantage forme que monde. Rien de ce que dit la littérature n'est de l'ordre du réel pragmatique et si Madame Bovary est Flaubert dans ses romans, elle ne l'a justement pas été dans la réalité. Analyser le sens des fictions, dans ce cas, est presque de l'ordre de l'impossible car ce qu'il faudrait analyser ne serait guère que de l'ordre du texte à ses extérieurs. Par contre, dans la grande liberté où elle se situe par rapport au pragmatique, produire une sémantique acceptable de la fiction est beaucoup plus facile et intéressant. Car elle ne repose que sur les mécanismes d'ancrage à la production sémantique qui agit sur chaque locuteur d'une langue donnée.

Les auteurs

Philippe Ascher est professeur à l'université Pierre et Marie-Curie-Paris-VI, directeur du laboratoire de neurobiologie de l'École normale supérieure. Il est membre de l'Institut universitaire de France.

Alain Berthoz est professeur de physiologie de la perception et de l'action au Collège de France et directeur du Laboratoire de physiologie de la perception et de l'action. Il est membre de l'Académie des sciences.

Claire Blanche-Benveniste Professeur à l'université de Provence, directrice d'études à l'École pratique des hautes études de Paris.

Jean-Pierre Balpe écrivain, directeur du département hypermédia de l'université Paris-VIII, membre fondateur de l'Atelier de littérature assistée par la mathématique et les ordinateurs (ALAMO).

Anne Christophe Chargée de recherche au CNRS UMR 8554, laboratoire « Sciences Cognitives et Psycholinguistique ».

Bernard Cerquiglini Professeur de linguistique à l'université Paris-VII ; directeur de l'Institut national de la langue française (INALF) au CNRS ; vice-président du Conseil supérieur de la langue française.

Jean-Pierre CHANGEUX est professeur au Collège de France (chaire des communications cellulaires) et dirige le laboratoire de neurobiologie moléculaire à l'Institut Pasteur.

Laurence DANLOS Professeur à l'université de Paris-VII (UFR de Linguistique), directeur de recherche à l'INRIA-Lorraine, directrice de TALANA, équipe d'accueil à Paris-VII, spécialisée dans le traitement automatique des langues.

Marie DARRIEUSSECQ Écrivain.

Stanislas DEHAENE Directeur de recherche à l'Institut national de la Santé et de la Recherche médicale (INSERM).

Oswald DUCROT Directeur d'études à l'EHESS (École des hautes études en sciences sociales).

Jacques FONTANILLE Professeur à l'université de Limoges, membre de l'Institut universitaire de France ; directeur du GDR « Sémiotique » auprès du CNRS.

Olivier HOUDÉ est professeur de psychologie cognitive à l'Institut de psychologie (université Paris-V) et directeur du laboratoire « cognition et communication » du CNRS.

Marc JEANNEROD est professeur à l'université Claude-Bernard de Lyon et directeur de l'Institut des sciences cognitives du CNRS.

Roland JOUVENT est médecin psychiatre. Il dirige l'unité « Personnalité et conduites adaptatives » au CNRS.

Michel JOUVET est professeur émérite et directeur du département de médecine expérimentale (faculté de médecine, université Claude-Bernard de Lyon). Il est membre de l'Académie des sciences.

Pierre KARLI est professeur émérite à la faculté de médecine de Strasbourg-I-Louis-Pasteur.

Bernard LAKS Professeur de sciences du langage à l'université de Paris-X-Nanterre ; directeur des Groupements de recherche CNRS « Phonologies » et « Langage et connexionnisme ».

Bernard Mazoyer est professeur de radiologie et d'imagerie médicale à la faculté de médecine de Caen ; directeur scientifique du GIP Cyceron ; directeur du groupe d'imagerie neurofonctionnelle (CEA et université de Caen).

Alain Prochiantz est professeur à l'École normale supérieure et directeur de recherche au CNRS.

Dan Sperber Directeur de recherche au CNRS et au CREA (Centre de recherches en épistémologie appliquée) de l'École polytechnique.

Serge Stoléru est psychiatre et docteur en psychologie. Il est chargé de recherche sur les comportements sexuels à l'unité 483 de l'INSERM.

Serge Tisseron Psychiatre et psychanalyste, enseignant en psychopathologie à l'université Paris-VII.

Jacques Vauclair Professeur de psychologie du développement à l'université de Provence, et chercheur au Centre de recherche en neurosciences cognitives, CNRS, Marseille.

Table*

* Le chiffre entre parenthèses qui suit le nom d'auteur correspond au numéro du tome grand format de l'Université de tous les savoirs, publié par les Éditions Odile Jacob, dans lequel se trouvait la conférence.

Que soient ici remerciés le Conservatoire national
des arts et métiers (CNAM) qui a accueilli l'Université
de tous les savoirs et les partenaires qui ont participé
au rayonnement national et international de l'Utls :
Télérama, *Le Monde* et France Culture, Radio France,
la chaîne parlementaire-Assemblée nationale, La 5e,
Le Monde des débats, Sanofi-Synthélabo.

L'UNIVERSITÉ DE TOUS LES SAVOIRS
EN POCHES ODILE JACOB

Parution : janvier 2002

Tome 1 : La Géographie et la Démographie
Tome 2 : L'Histoire, la Sociologie et l'Anthropologie
Tome 3 : L'Économie, le Travail, l'Entreprise

Parution : février 2002

Tome 4 : La Vie
Tome 5 : Le Cerveau, le Langage, le Sens
Tome 6 : La Nature et les Risques

Parution : mars 2002

Tome 7 : Les Technologies
Tome 8 : Questions humaines d'aujourd'hui
Tome 9 : Le Pouvoir, l'État, la Politique

Parution : avril 2002

Tome 10 : Les Maladies et la Médecine
Tome 11 : La Philosophie et l'Éthique
Tome 12 : La Société et les Relations sociales

Parution : mai 2002

Tome 13 : Les Mathématiques
Tome 14 : L'Univers
Tome 15 : Le Globe

Parution : septembre 2002

Tome 16 : La Physique et les Éléments
Tome 17 : Les États de la matière
Tome 18 : La Chimie

Parution : octobre 2002

Tome 19 : Le Monde global
Tome 20 : L'Art et la Culture

Dans la collection « Poches Odile Jacob »

N° 1 : Aldo Naouri, *Les Filles et leurs mères*
N° 2 : Boris Cyrulnik, *Les Nourritures affectives*
N° 3 : Jean-Didier Vincent, *La Chair et le Diable*
N° 4 : Jean François Deniau, *Le Bureau des secrets perdus*
N° 5 : Stephen Hawking, *Trous noirs et bébés univers*
N° 6 : Claude Hagège, *Le Souffle de la langue*
N° 7 : Claude Olievenstein, *Naissance de la vieillesse*
N° 8 : Édouard Zarifian, *Les Jardiniers de la folie*
N° 9 : Caroline Eliacheff, *À corps et à cris*
N° 10 : François Lelord, Christophe André, *Comment gérer les personnalités difficiles*
N° 11 : Jean-Pierre Changeux, Alain Connes, *Matière à pensée*
N° 12 : Yves Coppens, *Le Genou de Lucy*
N° 13 : Jacques Ruffié, *Le Sexe et la Mort*
N° 14 : François Roustang, *Comment faire rire un paranoïaque ?*
N° 15 : Jean-Claude Duplessy, Pierre Morel, *Gros Temps sur la planète*
N° 16 : François Jacob, *La Souris, la Mouche et l'Homme*
N° 17 : Marie-Frédérique Bacqué, *Le Deuil à vivre*
N° 18 : Gerald M. Edelman, *Biologie de la conscience*
N° 19 : Samuel P. Huntington, *Le Choc des civilisations*
N° 20 : Dan Kiley, *Le Syndrome de Peter Pan*
N° 21 : Willy Pasini, *À quoi sert le couple ?*
N° 22 : Françoise Héritier, Boris Cyrulnik, Aldo Naouri, *De l'inceste*
N° 23 : Tobie Nathan, *Psychanalyse païenne*
N° 24 : Raymond Aubrac, *Où la mémoire s'attarde*
N° 25 : Georges Charpak, Richard L. Garwin, *Feux follets et champignons nucléaires*
N° 26 : Henry de Lumley, *L'Homme premier*
N° 27 : Alain Ehrenberg, *La Fatigue d'être soi*
N° 28 : Jean-Pierre Changeux, Paul Ricœur, *Ce qui nous fait penser*
N° 29 : André Brahic, *Enfants du Soleil*
N° 30 : David Ruelle, *Hasard et Chaos*
N° 31 : Claude Olievenstein, *Le Non-dit des émotions*
N° 32 : Édouard Zarifian, *Des paradis plein la tête*
N° 33 : Michel Jouvet, *Le Sommeil et le Rêve*
N° 34 : Jean-Baptiste de Foucauld, Denis Piveteau, *Une société en quête de sens*
N° 35 : Jean-Marie Bourre, *La Diététique du cerveau*
N° 36 : François Lelord, *Les Contes d'un psychiatre ordinaire*

N° 37 : Alain Braconnier, *Le Sexe des émotions*
N° 38 : Temple Grandin, *Ma vie d'autiste*
N° 39 : Philippe Taquet, *L'Empreinte des dinosaures*
N° 40 : Antonio Damasio, *L'Erreur de Descartes*
N° 41 : Édouard Zarifian, *La Force de guérir*
N° 42 : Yves Coppens, *Pré-ambules*
N° 43 : Claude Fischler, *L'Homnivore*
N° 44 : Brigitte Thévenot, Aldo Naouri, *Questions d'enfants*
N° 45 : Geneviève Delaisi de Parseval, Suzanne Lallemand, *L'Art d'accommoder les bébés*
N° 46 : François Mitterrand, Elie Wiesel, *Mémoire à deux voix*
N° 47 : François Mitterrand, *Mémoires interrompus*
N° 48 : François Mitterrand, *De l'Allemagne, de la France*
N° 49 : Caroline Eliacheff, *Vies privées*
N° 50 : Tobie Nathan, *L'Influence qui guérit*
N° 51 : Éric Albert, Alain Braconnier, *Tout est dans la tête*
N° 52 : Judith Rapoport, *Le Garçon qui n'arrêtait pas de se laver*
N° 53 : Michel Cassé, *Du vide et de la création*
N° 54 : Ilya Prigogine, *La Fin des certitudes*
N° 55 : Ginette Raimbault, Caroline Eliacheff, *Les Indomptables*
N° 56 : Marc Abélès, *Un ethnologue à l'Assemblée*
N° 57 : Alicia Lieberman, *La Vie émotionnelle du tout-petit*
N° 58 : Robert Dantzer, *L'Illusion psychosomatique*
N° 59 : Marie-Jo Bonnet, *Les Relations amoureuses entre les femmes*
N° 60 : Irène Théry, *Le Démariage*
N° 61 : Claude Lévi-Strauss, Didier Éribon, *De près et de loin*
N° 62 : François Roustang, *La Fin de la plainte*
N° 63 : Luc Ferry, Jean-Didier Vincent, *Qu'est-ce que l'homme ?*
N° 64 : Aldo Naouri, *Parier sur l'enfant*
N° 65 : Robert Rochefort, *La Société des consommateurs*
N° 66 : John Cleese, Robin Skynner, *Comment être un névrosé heureux*
N° 67 : Boris Cyrulnik, *L'Ensorcellement du monde*
N° 68 : Darian Leader, *À quoi penses-tu ?*
N° 69 : Georges Duby, *L'Histoire continue*
N° 70 : David Lepoutre, *Cœur de banlieue*
N° 71 : Université de tous les savoirs 1, *La Géographie et la Démographie*
N° 72 : Université de tous les savoirs 2, *L'Histoire, la Sociologie et l'Anthropologie*

N° 73 : Université de tous les savoirs 3, *L'Économie, le Travail, l'Entreprise*

N° 74 : Christophe André et François Lelord, *L'Estime de soi*

N° 75 : Université de tous les savoirs 4, *La Vie*

N° 76 : Université de tous les savoirs 5, *Le Cerveau, le Langage, le Sens*

N° 77 : Université de tous les savoirs 6, *La Nature et les Risques*

N° 78 : Boris Cyrulnik, *Un merveilleux malheur*

Imprimé en France sur Presse Offset par

BRODARD & TAUPIN

GROUPE CPI

N° d'impression : 11016
N° d'édition : 7381-1124-X
Dépôt légal : janvier 2002